普通高等教育"十一五"国家级规划教材
国家级一流本科课程配套教材
21世纪高等学校机械设计制造及其自动化专业系列教材
华中科技大学"双一流"建设机械工程学科系列教材

工程测试技术基础

主　编　廖广兰　何岭松　刘智勇

主　审　史铁林

U0193912

华中科技大学出版社

中国·武汉

内 容 简 介

本书为普通高等教育"十一五"国家级规划教材。在编写中,本书根据"三个面向"的教育思想,整合了相关内容,精简基础理论,突出工程实践与应用。全书包括十余个章节。绪论部分介绍测试技术的基本概念、工程应用及未来发展趋势;其余十章分为上、下两篇,主要内容包括信号的波形分析、信号的频域分析、信号的幅值域分析、信号的时差域相关分析、信号的时频域分析、数字信号的滤波、传感器技术、信号调理技术、测试系统的特性与计算机化测试系统等。本书为中国大学 MOOC(慕课)"工程测试技术基础"配套教材,读者可通过网址 https://www.icourse163.org/访问相关教学视频。

本书汲取了当代新理论和新技术研究成果。基础理论部分沿测试流程主线逐次论述,条理清晰、分析透彻;应用部分列举了大量来源于科研及生产实践的实例。

本书可作为高等工科院校机械设计制造及其自动化专业的教材,也可作为其他机械类和非机械类专业的教材,还可作为企业和科研单位技术人员的参考书。

图书在版编目(CIP)数据

工程测试技术基础/廖广兰,何岭松,刘智勇主编.—武汉:华中科技大学出版社,2021.9(2024.8重印)
ISBN 978-7-5680-7492-6

Ⅰ.①工… Ⅱ.①廖… ②何… ③刘… Ⅲ.①工程测量-高等学校-教材 Ⅳ.①TB22

中国版本图书馆 CIP 数据核字(2021)第 170137 号

工程测试技术基础   廖广兰   何岭松   刘智勇   主编
GongCheng Ceshi Jishu Jichu

策划编辑:万亚军
责任编辑:邓 薇
封面设计:原色设计
责任监印:周治超
出版发行:华中科技大学出版社(中国·武汉)   电话:(027)81321913
          武汉市东湖新技术开发区华工科技园   邮编:430223
录　排:华中科技大学惠友文印中心
印　刷:武汉开心印印刷有限公司
开　本:787mm×1092mm　1/16
印　张:17.75
字　数:461千字
版　次:2024 年 8 月第 1 版第 2 次印刷
定　价:49.80元

二维码资源使用说明

　　本书配套数字资源以二维码的形式在书中呈现，读者第一次利用智能手机在微信端扫码成功后提示微信登录，授权后进入注册页面，填写注册信息。按照提示输入手机号后点击获取手机验证码，稍等片刻收到 4 位数的验证码短信，在提示位置输入验证码成功后，重复输入两遍设置密码，点击"立即注册"，注册成功（若手机已经注册，则在"注册"页面底部选择"已有账号？绑定账号"，进入"账号绑定"页面，直接输入手机号和密码，提示登录成功）。接着提示输入学习码，需刮开教材封底防伪涂层，输入 13 位学习码（正版图书拥有的一次性使用学习码），输入正确后提示绑定成功，即可查看二维码数字资源。手机第一次登录查看资源成功，以后便可直接在微信端扫码登录，重复查看本书所有的数字资源。

　　友好提示：如果读者忘记登录密码，请在 PC 端输入以下链接 http://jixie.hustp.com/index.php? m＝Login，先输入自己的手机号，再单击"忘记密码"，通过短信验证码重新设置密码即可。

21世纪高等学校机械设计制造及其自动化专业系列教材

总 序 一

"中心藏之，何日忘之"，在新中国成立60周年之际，时隔"21世纪高等学校机械设计制造及其自动化专业系列教材"出版9年之后，再次为此系列教材写序时，《诗经》中的这两句诗又一次涌上心头，衷心感谢作者们的辛勤写作，感谢多年来读者对这套系列教材的支持与信任，感谢为这套系列教材出版与完善作过努力的所有朋友们。

追思世纪交替之际，华中科技大学出版社在众多院士和专家的支持与指导下，根据1998年教育部颁布的新的普通高等学校专业目录，紧密结合"机械类专业人才培养方案体系改革的研究与实践"和"工程制图与机械基础系列课程教学内容和课程体系改革研究与实践"两个重大教学改革成果，约请全国20多所院校数十位长期从事教学和教学改革工作的教师，经多年辛勤劳动编写了"21世纪高等学校机械设计制造及其自动化专业系列教材"。这套系列教材共出版了20多本，涵盖了"机械设计制造及其自动化"专业的所有主要专业基础课程和部分专业方向选修课程，是一套改革力度比较大的教材，集中反映了华中科技大学和国内众多兄弟院校在改革机械工程类人才培养模式和课程内容体系方面所取得的成果。

这套系列教材出版发行9年来，已被全国数百所院校采用，受到了教师和学生的广泛欢迎。目前，已有13本列入普通高等教育"十一五"国家级规划教材，多本获国家级、省部级奖励。其中的一些教材(如《机械工程控制基础》《机电传动控制》《机械制造技术基础》等)已成为同类教材的佼佼者。更难得的是，"21世纪高等学校机械设计制造及其自动化专业系列教材"也已成为一个著名的丛书品牌。9年前为这套教材作序的时候，我希望这套教材能加强各兄弟院校在教学改革方面的交流与合作，对机械工程类专业人才培养质量的提高起到积极的促进作用，现在看来，这一目标很好地达到了，让人倍感欣慰。

李白讲得十分正确："人非尧舜，谁能尽善?"我始终认为，金无足赤，人无完人，文无完文，书无完书。尽管这套系列教材取得了可喜的成绩，但毫无疑问，这套书中，某本书中，这样或那样的错误、不妥、疏漏与不足，必然会存在。何况形势总在不断地发展，更需要进一步来完善，与时俱进，奋发前进。较之 9 年前，机械工程学科有了很大的变化和发展，为了满足当前机械工程类专业人才培养的需要，华中科技大学出版社在教育部高等学校机械学科教学指导委员会的指导下，对这套系列教材进行了全面修订，并在原基础上进一步拓展，在全国范围内约请了一大批知名专家，力争组织最好的作者队伍，有计划地更新和丰富"21 世纪机械设计制造及其自动化专业系列教材"。此次修订可谓非常必要，十分及时，修订工作也极为认真。

"得时后代超前代，识路前贤励后贤。"这套系列教材能取得今天的成绩，是几代机械工程教育工作者和出版工作者共同努力的结果。我深信，对于这次计划进行修订的教材，编写者一定能在继承已出版教材优点的基础上，结合高等教育的深入推进与本门课程的教学发展形势，广泛听取使用者的意见与建议，将教材凝练为精品；对于这次新拓展的教材，编写者也一定能吸收和发展原教材的优点，结合自身的特色，写成高质量的教材，以适应"提高教育质量"这一要求。是的，我一贯认为我们的事业是集体的，我们深信由前贤、后贤一起一定能将我们的事业推向新的高度！

尽管这套系列教材正开始全面的修订，但真理不会穷尽，认识不是终结，进步没有止境。"嘤其鸣矣，求其友声"，我们衷心希望同行专家和读者继续不吝赐教，及时批评指正。

是为之序。

中国科学院院士

2009. 9. 9

21世纪高等学校
机械设计制造及其自动化专业系列教材

总序二

　　制造业是立国之本,兴国之器,强国之基。当今世界正处于以数字化、网络化、智能化为主要特征的第四次工业革命的起点,世界各大强国无不把发展制造业作为占据全球产业链和价值链高端位置的重要抓手,并先后提出了各自的制造业国家发展战略。我国要实现加快建设制造强国、发展先进制造业的战略目标,就迫切需要培养、造就一大批具有科学、工程和人文素养,具备机械设计制造基础知识,以及创新意识和国际视野,拥有研究开发能力、工程实践能力、团队协作能力,能在机械制造领域从事科学研究、技术研发和科技管理等工作的高级工程技术人才。我们只有培养出一大批能够引领产业发展、转型升级和创造新兴业态的创新人才,才能在国际竞争与合作中占据主动地位,提升核心竞争力。

　　自从人类社会进入信息时代以来,随着工程科学知识更新速度加快,高等工程教育面临着学校教授的课程内容远远落后于工程实际需求的窘境。目前工业互联网、大数据及人工智能等技术正与制造业加速融合,机械工程学科在与电子技术、控制技术及计算机技术深度融合的基础上还需要积极应对制造业正在向数字化、网络化、智能化方向发展的现实。为此,国内外高校纷纷推出了各项改革措施,实行以学生为中心的教学改革,突出多学科集成、跨学科学习、课程群教学、基于项目的主动学习的特点,以培养能够引领未来产业和社会发展的领导型工程人才。我国作为高等工程教育大国,积极应对新一轮科技革命与产业变革,在教育部推进下,基于“复旦共识”“天大行动”和“北京指南”,各高校积极开展新工科建设,取得了一系列成果。

　　国家“十四五”规划纲提出要建设高质量的教育体系。而高质量的教育体系,离不开高质量的课程和高质量的教材。2020年9月,教育部召开了在我国教育和教材发展史上具有重要意义的首届全国教材工作会议。近年来,包括华中科技大学在内的众多高校的机械工程专业结合自身的办学特色,引入先进的教育理念,在专业建设、人才培养模式、教学内容、教学方法、课程建设等方面积极开展教学改革,取得了较好的效果,建设了一大批优质课程。为了将这些优秀的教学改革经验和教学内容推广给全国高校,华中科技大学出版社联合华中科技大学在内的一批高校,在"21世纪高等学校机械设计制造及其自动化专业系列教材"的基础上,再次组织修订和编写了一批教材,以支持我国机械工程专业的人才培养。具体如下:

(1)根据机械工程学科基础课程的边界再设计,结合未来工程发展方向修订、整合一批经典教材,包括将画法几何及机械制图、机械原理、机械设计整合为机械设计理论与方法系列教材等。

(2)面向制造业的发展变革趋势,积极引入工业互联网及云计算与大数据、人工智能技术,并与机械工程专业相关课程融合,新编写智能制造、机器人学、数字孪生技术等教材,以开拓学生视野。

(3)以学生的计算分析能力和问题解决能力、跨学科知识运用能力、创新(创业)能力培养为导向,建设机械工程学科概论、机电创新决策与设计等相关课程教材,培养创新引领型工程技术人才。

同时,为了促进国际工程教育交流,我们也规划了部分英文版教材。这些教材不仅可以用于留学生教育,也可以满足国际化人才培养需求。

需要指出的是,随着以学生为中心的教学改革的深入,借助日益发展的信息技术,教学组织形式日益多样化;本套教材将通过互联网链接丰富多彩的教学资源,把各位专家的成果展现给各位读者,与各位同仁交流,促进机械工程专业教学改革的发展。

随着制造业的发展、技术的进步,社会对机械工程专业人才的培养还会提出更高的要求;信息技术与教育的结合,科研成果对教学的反哺,也会促进教学模式的变革。希望各位专家同仁提出宝贵意见,以使教材内容不断完善提高;也希望通过本套教材在高校的推广使用,促进我国机械工程教育教学质量的提升,为实现高等教育的内涵式发展贡献一份力量。

中国科学院院士

2021 年 8 月

前　　言

测试技术作为一项共性技术在工业生产与科学研究的各个领域都有着广泛的应用。随着科学技术的不断进步,产品信息化、数字化、智能化的趋势愈加明显,测试技术正日益成为科技发展水平的重要标志。近年来,5G 数字化时代的到来极大地推动了物联网、智能制造、大数据、无人驾驶、智能机器人、VR(virtual reality,虚拟现实)等新兴领域的高速发展,而测试技术则是其发展的基础。我国许多高等工科院校自 20 世纪 80 年代以来都相继开设了"测试技术"这门课,对机械与测控类专业而言,这门课更是一门重要的专业基础课。在长期的教学实践过程中,编者发现,学生普遍存在难以将抽象物理概念与工程实践相联系的问题,缺乏灵活运用测试技术解决实际工程问题的能力。随着高等工科教育改革的不断深化,如何突出和加强大学生的工程实践与创新能力成为全社会普遍关注的问题。

邓小平同志曾提出"三个面向"的教育思想,强调现代教育要适应科学技术和社会、经济的发展变化,培养高质量、适应新时代发展需求的人才。习近平同志也曾强调要在新时代新形势下抓住机遇、超前布局,以更高远的历史站位、更宽广的国际视野、更深邃的战略眼光,加快推进教育现代化建设。

为此,编者根据普通高等教育"十一五"国家级教材出版规划,依托华中科技大学出版社,组织有关教师编写了这本面向工程实践教育的工程测试技术基础教材。为使学生更加易于理解、掌握和应用,在信号分析部分给出了标准信号生成、声音信号频谱分析等大量 MATLAB 应用实例,在传感器部分则给出了温度传感器、超声传感器等 Arduino 应用实例,突出了理论与实践、知识与应用的结合。这是一部在内容、体系等方面具有较大改革力度的教材,将为培养卓越工程技术人才奠定基础。

本教材的绪论部分,主要介绍测试技术的基本概念、工程应用,以及未来发展趋势。正题部分分为上、下两篇。上篇共 6 章,主要论述信号分析技术。第 1 章介绍信号的分类、采样与经典的波形分析;第 2 章介绍信号的频域分析;第 3 章介绍信号的幅值域分析;第 4 章介绍信号的时差域相关分析;第 5 章介绍信号的时频域分析;第 6 章介绍数字信号的滤波。下篇共 4 章,主要论述传感器技术与测试系统。第 7 章介绍工程中常用传感器的转换原理、组成、分类与应用;第 8 章介绍信号调理技术;第 9 章介绍测试系统的基本特性及其分析评价方法;第 10 章介绍计算机化测试系统的原理、构成与发展概况。本教材配套有中国大学 MOOC(慕课)教学视频,读者可通过 https://www.icourse163.org/免费获取。

本教材充分结合了当代最新技术,经过多次教学实践和教学改革后逐步形成,其内容沉淀了近 30 年的教学经验和成果。20 世纪 90 年代中期,计算机多媒体技术的普及和应用,康宜华教授、史铁林教授等建立了多媒体电子教案,使教学内容、手段和方法提升到一个新的台阶;20 世纪 90 年代后期,Internet 开始出现并普及,何岭松教授结合自己的科研成果建立了"工程测试技术基础网上虚拟实验室",取得了良好的教学效果,获得了国内外同行的高度评价;进入

21 世纪,虚拟仪器技术开始进入实验教学领域,何岭松教授将科研成果转化为教学资源,开发出以拥有自主知识产权的可重构虚拟仪器技术为基础的测试技术创新实验室。长期的教学实践,使得这门课程的教学日臻完善,也逐步形成了特色,取得了良好的教学效果:"工程测试网上虚拟教学的研究与实践"1998 年获华中理工大学教学成果一等奖;"机械工程测试技术课程网络化教学探索"2001 年获国家级教学成果二等奖;"工程测试技术基础"课程获湖北省优质课程,被评为湖北省精品课程、国家精品课程、国家级一流课程(金课)等。本教材正是依托这些宝贵经验和成果总结而来。本教材中:基础理论部分沿测试流程主线逐次论述,条理清晰,分析透彻;应用部分列举了大量实例,这些实例来源于科研及生产实践。更具特色的是,本教材中较多较好地汲取了当代新理论和新技术研究成果。因此,本教材既便于教学和自学,也能供科研、设计人员及其他工程技术人员借鉴。本教材可作为高等工科院校机械设计制造及其自动化专业的教材,也可作为机械类和非机械类相关专业的教材,还可作为企业和科研单位技术人员的参考书。

本教材根据前期相关教材的教学实践发展而来,由廖广兰教授、何岭松教授等人共同完成。何岭松教授、廖广兰教授为本课程的设置与改革、教学内容与体系的建立、大纲的修订、教材的校核等做出了重要贡献;刘智勇讲师负责绪论与 1~6 章的编写与修订,以及全书的编排与校对;冯搏讲师负责第 7~10 章的编写及修订。全书由廖广兰教授统稿,史铁林教授审稿,电子教案内容主要由何岭松教授完成。本教材中图稿的绘制与编排得到了编者所在课题组的成员刘星月博士、叶海波博士生、张许宁博士生、何春华博士生、韩京辉博士生、杨世源硕士生、熊美明硕士生的大力支持。

本教材在编写和长期教学研究中,始终得到了杨叔子院士等老一辈科学家的指点和帮助,课程建设得到了华中科技大学教务处的一贯支持,教材出版获得了华中科技大学出版社的大力支持,教材编写过程中还参考和借鉴了大量有关测试技术方面的教材和论著,在此对相关人员表示衷心的感谢。由于测试技术在不断发展,该课程的教学仍在不断改革和发展,加上时间紧迫和编者水平有限,书中难免存在疏漏之处,恳请读者批评指正。

编　者
2021 年 6 月

目 录

上篇　信号分析

下篇　传感器技术与测试系统

绪　　论

　　"工程测试技术基础"这门课是华中科技大学机械科学与工程学院于 20 世纪 80 年代中期开始在机电类专业普遍开设的一门专业课,内容包括:信号及描述、信号分析与处理、测试系统基本特性、常用传感器、信号调理及显示记录、信息技术的工程应用等。其核心内容就是信息的获取、传输、处理和利用。近 20 年来,教学团队在杨叔子院士教育思想的指导下,始终坚持育人育才相统一,不断创新教育模式,着力开展知识传授、能力培养和价值塑造一体化推进工作。本课程在立德树人方面着重培养学生马克思辩证唯物主义和历史唯物主义思想、探索未知追求真理的科学精神、可持续发展的工程伦理,在教学内容方面着重传授工程测试技术相关的基本理论、技术和方法,在培养实践能力方面着重科学思维训练、工程测试基本知识的创新实践应用。

　　本课程既是科学技术教育,也是爱国主义教育。"机械制造"专业既是经久不衰的传统专业,同时又是富有活力、与时俱进的前沿交叉专业。制造业是国民经济的主体,是立国之本、兴国之器、强国之基。18 世纪中叶开启工业文明以来,世界强国的兴衰史和中华民族的奋斗史一再证明,没有强大的制造业,就没有国家和民族的强盛。在制造业由机械化向自动化、数字化,乃至当今智能化的发展过程中,工程测试技术起到了举足轻重的作用。教材列举了众多中国自主研发的高科技产品与重大工程成就,如智能化机器人生产线、京东无人仓、智能数控机床、智慧建筑、智慧家居、中国超级钻机"地壳一号"、火星探测器"天问一号"、载人深潜器"奋斗者"号等,均离不开工程测试技术。这些事例极大增强了我们的民族自信心、鼓舞了我们的斗志,也将进一步推动我们在工程测试技术上的发展和进步。

　　本课程既是学习"系统辨识",也是学习如何"识人"。所谓"系统辨识",就是从系统功能上对一个系统进行了解、认识,某种意义上类似于我们在生活中去认识一个人。我们只有了解、认识了系统,才能做出正确的决策;只有认识了别人,才可能正确处理人际关系。我们要认识一个人,就要看他在相应条件下的表现,即察其言、观其行。有时候为什么会看错人? 如何认识人的本质? 对于这些,我们都可以从本课程所教的知识中受到启发,从而全面地、历史地去了解一个人。

0.1　测试技术的基本概念

0.1.1　测试技术的基本概念

1. 测试技术的概念

　　测试技术是测量和试验技术(measurement and test technique)的统称。试验是机械工程基础研究、产品设计和研发的重要环节。在现代机电设备的研发和创新设计、老产品改造及机电产品全寿命各个过程的研究中,试验研究是不可或缺的环节。在工程试验中,需要进行各种物理量的测量,以得到准确的定量结果。当然,不仅各类工程试验需要测量,机器和生产过程的运行监测、控制和故障诊断也需要在线测量,这时,测量系统大多就是机器和生产线的重要组成部分。本书的主要内容为测量技术和仪器。

2. 测试与测量、计量的区别与联系

测量、计量和测试是三个密切相关的术语。

测量(measurement)是指以确定被测对象的量值为目的而进行的实验过程。

计量:如果测量涉及实现单位统一和量值准确可靠,则被称为计量。研究测量、保证测量统一和准确的科学被称为计量学(metrology)。

实际上,计量一词只用作某些专门术语的限定词,如计量单位、计量管理、计量标准等。所组成的新术语都与单位统一和量值准确可靠有关。测量的意义则更为广泛、普遍。

测试(measurement and test)是指具有试验性质的测量,或测量和试验的综合。

一个完整的测量过程必定涉及被测对象、计量单位、测量方法和测量误差。它们被称为测量四要素。

0.1.2　测试系统的组成

1. 测试的基本任务

测试的基本任务是获取有用的信息。信息总是蕴含在某些物理量之中,并依靠它们来进行传输。这些物理量就是信号。就具体物理性质而言,信号有电信号、光信号、力信号等。其中,电信号在变换、处理、传输和运用等方面都具有明显的优势,因而成为目前应用最广泛的信号。各种非电信号也往往先被转换成电信号,而后被传输、处理和运用。

2. 信息获取的过程

信息获取的完整过程如下所述:首先,利用传感器检测出被测对象的有关信息,然后对信息加以处理,最后将结果提供给观察者或输入其他信息处理装置、控制系统。

由此可知,测试技术是属于信息科学的范畴。测试控制技术、计算技术和通信技术合称为信息技术的三大支柱。

可以说,测试技术、测试系统在我们身边无处不在。例如:对于无人机(见图 0-1)来说,它就像人类拥有感觉器官一样,配备有 9 轴运动和方位传感器、3 轴加速度计、3 轴磁强计、3 轴陀螺仪、摄影机与温度传感器等,以实现对当前状态的感知测量。

图 0-1　无人机

再如:全自动无人驾驶汽车(见图 0-2),不需要驾驶者就能自行启动、行驶,以及停止。这些车辆使用了摄像头、雷达感应器(毫米波雷达、激光雷达等)和激光测距仪来感知当前的交通状况,并且通过高精度地图、惯导系统、卫星导航系统对车辆进行定位及对行驶路线进行规划,能更迅速、更有效地对外界情况做出反应。

图 0-2　无人驾驶汽车

(图片由华南理工大学李巍华教授提供)

3. 测试系统的组成

简单的测试系统可以只有一个模块,如图 0-3 左图所示的玻璃管温度计,它直接将被测对象温度值转化为温度计液面示值,中间没有电量的转换和分析处理电路,系统较简单,但测量精度低,同时也很难实现自动化测量。为提高测量精度并实现自动化测量,工业上的测量系统通常先将测量的物理量转换为电量,然后对电信号进行处理,如图 0-3 右图所示的电子温度计。

图 0-3　温度计

一般而言,测试系统由传感器、中间变换装置和显示/记录装置三部分组成,如图 0-4 所示。测试过程中传感器将反映被测对象状态特性的物理量(如压力、加速度、温度等)检测出来,并转换为电信号,然后传输给中间变换装置;中间变换装置对接收到的电信号用硬件电路进行分析处理或经 A/D 变换后通过软件进行分析计算,再将处理结果以电信号或数字信号的方式传输给显示/记录装置;最后,显示/记录装置将结果显示出来,提供给观察者或其他自动控制装置。

传感器:能感知特定的被测物理量,并按一定规律将其转换成同一种或另一种输出信号的器件或装置。传感器通常由敏感元件和转换元件组成。敏感元件直接感受被测量,转换元件

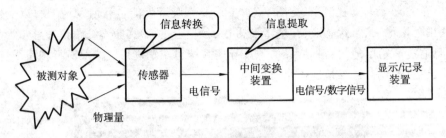

图 0-4　测试系统简图

将敏感元件的输出信号转换为适于传输和测量的信号。许多传感器中这二者是合为一体的。

(1) 信号的中间变换：将传感器输出信号转换成为便于传输和处理的规范信号。因为传感器输出信号一般是微弱而且混有噪声的信号，不便于处理、传输和记录，所以一般要经历调制、放大、解调和滤波等调理，或做进一步的变换。

部分测试系统框图将信号的中间变换分为信号调理和信号处理两部分。

信号调理：把来自传感器的信号转换成更适合于进一步传输和处理的形式。如：将幅值放大、阻抗变化转换成电压的变化，或将阻抗的变化转换成频率的变化等。

信号处理：接受来自调理环节的信号，并进行各种运算、滤波、分析，将结果传输至显示、记录装置或控制系统。

(2) 显示、记录或运用：将处理结果显示或记录下来，供测试者做进一步分析。若该测试系统就是某一控制系统中的一个环节，则处理结果可以被直接运用。

(3) 执行器：产生信号或激励的装置。

(4) 换能器：把主要形式的能量转换成具有不同能量形式相应信号的装置。

注意：在所有的环节中，必须遵循的基本原则是各环节的输出量与输入量之间应保持一一对应和尽量不失真的关系，并必须尽可能地减少或消除各种干扰。

测试系统的组成与研究任务有关，且不一定都包含图 0-4 中的所有环节，尤其是反馈环节。根据测试任务复杂程度的不同，测试系统中传感器、中间变换装置和显示/记录装置等每个环节又可由多个模块组成。

例 0-1　巡线是移动机器人的行走控制方法之一，智能巡线小车属于机器人的范畴，如图 0-5 所示，它集机械、电子、计算机控制于一体，在仓库智能管理、高压线路检查/除冰等领域具有广阔应用前景。该小车通过发射电路发出红外光线，经地面（白底、黑线）反射后被接收管接收。由于在白底地面和黑线上反射情况不同，接收管输出的电压也不同，因此可以判断出小车所处位置，进而控制电动机进行姿态调整。

图 0-5　智能巡线小车

例 0-2 较强的噪声会对人的生理与心理造成不良影响。在日常工作和生活环境中,噪声主要会造成听力损失,干扰谈话、思考、休息和睡眠。采用噪声传感器或麦克风可对噪声进行有效测量,然后通过显示屏进行实时监测,如图 0-6 所示。

图 0-6 噪声测量

0.2 测试技术的工程应用

测试技术已被广泛应用于工农业生产、科学研究、国内外贸易、国防建设、交通运输、人类生活的各个方面,并起着越来越重要的作用,已成为国民经济发展和社会进步必不可少的一项重要基础技术。因此,先进测试技术的使用也就成为了经济高度发展和科技现代化的重要标志之一。在工程技术领域,工程研究、产品开发、生产监督、质量控制和性能实验等过程都离不开测试技术,自动控制技术已越来越多地运用测试技术,测试装置传感器成为了控制系统的重要组成部分。甚至在日常生活用具方面,如汽车、家用电器等也离不开测试技术。当前,智能制造、智能建筑、智能家居、智能手机、智慧医疗等不断发展,智能化已成为生产生活的大趋势,而智能化的前提则离不开传感器,离不开测试技术。下面是几个典型的测试技术应用领域。

0.2.1 工业自动化

在工业设备中,测量装置起着感知的作用。例如,生产线上机器人的视觉传感器、触觉传感器、位移传感器、力传感器、扭矩传感器,以及自动送料小车的跟踪定位传感器,等等,如图0-7所示。

图 0-8 所示则是生产线上对包括电动机电流、切削力、振动/噪声等信息进行测量,以实现数控切削过程的状态监控。

例 0-3 智能机床是数控机床发展的高级形态,也是数控机床的发展方向。传统数控机床只是通过 G 代码、M 指令来控制刀具、工件的运动轨迹,而对机床实际加工状态,如切削力、惯性力、摩擦力、振动、力/热变形,以及环境变化等,少有感知和反馈,导致刀具的实际路径偏离理论路径,降低加工精度、表面质量和生产效率。因此,数控机床制造商也正通过运用传感器技术、网络化技术及增加智能化功能等手段,推动数控机床向智能机床迈进。新一代人工智能技术与数控机床的深度融合,将为机床产业带来新的变革,这也将是中国机床行业实现从"跟

(a) 长城汽车重庆工厂智能化机器人生产线

（图片来源于方得网）

(b) 京东无人仓分拣机器人

（图片来源于搜狐网）

图 0-7　自动化工业设备

图 0-8　数控切削过程的状态监控

跑"到"领跑"，实现"开道超车"的重大机遇。武汉华中数控股份有限公司推出的华中 9 型智能数控系统将与智能制造"同频共振"，助力中国高端机床"开道超车"。如图 0-9 所示的 S5H 智能精密加工中心，具备机床装配质量检测、热误差补偿、轮廓误差补偿等智能化功能模块，定位精度可达 1 μm，机床慢速进给可达 1 μm/min。

0.2.2　工业设备状态监测

在电力、冶金、石化、化工等众多行业中，某些关键设备如汽轮机、燃气轮机、水轮机、发电机、电动机、压缩机、风机、泵、变速箱等的工作状态关系到整个生产线能否正常运行。对这些关键设备实行 24 h 实时监测，可以及时、准确地掌握运行状态及其变化趋势，从而为工程技术人员提供详细、全面的机组信息，这也是实现设备由事后维修或定期维修向预测维修转变的基础。国内外大量实践表明，机组某些重要测点的振动信号能真实地反映机组的运行状态。由

图 0-9　S5H 智能精密加工中心
（图片来源于武汉华中数控股份有限公司）

于机组绝大部分故障都有一个由量变到质变的渐进式发展过程，因此通过监测其关键部位的振动变化过程，可及时、有效地预测设备故障的发生。综合其他监测信息（如温度、压力、流量等），再运用故障诊断技术，甚至可以分析出故障发生的具体位置，从而为设备维修提供可靠依据，也使由设备故障造成的损失降到最低程度。

转子作为机械系统的重要组成部分，其不平衡量引起的振动将导致设备出现振动、噪声甚至机构破坏，尤其对于高速旋转的转子，它引发的机械事故将更加严重。转子不平衡引起的故障占机械全部故障的 60% 以上。随着精密数控加工技术的发展，高速转子在加工生产过程中产生的、严重影响其加工精度的动平衡问题尤为引人关注。工程中的各种回转体，由于材质不均匀或毛坯缺陷、加工及装配中产生的误差，甚至设计时就存在的非对称几何形状，以及冲击、腐蚀、磨损、结焦等多种因素，其旋转时回转体上每个微小质点产生的离心惯性力不能相互抵消，离心惯性力再通过轴承作用到机械结构及其基础上，引起振动，产生噪声，加速轴承磨损，缩短机械寿命，严重时甚至会造成破坏性事故。为此，必须及时对转子进行平衡，使其达到允许的平衡精度等级，从而使其产生的机械振动幅度降低到允许的范围内，以保障人员安全与生产正常运行，如图 0-10 所示。

图 0-10　G50 燃机转子高速动平衡
（图片来源于东方电气集团东方汽轮机有限公司）

0.2.3 产品质量检查

当前,汽车、机床、电动机、发动机等的零部件在生产过程中和出厂前都必须进行检验,即采用一定检验测试手段和检查方法来测定产品的质量特性,并把测定结果同检验标准做比较,从而对某一产品或一批产品做出合格或不合格的判断。其目的在于,保证不合格的原材料不投产、不合格的零件不转入下一道工序、不合格的产品不出厂,同时,收集和积累反映质量状况的数据资料,为测定和分析工序能力、监督工艺过程、改进质量提供支持和保障。图 0-11 所示为针对齿轮的生产、检测流程示意图。

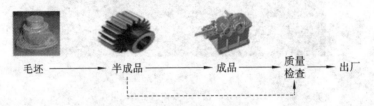

毛坯 —→ 半成品 —→ 成品 —→ 质量检查 —→ 出厂

图 0-11 针对齿轮的生产、检测流程

例 0-4 机械零件加工精度的测量,需要采用专门的测试设备进行几何参数(如长度和直径)测量、位置参数(如同轴度)测量及表面质量(如粗糙度)测量,等等。图 0-12 所示为用三坐标测量仪对典型机械加工零件进行测量。

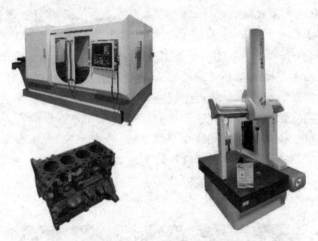

图 0-12 用三坐标测量仪对典型机械加工零件进行测量

0.2.4 智慧建筑、智慧家居与办公智能化

智慧建筑是通过引入传感与测试技术,将建筑物的结构、系统、服务和管理根据用户的需求进行最优化组合,从而为用户提供一个高效、舒适、便利的人性化建筑环境。智慧建筑是集现代科学技术之大成的产物,其技术基础主要由建筑技术、传感器技术、计算机技术、通信技术和控制技术等所组成。图 0-13 所示为典型的智慧建筑示意图。

传感和测量技术也被广泛应用于智慧家居和办公智能化设计之中,以改善家居环境,提高舒适度;改善办公环境条件,提高工作效率。图 0-14 所示为典型的智慧家居示意图。

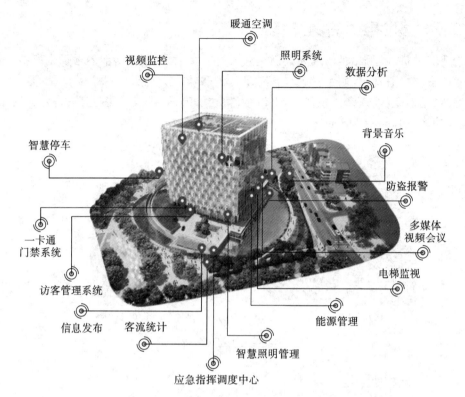

图 0-13　智慧建筑

（图片来源于湖南高至科技有限公司）

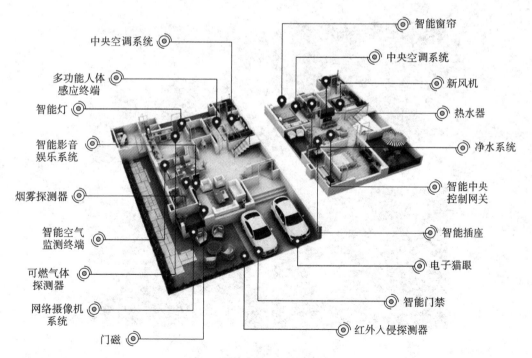

图 0-14　智慧家居

（图片来源于湖南高至科技有限公司）

0.2.5　移动电话的测量技术

当前智能手机功能强大,已成为人们生活中的重要工具,而其功能的增强也离不开传感与测试技术的进步。通常,智能手机中包含有多种传感器,如图像传感器、麦克风、温度传感器、湿度传感器、陀螺仪、加速度传感器、压力传感器、磁场传感器等,以支持其获得强大的照相、导航、测距等功能,如图 0-15 所示。

0-phone-
vibrate

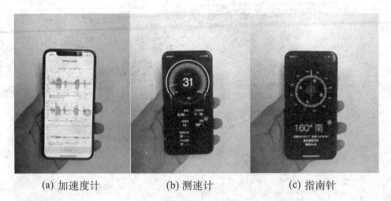

(a) 加速度计　　　　　　(b) 测速计　　　　　　(c) 指南针

图 0-15　智能手机中的传感器

0.2.6　其他应用

传感与测试技术还广泛用于航空航天、智慧农业、远洋运输及医学检测等领域,如图 0-16 所示。

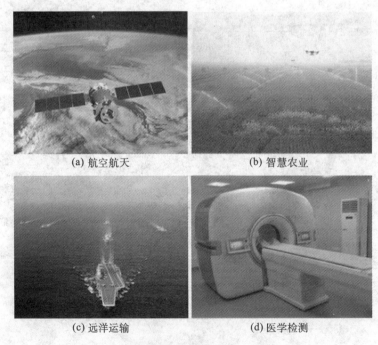

(a) 航空航天　　　　　　　　　(b) 智慧农业

(c) 远洋运输　　　　　　　　　(d) 医学检测

图 0-16　传感与测试技术在其他领域中的应用

(图片均来源于中国新闻网)

例0-5　地球深部探测应用。"地球深部探测仪器"就像一只"透视眼",它能探清深层地下的矿产、海底的隐伏目标,对国土安全具有重大价值。这样的高端装备,国外长期对华垄断、封锁。为了实现祖国在地球深部探测领域的技术赶超,吉林大学黄大年教授带领400多名研究人员组成团队协同攻关,创造了多项"中国第一",为我国"巡天探地潜海"填补了多项技术空白,以该团队研制出的我国第一台万米科学钻——"地壳一号"(见图0-17)为标志,配备了自主研制的综合地球物理数据分析一体化软件系统,使我国的地球深部探测能力达到国际一流水平,局部处于国际领先地位。国际学界也惊叹中国正式进入"深地时代"。

图0-17　中国超级钻机"地壳一号"

(图片来源于新华网)

例0-6　"天问一号"是中国航天科技集团自主研发的我国第一颗火星探测器(见图0-18),由环绕器、着陆器和巡视器组成,于2020年7月23日在文昌航天发射场由长征五号遥四运载火箭发射升空,突破了第二宇宙速度发射、行星际飞行及测控通信、地外行星软着陆等关键技术,一次性完成了"环绕""着陆"和"巡视"三大任务,是世界航天史上的首例,标志着我国在行星探测领域跨入世界先进行列,对保障国家安全、促进科技进步、提升国家软实力与国际影响力等方面具有重大意义。

图0-18　"天问一号"火星探测器

(图片来源于中国新闻网)

例 0-7　"奋斗者"号是继"蛟龙"号、"深海勇士"号之后我国自主研发的又一全海深载人潜水器(见图 0-19),在"十三五"国家重点研发计划"深海关键技术与装备"重点专项的资助下,由中国科学院、中国船舶集团等近百家科研院所、高校、企业的近千名科研人员组成的科研团队艰苦攻关完成。它融合了前两代深潜装备"蛟龙"号、"深海勇士"号的"优良血统",除了拥有安全稳定、动力强劲的能源系统,还拥有更加先进的控制系统和定位系统,以及更加耐压的载人球舱等。自 2020 年 10 月 10 日起,"奋斗者"号赴马里亚纳海沟开展万米海试,成功完成 13 次下潜,其中 8 次突破万米。2020 年 11 月 10 日 8 时 12 分,"奋斗者"号创造了 10909 米的中国载人深潜新纪录,并停留了 6 个小时,进行一系列的深海探测科考活动,带回了矿物、沉积层、深海生物及深海水样等珍贵样本,并在深海中完成了和水上的通话,标志着我国在大深度载人深潜领域达到世界领先水平。

图 0-19　"奋斗者"号全海深载人潜水器
(图片来源于中国新闻网)

0.3　测试技术的发展趋势

当前,科技发展的趋势是智能化,而传感器是智能化的基础。传感器的发展日益朝着新型化、微型化、集成化、智能化方向发展。新敏感材料的发明、新检测机理的发现,将有力地推动传感器技术的进一步发展,微型化传感器在特殊应用场合具有极大的优势,而多功能集成化、与微计算机芯片相结合的传感器智能化发展趋势也日益明显。与此同时,我国中高档传感器产品几乎 100% 从国外进口,传感器关键技术和产品被国外垄断和禁运。传感器已上升至国家战略,传感器产业已成为战略新兴产业的重要发展方向。关于高端测量仪器方面,我国长期被西方国家"卡脖子",相关芯片近 90% 依靠进口,核心技术受制于人。因此,高端测量仪器也一直是我国科技发展的重点。这些现状对我国的科技工作者提出了严峻的挑战。近年来,我国的测试技术与应用也取得了一些突破性进展,如:2018 年底我国北斗卫星开始提供全球服务,并支撑了我国的北斗导航定位系统;2019 年 1 月华为正式发布天罡芯片、巴龙 5000 芯片等产品,展示了我国助力 5G 大规模快速部署的实力。

1. 传感器向新型化、微型化、集成化、智能化方向发展

传感器是测试、控制系统中的信息敏感和检测部件，它感受被测信息并输出与其成一定比例关系的物理量（信号），以满足系统对信息传输、处理、记录、显示和控制的要求。早期发展的传感器是利用物理学的电场、磁场、力场等定律所构成的结构型传感器，其基本特征是以其结构部分的变化或变化后引起场的变化来反映待测量（力、位移等）的变化。利用物质特性构成的传感器称为物性型传感器或物性型敏感元件，而将新的物理、化学、生物效应应用于物性型传感器，是传感技术的重要发展方向之一。每一种新物理效应的应用，都可能产生一种新的敏感元件，用于对某种新的参数进行测量。例如，除常见的力敏、压敏、光敏、磁敏材料之外，还有声敏、湿敏、色敏、气敏、味敏、化学敏、射线敏等材料。新材料与新元件的应用，有力推动了传感器的发展。这是因为物性型敏感元件性能的高低全依赖于敏感功能材料，例如采用半导体硅材料研制的各类硅微结构传感器、采用石英晶体材料研制的各种微小型高精密传感器、利用功能陶瓷材料研制的具有各种特殊功能的传感器，嗅（味）敏传感器、集成霍尔元件、集成固态CCD（charge coupled device，电荷耦合器件）图像传感器，等等。此外，一些化合物半导体材料、复合材料、薄膜材料、记忆合金材料等在传感器技术中也得到了成功应用。可以说，开发新型功能材料以应用于传感检测已成为传感器技术发展的重要方向。

通常，传统方法制造的传感器体积较大、价格较高，而随着新应用需求的不断涌现（如武器装备的微型化等），人们对传感器也提出了微型化的要求。从成熟IC（integrated circuit，集成电路）制造技术发展起来的微纳机械加工工艺逐渐被应用于传感器制造，其加工的敏感结构尺寸可达到微米、亚微米、甚至纳米级，并可以大批量生产，从而制造出价格更低廉、性能更优的微型化传感器。可以说，应用需求和制造技术的发展，使得传感器也逐渐呈现出小型化、微型化的发展趋势。

此外，随着测试的多功能需求发展，传感器也由单一物理量的测量，向着多物理量测量的多功能集成化方向发展。当前，测试技术正在向多功能、集成化、智能化方向发展，进行快变参数动态测量是自动化过程控制系统中的重要一环，其主要支柱是微电子与计算机技术。传感器与微计算机芯片相结合，发展出智能传感器。它能自动选择量程和增益，自动校准与实时校准，进行非线性校正、漂移等误差补偿甚至复杂的计算处理，完成自动故障监控、过载保护及通信与控制等。

2. 测试仪器向高精度和高速度方向发展，测量范围向极端测量方向发展

精度是计量测试技术的永恒主题，随着科技的不断发展，各个领域对测试精度的要求越来越高。在尺寸测量范畴内，从绝对量来讲已经提出了纳米与亚纳米级的测量要求；在时间测量上，分辨力要求达到飞秒级，相对精度为10^{-14}；在电量上则要求能够精确测出单个电子的电量；在航空航天领域，对飞行物速度和加速度的测量都要求达到0.05%的精度。在测量速度方面，机床、涡轮机、交通工具等的运行速度都在不断加快。目前，涡轮机转子的转速已达每分钟十几万次，要完成涡轮机转子和定子间气隙的准确测量，采样时间要求达到飞秒级、采样频率要求达到太赫兹量级。国防、航天等高科技领域对测量速度的要求更高，飞行器在运行中要对其轨迹、姿态、加速度不断校正，要求在很短时间内迅速做出反应；进行火箭拦截时，反应不及时就会发生灾难性后果，测量速度和反应速度更是起决定性作用；在对爆炸和核反应过程的研究中，也常要求能反映微秒时段内的状态数据。

在科学技术进步与社会发展过程中，不断出现新领域、新事物，需要人们去认识、探索和开拓，如开拓外层空间、探索宏微观世界、了解人类自身的奥秘等。为此，需要测试的领域越来越

多,环境也越来越复杂,涉及天上、地下、水中和人体内部。有的测量条件越来越恶劣,如高温、高速、高湿、高尘、振动、密闭、遥测、高压力、高电压、深水、强场、易爆场等。所需测量的参数类别也越来越多。有的要求实现联网测量,以便在跨地域情况下实现同步测量;有的则要求对多种参数实现同步测量,而同步的要求达微秒级。所有这一切都要求测量手段与方法具有更强大的功能。就目前测试技术的发展水平而言,常规测量已经比较成熟,但是随着研究的不断深入与领域的不断拓宽,一些极端情况下的测量任务也不断涌现,如尺寸测量要求能从原子核测到宇宙空间,电压测量要求能从纳伏测到百万伏,电阻测量要求能从超导测至 10^{+14} Ω,加速度测量要求能从 $10^{-4}g$ 测到 $10^{+4}g$,温度测量要求能从接近绝对零度(0 K,约 -237.15 ℃)测到 10^{+18}℃。测试技术正在向解决这些极端测量问题的方向发展。

3. 测试技术向基于现场总线技术的网络化发展,参数测量与数据处理向自动化发展

随着计算机技术、通信技术和网络技术的高速发展,以计算机和工作站为基础的网络化测试技术已成为新的发展趋势。现场总线是位于生产控制和网络结构的底层网,能与因特网、局域网相连,且具有开放统一的通信协议,因此肩负着生产运行一线测试、控制的任务。网络化测试系统一般由测试部分、数据信号传输部分及数据信号分析处理部分等组成。网络化测试技术突出的特点是可以实现资源共享,多系统、多任务、多专家的协同测试与诊断,而且可以实现过程测控,测试人员不受时间和空间的限制,随时随地获取所需信息。

一个产品的大型综合性试验准备时间长,待测参数多,若众多数据依靠手工去处理,则不仅精度低,处理周期也太长。现代测试技术的发展,使采用以计算机为核心的自动化测试系统成为可能。该系统一般能实现自动校准、自动修正、故障诊断、信号调制、多路采集和自动分析处理,并能打印输出测试结果。出现了将微测试系统直接放入被测体内,直接测试被测体在工作过程中各种主要参数的变化,并将数据存储起来,然后通过计算机接口读出存储数据的测试技术。

4. 测试信号处理技术的智能化发展

20 世纪 50 年代以前,测试信号的分析技术主要是模拟分析方法。进入 20 世纪 50 年代后,大型通用数字计算机在信号分析中有了实际应用。当时,研究者们曾争论过模拟与数字分析方法的优缺点,争论的焦点是运算速度、精度与经济性。进入 20 世纪 60 年代,人造卫星、宇航探测及通信、雷达技术的发展,对信号分析速度、分辨能力提出了更高的要求。1965 年,美国库利(J. W. Cooley)和图基(J. W. Tukey)提出了快速傅里叶变换(fast Fourier transform,FFT)计算方法,使计算离散傅里叶变换(discrete Fourier transform,DFT)的复数乘法次数从 N^2 减少到 $N\log_2 N$ 次,大大减少了计算量。这一方法促进了数字信号处理的发展,使其获得了更广泛的应用。20 世纪 70 年代以后,大规模集成电路的发展及微型机的应用,使信号分析技术具备了广阔的发展前景,各种新算法不断出现。例如,1968 年美国雷德(C. M. Rader)提出数论变换 FFT 算法(number theoretic transform FFT,简称 NFFT);1976 年美国威诺格兰德(S. Winograd)提出了一种傅里叶变换算法(Winograd Fourier transform algorithm,简称 WFTA),用该算法计算 DFT 所需乘法次数仅为 FFT 算法乘法次数的 1/3;1977 年法国努斯鲍默(H. J. Nussbaumer)提出了一种多项式傅里叶变换算法(polynomial Fourier transform algorithm,简称 PFTA),结合使用 FFT 和 WFTA 方法,在采样点数较大时,较之 FFT 算法速度提高 3 倍左右。

随着大数据与人工智能时代的到来,以机器学习为代表的新型数据处理方法被逐渐提出。机器学习是一门多领域交叉学科,涉及概率论、统计学、逼近论、凸分析、算法复杂度理论等多学科领域,专门研究计算机怎样模拟或实现人类的学习行为,以获取新的知识或技能,重新组织已有的知识结构使之不断改善自身的性能。随着各行业对数据分析需求的持续增加,通过机器学习高效地获取知识,已逐渐成为当今机器学习技术发展的主要推动力。大数据时代的机器学习更强调"学习本身是手段"。机器学习成为一种支持和服务技术。如何基于机器学习对复杂多样的数据进行深层次的分析以更高效地利用信息,已成为当前大数据环境下机器学习研究的主要方向。机器学习越来越朝着智能数据分析的方向发展,并已成为智能数据分析技术的一个重要源泉。另外,在大数据时代,随着数据产生速度的持续加快,数据的体量有了前所未有的增长,而需要分析的新数据种类也在不断涌现,如文本的理解、文本情感的分析、图像的检索和理解、图形和网络数据的分析等。这使得大数据机器学习和数据挖掘等智能计算技术在大数据智能化分析处理应用中具有极其重要的作用。常见的机器学习算法有决策树、朴素贝叶斯、支持向量机、随机森林、人工神经网络,等等。

　深度学习是机器学习领域中一个新的研究方向,是从数据中学习表示的一种新方法,强调从连续的层中进行学习,这些层对应于越来越有意义的表示。图 0-20 所示为深度学习神经网络模型。深度学习是学习样本数据的内在规律和表示层次,这些学习过程中获得的信息对诸如文字、图像和声音等数据的解释有很大的帮助。它的最终目标是让机器能够像人一样具有分析学习能力,能够识别文字、图像和声音等数据。深度学习是一个非常复杂的机器学习算法,在语音和图像识别方面取得的效果远远超过先前相关技术。深度学习在搜索技术、数据挖掘、机器学习、机器翻译、自然语言处理、多媒体学习、语音、推荐和个性化技术,以及其他相关领域都取得了很多成果。深度学习使机器模仿视听和思考等人类的活动,解决了很多复杂的模式识别难题,使得人工智能相关技术取得了很大进步。

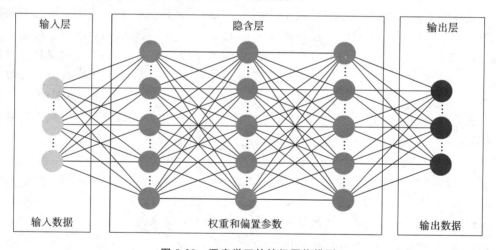

图 0-20　深度学习的神经网络模型

0.4　主要传感器和测试仪器生产商

(1) 主要生产厂商及其主要产品如下:

B&K Precision 主要提供振动、噪声信号测量传感器和分析仪器;National Instruments (NI,美国国家仪器)主要提供 LabVIEW、BridgeVIEW 等计算机虚拟仪器开发软件和各种总线数据采集、控制、测量等硬件;Agilent 提供种类繁多的电子测试仪器;Keithley 提供种类繁多的电子测试仪器,还有数据采集仪和半导体器件产品等;Tektronix Inc. 提供品种繁多的各类仪器,特别是示波器十分出众,还有打印机、VXI 总线仪器等;Telulex Inc. 提供任意波形发生器(AM,FM,PM,SSB,BPSK DC-20MHz);Advantest 提供 IC 测试仪、数字电压表等;IOtech 提供数据采集和基于 PC 的仪器;PICO 提供虚拟仪器和基于 PC 的数字示波器等;Apogee Instruments Inc. 提供 CCD 相机和其他基于 CCD 器件的仪器,还有一些图形处理软件;Amplifier Rescrach 主要提供宽带射频功率放大器;Ancot 提供 Fiber Channel & SCSI;Anritsu 提供无线电通信分析仪、光谱分析仪等;Applied Microsystem Corp. 提供嵌入式系统的软硬件调试工具,支持 Intel、AMD、Motorola 等提供的芯片;Berkeley Nucleonics Corp. 提供脉冲发生器等;IWATSU Co. 提供示波器和数字存储示波器;LeCroy 提供数字存储示波器、信号源等;NF Instruments 提供信号发生器、失真仪、声发射检测仪、各种放大器等;Nicolet Instrument Technologies、Yokogawa Corp. of America 主要提供测试仪器;Stanford Research Systems 提供 FFT 分析仪。

(2) 主要行业资源、杂志和部分国内生产厂商如下:

IEEE/IEE Electronic Library、Wiley Online Library、Electronic Industries Association、爱思唯尔(Elsevier)、IOP Publishing、美国能源信息署(EIA)、Test & Measurement World Online、中国期刊网、万方数字化期刊、中国传感器网、电子元件技术网、中国工控网、*Sensors and Actuators B: Chemical*、*Sensors and Actuators A: Physical*、*IEEE/ASME Transactions on Mechatronics*、*Measurement*、*Frontiers of Mechanical Engineering*、《机械工程学报》、《华中科技大学学报(自然科学版)》、《电子产品世界》、《今日电子》、《自动化博览》、《传感器世界》、《中国仪器仪表》、《仪器技术与传感器》、《自动化与仪表》、《工业计量》、《工控工业自动化》、《ECN/世界电子元器件》、《电子设计技术 EDN CHINA》、《测控技术》、北京中科泛华测控技术有限公司、陕西海泰电子有限责任公司、武汉高德红外股份有限公司、瑞声声学科技(深圳)有限公司、深圳市科陆电子科技股份有限公司、歌尔声学股份有限公司、浙江大华技术股份有限公司、航天时代电子技术股份有限公司、天水华天科技股份有限公司、上海航天汽车机电股份有限公司、杭州士兰微电子股份有限公司、紫光股份有限公司、华工科技产业股份有限公司、上海嘉仪信息科技有限公司、湖南高至科技有限公司、长沙华时捷环保科技发展股份有限公司,等等。

习　题

0-1　试论述一个测试系统的基本构成与系统各环节的基本功能。

0-2　非电量电测法的基本思想是什么?

0-3　列举一些测试在工程中的应用实例,说明测试在产品信息化和数字化中的作用与地位。

0-4　根据自己熟悉的某物理量测量过程,总结测量的具体实现过程与实施方法。

0-5　举例说明直接测量和间接测量的主要区别是什么。

0-6　根据你的理解,谈谈测试技术的内涵。

上篇
信号分析

信号的波形分析

信号是信息的一种物理体现,是运载信息的工具和信息的载体,信息则是信号的具体内容。从广义上讲,信号包含光信号、声信号和电信号等。例如,古代人利用点燃烽火台产生的滚滚狼烟向远方军队传递敌人入侵的信息,这属于光信号;当我们说话时,声波传递到他人的耳朵,使他人了解我们的意图,这属于声信号。信号按物理属性可以分为电信号和非电信号,它们之间可以相互转换。电信号具有容易产生、便于控制、易处理的优点。本课程讨论的信号主要指力、温度、振动等物理量通过传感器转变为电压或电流后的电信号。在工业测量中,我们将传感器获得的电信号随时间的变化历程记录和保存下来,称为测量信号。它们记录了被测对象物理量的变化过程,其中蕴涵了与被测对象有关的大量有用信息,如图 1-1 所示。

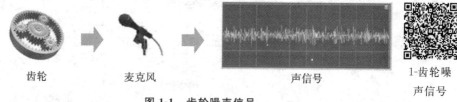

齿轮　　　　麦克风　　　　　　声信号　　　　　1-齿轮噪
　　　　　　　　　　　　　　　　　　　　　　声信号

图 1-1　齿轮噪声信号

信号的波形是指它的形状关于时间的变化函数,表示信号的振幅如何随时间变化而变化。其中,x 轴是信号的时间轴,y 轴表示信号的强度(振幅或幅值)。我们可以用示波器来观测信号的波形。

1.1　信号的分类

随被测物理量的不同,测量信号往往呈现出不同的特点。在处理测量信号前,我们需要弄清楚信号的种类和特点,以便选择正确的信号处理方法。信号的分类方法很多,按照不同分类规则,可以将信号分成不同类型。从信号的数学描述上,信号可分为确定性信号与非确定性信号;从信号的幅值和能量上,信号又可分为能量信号与功率信号;从信号的分析域(横坐标、自变量)上,信号还可分为时域有限信号与频域有限信号;从信号的连续性上,信号则可分为模拟信号与数字信号;从信号的因果关系上,信号则可分为因果信号与非因果信号。

1.1.1　确定性信号与非确定性信号

1. 确定性信号

如果信号可以用确定的数学表达式来表示,或用确定的信号波形来描述,则称此类信号为确定信号,即任意给定时刻 t 的信号都是确定的。在工程上,许多物理过程产生的信号都是确定信号。例如：卫星在轨道上的运行轨迹，电容器充放电过程中的电压变化等。确定性信号又可以进一步细分为周期信号、非周期信号。

1) 周期信号

周期信号的瞬时幅值随时间重复变化，满足关系式：

$$x(t) = x(t + nT) \quad n = \pm 1, \pm 2, \cdots \tag{1-1}$$

式中：t 为时间；T 为时间重复周期。例如，机械系统中，回转体不平衡引起的振动往往是一种周期运动。周期信号又可分为由单一正弦波信号构成的简单周期信号，如 $x = 0.5\sin(2\pi \cdot 500t)$，见图 1-2(a)，以及由多个正弦波信号叠加构成的复杂周期信号，如 $x = 0.5\sin(2\pi \cdot 500t) + 0.5\cos(2\pi \cdot 1000t) + 0.5\cos(2\pi \cdot 1500t)$，见图 1-2(b)。

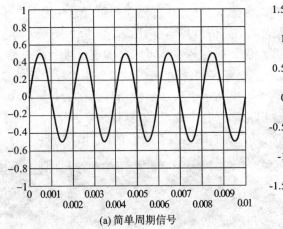
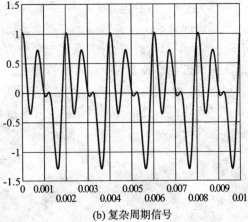

(a) 简单周期信号　　　　　　　　　　(b) 复杂周期信号

图 1-2　周期信号

例 1-1　生成简单周期信号的 MATLAB 代码示例如下：

```
Fs=44100;
N=44100;
T=1;
x=linspace(0,T,N);
y=0.5*sin(2*3.14*500*x);
plot(x,y);
xlim([0,0.01]);
ylim([-1,1]);
grid on;
```

例 1-2　生成复杂周期信号的 MATLAB 代码示例如下：

```
Fs=44100;
N=4096;
T=0.01;
x=linspace(0,T,N);
y1=0.5*sin(2*3.14*500*x);
y2=0.5*cos(2*3.14*1000*x);
y3=0.5*cos(2*3.14*1500*x);
```

```
y=y1+y2+y3;
plot(x,y,'b','linewidth',1);
xlim([0,0.01]);
ylim([-1.5,1.5]);
grid on;
```

2）非周期信号

非周期信号往往具有瞬变性，其幅值变化不具有周期特征。例如，锤子的敲击力、承载缆绳断裂时的应力变化、热电偶插入加热炉中温度的变化过程等，这些信号都属于非周期信号，也可以用数学关系式描述。非周期信号又分为准周期信号和瞬态信号。当若干个周期信号叠加时，如果它们的周期的最小公倍数不存在，则其合成信号不再是周期信号，但它们的频率描述还具有周期信号离散频谱的特点，称为准周期信号。例如：$x(t) = 0.5\sin(1000\pi t) + 0.5\cos(1000\sqrt{2}\pi t)$，这是正弦波与余弦波信号的合成，但是其频率比 $\omega_1/\omega_2 = 1/\sqrt{2}$，不是有理数，不成谐波关系，如图 1-3（a）所示。这种信号往往出现在通信、振动系统中，应用于机械转子振动分析、齿轮噪声分析、语音分析等。持续时间有限的信号则称为瞬态信号。例如：$x(t) = e^{-t}\sin(3t)$，如图 1-3（b）所示。

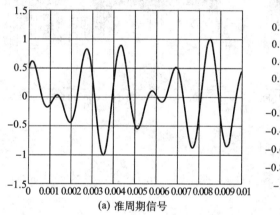

(a) 准周期信号

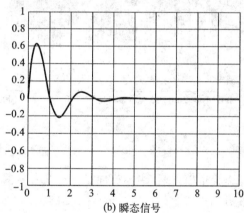

(b) 瞬态信号

图 1-3 非周期信号

例 1-3 生成准周期信号的 MATLAB 代码示例如下：

```
Fs=44100;
N=4096;
T=0.01;
x=linspace(0,T,N);
f1=500;
f2=sqrt(2)*500;
y1=0.5*sin(2*3.14*f1*x);
y2=0.5*cos(2*3.14*f2*x);
y=y1+y2;
plot(x,y,'b','linewidth',1);
xlim([0,0.01]);
```

```
ylim([-1.5,1.5]);
grid on;
```

2. 非确定性信号

如果信号无法用明确的数学关系式表达，其幅值、相位变化不可预知，所描述的物理现象是一种随机过程，只能用概率统计方法来描述，则称此类信号为非确定性信号或随机信号。非确定性信号也是工程中的一类应用广泛的信号。例如，汽车奔驰时所产生的振动、机床加工时产生的噪声、飞机在大气流中的浮动、树叶随风飘落、海面上海浪起伏引起的水位高度变化、环境噪声，等等，都是非确定性信号。非确定性信号可分为平稳随机信号和非平稳随机信号。如果信号的均值、有效值、方差等统计量不随时间 t 变化而变化，则称为平稳随机信号，如图 1-4 (a)所示；反之为非平稳随机信号，如图 1-4(b)所示。

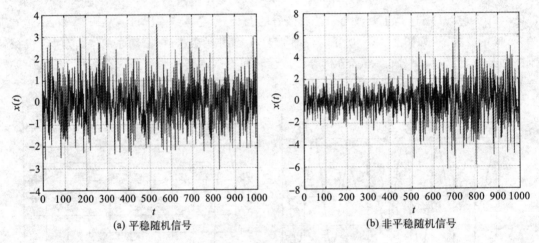

(a) 平稳随机信号　　　　　　　　　　　　(b) 非平稳随机信号

图 1-4　非确定性信号

需要指出的是，实际物理过程往往非常复杂，既无理想的确定性，也无理想的非确定性，而是两者相互掺杂的。信号的分类如图 1-5 所示。

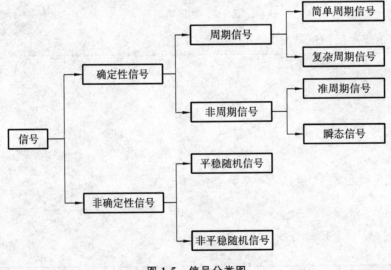

图 1-5　信号分类图

1.1.2　能量信号与功率信号

1. 能量信号

在实际测量中，人们常将被测信号通过传感器转换为电压信号来处理。电压信号 $x(t)$ 加在单位电阻（$R=1\ \Omega$）上的瞬时功率为

$$P(t) = \frac{x^2(t)}{R} = x^2(t) \tag{1-2}$$

则该瞬时功率在时间段 (t_1, t_2) 上的积分就是该信号在单位电阻上消耗的能量：

$$E(t) = \int_{t_1}^{t_2} P(t)\mathrm{d}t = \int_{t_1}^{t_2} x^2(t)\mathrm{d}t \tag{1-3}$$

通常不考虑量纲，而是直接把信号的平方及其对时间的积分与信号的功率和信号的能量联系起来。若 $x(t)$ 在所分析的区间 $(-\infty, \infty)$ 内能量是有限的，即满足条件：

$$\int_{-\infty}^{\infty} x^2(t)\mathrm{d}t < \infty \tag{1-4}$$

则 $x(t)$ 称为能量信号。一般持续时间有限的瞬态信号都是能量信号，如图 1-3(b) 所示。

2. 功率信号

若 $x(t)$ 在所分析的时间区间 $(-\infty, \infty)$ 内的能量是无限的，不满足式 (1-4) 条件，但在有限时间区间 $(-T/2, T/2)$ 内的平均功率是有限的，满足条件：

$$\lim_{T \to \infty} \frac{1}{T} \int_{-T/2}^{T/2} x^2(t)\mathrm{d}t < \infty \tag{1-5}$$

则 $x(t)$ 称为功率信号。一般持续时间无限的信号（如周期信号）都属于功率信号，如图 1-2 所示。

1.1.3　其他信号分类

1. 时域有限信号与频域有限信号

1）时域有限信号

时域有限信号是指该信号只在某时间段 (t_1, t_2) 内有定义，其外恒等于零。例如，三角脉冲信号、矩形脉冲信号、爆炸信号、冲击信号等，如图 1-6(a) 所示。

2）频域有限信号

频域有限信号是指将该信号经傅里叶变换到频率域，信号只在某频率区间 (f_1, f_2) 内有定义，其外恒等于零。例如，正弦波信号、通过带通滤波器后的窄带信号等，如图 1-6(b) 所示。

按照傅里叶变换理论，一个信号在时间域上是有限的，则它在频率域上是无限的；反之，一个信号在频率域上是有限的，则它在时间域上是无限的。这一点将在后面的频谱分析原理部分做进一步介绍。显然，一个信号不能同时在时间域和频率域都是有限的。

2. 连续信号与离散信号

连续信号是指在所讨论的时间间隔内，对于任意时间值，除若干第一类间断点外，都可给出确定的函数值的信号，如图 1-7(a) 所示。离散信号又称时域离散信号或时间序列，是指在所讨论的时间区间内，只在所规定的不连续的瞬时给出了函数值的信号，如图 1-7(b) 所示。

根据信号的幅值和时间的连续性，又可将信号分为连续幅值和连续时间信号、连续幅值和离散时间信号、离散幅值和连续时间信号、离散幅值和离散时间信号，如图 1-8 所示。例如，磁带记录仪录制的模拟信号就是连续幅值和连续时间信号，数字信号处理中使用的采样信号就

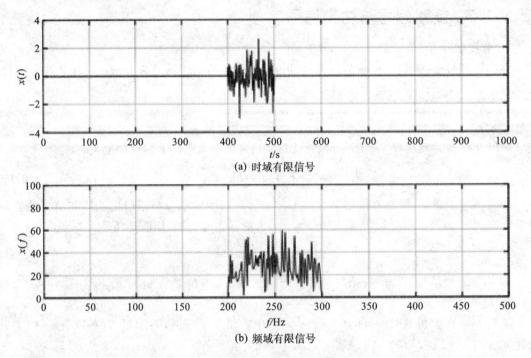

(a) 时域有限信号

(b) 频域有限信号

图 1-6　时域有限信号与频域有限信号

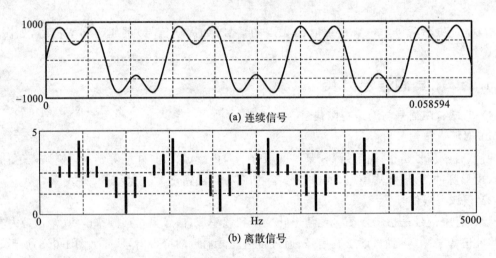

(a) 连续信号

(b) 离散信号

图 1-7　连续信号与离散信号示例 1

是离散幅值和离散时间信号。

3. 物理可实现信号与物理不可实现信号

物理可实现信号又称为单边信号,满足条件:$t<0$ 时,$x(t)=0$,即在时刻小于零的一侧全为零,信号完全由时刻大于零的一侧确定,如图 1-9 所示。反之,则为非物理可实现信号。实际出现的信号,大部分是物理可实现信号,因为这种信号反映了物理上的因果律。实际中所能测得的信号,许多都是由一个激发脉冲作用于一个物理系统之后所输出的信号。例如,切削过程中,可以把机床、刀具、工件构成的工艺系统作为一个物理系统,把工件上的硬质点或切削刀具上积屑瘤的突变等作为振源脉冲,仅仅在该脉冲作用于系统之后,振动传感器才有描述刀具振动的输出。

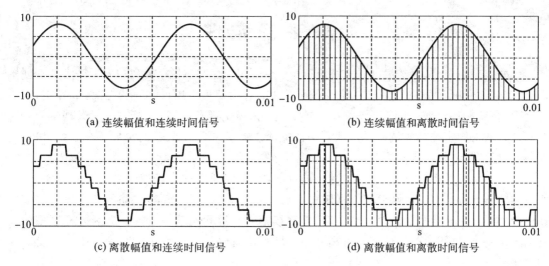

(a) 连续幅值和连续时间信号   (b) 连续幅值和离散时间信号

(c) 离散幅值和连续时间信号   (d) 离散幅值和离散时间信号

图 1-8 连续信号与离散信号示例 2

所谓物理系统,它具有这样一种性质:在激发脉冲作用于系统之前,系统是不会有响应的,换句话说,在零时刻之前,没有输入脉冲,则输出为零。这种性质反映了物理上的因果关系。因此,一个信号要通过一个物理系统来实现,就必须满足 $x(t)=0$ ($t<0$),这就是把满足这一条件的信号称为物理可实现信号的原因。同理,对于离散信号而言,满足 $x(n)=0$ ($n<0$) 条件的序列,即称为因果序列。

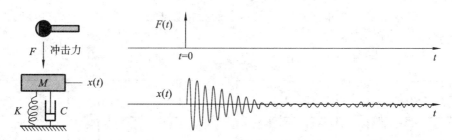

图 1-9 物理可实现信号

物理不可实现信号在实际生活中并不存在,表现为在事件发生($t=0$)时刻之前($t<0$)系统就有响应,即事件还没有发生,系统针对该事件就产生了响应。例如,矩形传递函数的单位脉冲响应在 $t=0$ 时刻之前就有输出,如图 1-10 所示,因此属于物理不可实现信号。

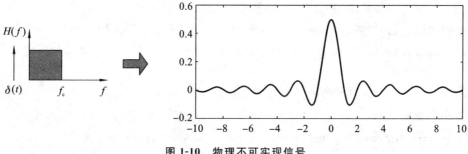

图 1-10 物理不可实现信号

1.2　采　样　定　理

采样定理由美国电信工程师 H. Nyquist(奈奎斯特)在 1928 年提出,1948 年信息论创始人 C. E. Shannon 对这一定理加以明确说明并正式作为定理引用,因此也被称为取样定理、抽样定理、奈奎斯特定理、奈奎斯特-香农采样定理。采样定理有许多表述形式,但最基本的表述方式是时域采样定理和频域采样定理。采样定理在数字式遥测系统、时分制遥测系统、信息处理、数字通信和采样控制理论等领域得到了广泛的应用。

在数字信号处理领域中,采样定理是连续时间信号(通常称为模拟信号,analog signal,一般由传感器获取)和离散数字信号(通常称为数字信号,digital signal)之间的基本桥梁。该定理说明采样频率与信号频谱之间的关系,是连续信号离散化的基本依据。它为采样频率的确立创造了一个足够的标准,使其允许离散采样序列从有限带宽的连续时间信号中捕获所需要的信息。

1.2.1　A/D 转换

把连续时间信号转换为与其相对应的数字信号的过程称为模-数(A/D)转换过程,反之则称为数-模(D/A)转换过程,它们是数字信号处理的必要程序。通常,模拟信号的频带较宽,在进行 A/D 转换前,需要将模拟信号通过抗频混滤波器进行预处理,使之变成带限信号,再经A/D 转换成为数字信号,最后送入数字信号分析仪或数字计算机完成信号处理。根据需要,处理好的数字信号结果可以再通过 D/A 转换器转换成模拟信号,去驱动计算机外围执行元件或模拟式显示、记录仪等。

A/D 转换包括了采样、量化、编码等过程,其工作原理如图 1-11 所示。

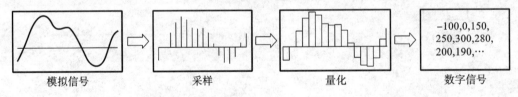

模拟信号　　　　　　采样　　　　　　量化　　　　　　数字信号

图 1-11　A/D 转换过程

(1) 采样:或称为抽样,是利用采样脉冲序列 $p(t)$,从连续时间信号 $x(t)$ 中抽取一系列离散样值,使之成为采样信号 $x(nT_s)$ 的过程。其中,$n=0,1,\cdots$;T_s 称为采样间隔或采样周期,$1/T_s=f_s$,f_s 称为采样频率(采样率)。由于后续量化过程需要一定的时间 τ,因此对于随时间变化的模拟输入信号,要求瞬时采样值在时间 τ 内保持不变,这样才能保证转换的正确性和转换精度。该过程就是采样保持。正是有了采样保持,实际采样后的信号是阶梯形的连续函数。

(2) 量化:又称幅值量化,把采样信号 $x(nT_s)$ 通过四舍五入或截尾方法处理,变为由有限个有效数字表示的数,这一过程称为量化,如图 1-12 所示。

(3) 编码:将离散幅值经过量化以后再变为二进制数字的过程,即

$$A = RD = R\sum_{i=0}^{n-1} a_i 2^i \tag{1-6}$$

式中:a_i 取 0 或 1;R 称为量化增量或量化步长。信号 $x(t)$ 经过上述变换以后,即变成了时间上

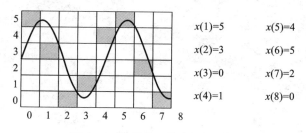

$x(1)=5$ $x(5)=4$

$x(2)=3$ $x(6)=5$

$x(3)=0$ $x(7)=2$

$x(4)=1$ $x(8)=0$

图 1-12 信号的 6 等分量化过程

离散、幅值上量化的数字信号。例如,将上述采样值(量化结果)采用 4 位 A/D 转换量化为 XXXX,则 $x(1)=0101$、$x(2)=0011$、$x(3)=0000$、$x(4)=0001$、$x(5)=0100$、$x(6)=0101$、$x(7)=0010$、$x(8)=0000$。

1.2.2 采样误差

模拟信号经过采样后,成为有限个数据点的离散信号。数据点之间的插值是采用直线近似的,由此产生的误差称为采样误差。采样频率越高,则误差越小。

1.2.3 Nyquist-Shannon 采样定理

为保证离散化的数字信号在采样后能保留原始模拟信号的主要信息,采样频率 f_s 必须至少是原始信号中最高频率分量 f_{max} 的两倍,即 $f_s \geqslant 2f_{max}$。如图 1-13 所示,在实际工程应用中,采样频率通常是信号中最高频率分量的 3 到 5 倍。

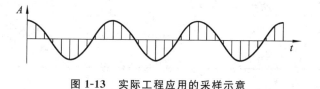

图 1-13 实际工程应用的采样示意

1-采样定理

1.2.4 采样中的频率混叠

采样定理说明了一个问题,即对时域模拟信号采样时,应以多大的采样周期(或称采样时间间隔)采样,方不致丢失原始信号的信息,或者说,可由采样信号无失真地恢复出原始信号。

频混现象又称为频谱混叠效应,它是由于采样导致的信号频谱发生变化,而出现高、低频成分发生混叠的一种现象,即当采样频率不满足采样定理时,信号中的高频分量会被错误地采样为低频分量。信号 $x(t)$ 的傅里叶变换频谱为 $X(\omega)$,其频带范围为 $-\omega_m \sim \omega_m$;采样信号 $x(t)$ 的傅里叶变换是一个周期谱图,其周期为 ω_s,且 $\omega_s = 2\pi/T_s$,T_s 为时域采样周期。当采样周期 T_s 较小时,$\omega_s > 2\omega_m$,周期谱图相互分离,如图 1-14 所示;当 T_s 较大时,$\omega_s < 2\omega_m$,周期谱图相互重叠,即谱图之间的高频与低频部分发生重叠,这种现象称为频谱混叠,将使信号复原时丢失原始信号中的高频信息。例如,信号的频率(或最高频率)为 ω_1,采样频率为 ω_2,且 $\omega_2 < 2\omega_1$,即不满足采样定理,会导致频谱混叠,则由采样信号恢复出来的混叠频率为 $\omega = |\omega_2 - \omega_1|$。

如图 1-15(a)、(b)所示,采用 1004 Hz 或 1024 Hz 采样频率对 1014 Hz 信号进行采样,输出的信号和对 10 Hz 信号采样的结果一样。这是因为采样频率不满足采样定理,导致频混现象发生。当采样频率不满足采样定理时,采样得到的混叠频率为采样频率和信号频率之差。

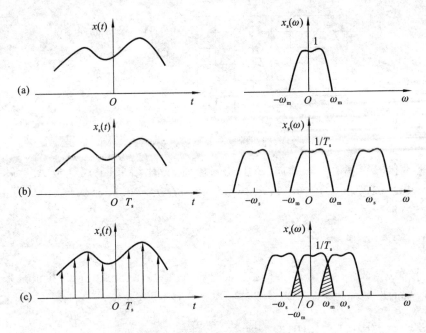

图 1-14　采样信号的频混现象

所以,当采用 1004 Hz 或 1024 Hz 信号对 1014 Hz 信号进行采样,得到的信号频率均为 10 Hz。当采样频率满足采样定理,如采用 4096 Hz 信号再次对 1014 Hz 和 10 Hz 信号进行采样,得到的信号如图 1-15(c)所示,因为这次采样频率满足采样定理,所以能够明确区分两种不同频率(1014 Hz 和 10 Hz)的信号。

　　应用图 1-15(a)所示的实例——采样频率不满足采样定理进行采样发生频率混叠的模拟 MATLAB 代码如下:

```
Fs=1004;
dt=1.0/Fs;
N=1004;
T=N*dt;
t=linspace(0,T,N);
y1=0.5*sin(2*3.14*10*t);
subplot(2,1,1);
plot(t,y1,'b','linewidth',1);
grid on;
y2=0.5*sin(2*3.14*1014*t);
subplot(2,1,2);
plot(t,y2,'r','linewidth',1);
grid on;
```

　　应用图 1-15(b)所示的实例——采样频率不满足采样定理进行采样发生频率混叠的模拟 MATLAB 代码如下:

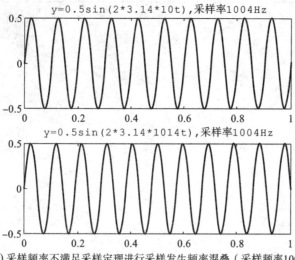

(a) 采样频率不满足采样定理进行采样发生频率混叠（采样频率1004Hz）

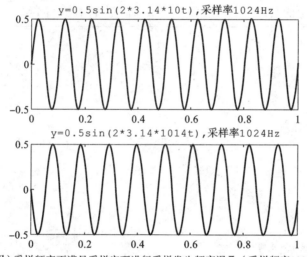

(b) 采样频率不满足采样定理进行采样发生频率混叠（采样频率1024Hz）

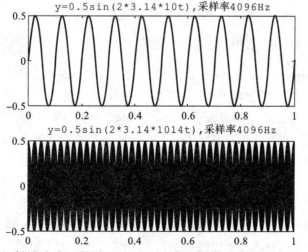

(c) 采样频率满足采样定理时可得到正确的成分信息（采样频率4096Hz）

图 1-15　采样定理应用实例

```
Fs=1024;
dt=1.0/Fs;
N=1024;
T=N*dt;
t=linspace(0,T,N);
y1=0.5*sin(2*3.14*10*t);
subplot(2,1,1);
plot(t,y1,'b','linewidth',1);
grid on;
y2=0.5*sin(2*3.14*1014*t);
subplot(2,1,2);
plot(t,y2,'r','linewidth',1);
grid on;
```

应用图 1-15(c)所示的实例——采样频率满足采样定理时的模拟 MATLAB 代码如下：

```
Fs=4096;
dt=1.0/Fs;
N=4096;
T=N*dt;
t=linspace(0,T,N);
y1=0.5*sin(2*3.14*10*t);
subplot(2,1,1);
plot(t,y1,'b','linewidth',1);
grid on;
y2=0.5*sin(2*3.14*1014*t);
subplot(2,1,2);
plot(t,y2,'r','linewidth',1);
grid on;
```

1.2.5　A/D 转换前的抗混叠滤波

抗混叠滤波器(anti-alias filter)是一个低通滤波器，以便在输出电平中把混叠频率分量降低到微不足道的程度。实际的工程测量中，采样频率不可能无限高，也不需要无限高，因为人们一般只关心特定频率范围内的信号成分。为解决频率混叠，在对模拟信号进行 A/D 转换采样前，采用抗混叠低通滤波器滤除掉原始信号中高于 1/2 采样频率的频率成分。实际的仪器设计中，该低通滤波器的截止频率(f_c) = 采样频率(f_s)/2.56。抗混叠滤波流程如图 1-16 所示。

在动态信号测试中，测量仪器必须具有抗混叠滤波功能，例如：在大型桥梁、高楼、机械设备等动态振动测试及模态分析中，信号所包含的频率成分理论上是无穷的。又如：桥梁的模态理论上有无限多个，但人们只关心对振动贡献最大的前几阶模态。如果不对振动模拟信号进行抗混叠低通滤波，则高阶模态频率很可能会混叠到低频段，形成虚假的模态频率，给模态参数识别带来困难。

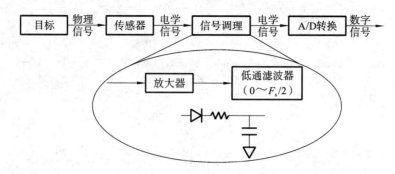

图 1-16　A/D 转换前的抗混叠滤波流程示意

1.2.6　量化误差

采样信号 $x(nT_s)$ 经过量化后，变为只有有限个有效数字的数值，这一过程所产生的误差称为量化误差。若信号 $x(t)$ 可能出现最大值 A，令其分为 D 个间隔，则每个间隔长度为 $R=A/D$，R 称为量化增量或量化步长。当采样信号 $x(nT_s)$ 落在某一小间隔内，且经过四舍五入（舍入）或截尾方法而变为有限值时，则会产生量化误差，如图 1-12 所示。

量化误差呈等概率分布，其概率密度函数 $p(x)=1/R$，采用舍入量化时，最大量化误差为 $\pm0.5R$；采用截尾量化时，最大量化误差为 $-R$。采用舍入量化时的方差为

$$\sigma_x^2 = \int_{-\infty}^{\infty} (x-\mu_x)^2 p(x)\mathrm{d}x = \int_{-0.5R}^{0.5R} (x-\mu_x)^2 p(x)\mathrm{d}x \tag{1-7}$$

将 $p(x)=1/R$，$\mu_x=0$ 代入，则有

$$\sigma_x^2 = R^2/12$$

或

$$\sigma_x = 0.29R \tag{1-8}$$

同理可计算得到截尾量化时的方差。

例如，采用 N 位 A/D 转换器对输入信号电压 (V_{min}, V_{max}) 进行采样并量化，如采用四舍五入量化，则最大绝对量化误差 e、最大相对量化误差 ε 分别为

$$\begin{cases} e = \dfrac{V_{max}-V_{min}}{2(2^N-1)} \\[3mm] \varepsilon = \dfrac{1}{2(2^N-1)} \end{cases} \tag{1-9}$$

如果采用截尾量化，则最大绝对量化误差 e、最大相对量化误差 ε 分别为

$$\begin{cases} e = \dfrac{V_{max}-V_{min}}{2^N-1} \\[3mm] \varepsilon = \dfrac{1}{2^N-1} \end{cases} \tag{1-10}$$

一般又把量化误差看成模拟信号作数字处理时的可加噪声，故称之为舍入噪声或截尾噪声。如图 1-17 所示，量化增量（即量化电平、量化步长）大小一般取决于 A/D 采集位数，采集位数越小，量化间隔数 D 越小，量化增量 R 愈大，则量化误差愈大。例如，8 位二进制的量化间隔数为 $D=2^8=256$，即量化电平 R 为所测信号最大电压幅值的 $1/256$，则采用四舍五入量化或截尾量化带来的最大相对量化误差分别为 $1/510$ 或 $1/255$。

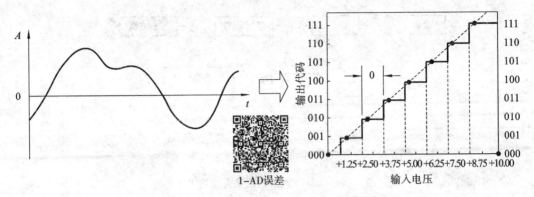

图 1-17　A/D 采集位数与量化增量误差之间的关系

1.2.7　A/D 转换器技术指标

A/D 转换器技术规范主要涉及三个指标:分辨力、转换精度、转换速度。

1. 分辨力

A/D 转换器的分辨力用其输出二进制数码的位数来表示。位数越多,则量化增量越小,量化误差越小,分辨力也就越高。常用的二进制数码位数有 8、10、12、16、24、32 位等。例如,某 A/D 转换器输入模拟电压的变化范围为 $-10\sim+10$ V,转换器为 8 位,若第一位用来表示正、负符号,其余 7 位表示信号幅值,则最末一位数字可代表 80 mV 模拟电压(10 V$\times1/2^7\approx$ 80 mV),即转换器可以分辨的最小模拟电压为 80 mV。而相同情况下,用一个 10 位转换器能分辨的最小模拟电压为 20 mV(10 V$\times1/2^9\approx$20 mV)。

2. 转换精度

具有某种分辨力的转换器在量化过程中由于采用了四舍五入方法,因此其最大量化误差应为分辨力数值的一半。如上例 8 位转换器最大量化误差应为 40 mV(80 mV$\times$0.5$=$40 mV),全量程的相对误差则为 0.4%(40 mV/10 V$\times$100%)。可见,A/D 转换器数字转换的精度由最大量化误差决定。实际上,许多转换器末位数字并不可靠,实际精度还要低一些。

由于含有 A/D 转换器的模数转换模块通常包括模拟处理和数字转换两部分,因此整个转换器的精度还应考虑模拟处理部分(如积分器、比较器等)的误差。一般转换器的模拟处理误差与数字转换误差应尽量处在同一数量级,总误差则是这些误差的累加和。例如,一个 10 位 A/D 转换器用其中 9 位计数时的最大相对量化误差为 $2^{-9}\times0.5\approx0.1\%$,若模拟部分精度也能达到 0.1%,则转换器总精度可接近 0.2%。

3. 转换速度

转换速度是指完成一次转换所用的时间,即从发出转换控制信号开始,直到输出端得到稳定的数字输出为止所用的时间。转换时间越长,转换速度就越低。转换速度与转换原理有关,如逐位逼近式 A/D 转换器的转换速度要比双积分式 A/D 转换器高许多。除此以外,转换速度还与转换器的位数有关,一般位数少(转换精度差)的转换器转换速度高。目前常用 A/D 转换器转换位数有 8、10、12、14、16 位,其转换速度依转换原理和转换位数不同,一般在几微秒至几百毫秒之间。

由于转换器必须在采样间隔 T_s 内完成一次转换工作,因此转换器能处理的最高信号频率就受到转换速度的限制。如采用 50 μs 内完成 10 位 A/D 转换的高速转换器,其采样频率可高达 20 kHz。

1.2.8　D/A 转换

　　传统的信号（如声音）属于模拟信号，而计算机和光盘等存储设备中记录的信号（如声音）则是数字信号。例如，录制光盘需要将模拟信号转换为数字信号，而播放光盘时需要将数字信号转换为模拟信号再通过音响播放，这个过程就需要 D/A 数模转换器，它是在数码音响产品中负责将数字音频信号转换为模拟信号的装置。

　　D/A 转换是把数字信号恢复为连续的电压或电流信号的过程，一般由保持电路（例如零阶保持与一阶保持电路等）实现。零阶保持是在两个采样值之间，令输出保持上一个采样值的值。由于保持变化构成的信号存在不连续点（台阶状），因此还必须采用模拟低通滤波器予以平滑，其过程如图 1-18 所示。

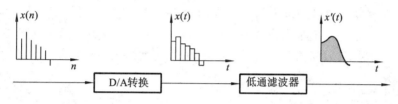

图 1-18　D/A 转换过程

　　D/A 转换器是把数字信号转换为电压或电流信号的装置。D/A 转换器一般先通过 T 型电阻网络将数字信号转换为模拟电脉冲信号，然后通过零阶保持电路将其转换为阶梯状的连续电信号。只要采样间隔足够密，就可以精确地复现原信号。为减小零阶保持电路带来的电噪声，后面再接一个低通滤波器。

　　一般来说，与 A/D 转换器相比，D/A 转换器的电路结构比较简单、价格比较低廉。有趣的是，许多 A/D 转换器中都包含着一个 D/A 转换器。D/A 转换器有许多不同类型的电路结构。最简单的当属权电阻网络 D/A 转换器，如图 1-19 所示。在此基础上发展而来的还有双级权电阻网络 D/A 转换器、倒 T 型电阻网络 D/A 转换器与双极性输出电压 D/A 转换器等。D/A 转换器的技术指标也主要是分辨力、转换精度与转换速度。

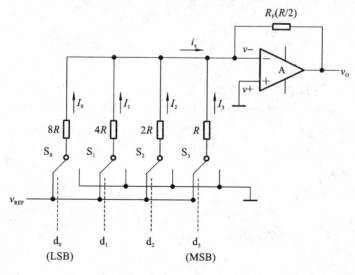

图 1-19　权电阻网络 D/A 转换器

1.3　信号分析中的标准函数

在测量和信号分析中,标准函数起着重要作用,它们可以用来分析测试系统的性能,具体包括 δ 函数、单位阶跃函数、单位斜坡函数、复指数函数、正弦函数、Sinc 函数与白噪声等。

1.3.1　δ 函数

1. δ 函数的概念

δ 函数表示一瞬间的脉冲,又称之为脉冲函数,是英国物理学家狄拉克(Dirac)于 1930 年在量子力学中引入的用于描述瞬间或空间几何点上的物理量。从数学意义上讲,δ 函数即脉冲函数,完全不同于普通函数,又称为广义函数,该函数在信号分析中占有特殊地位。

一个理想脉冲函数在任何地方都为零,除了在原点处,它是无限高的。然而,脉冲的面积是有限的,等于 1。其变化过程如图 1-20 所示,其面积恒为 1,随着时间轴越来越窄,其高度越来越高,在理想情况下,时间轴上压缩到了零点,而其高度则延伸到无穷,即得到了 δ 函数。

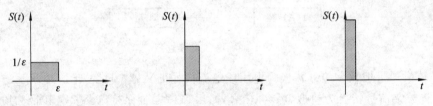

图 1-20　理想脉冲函数

在 ε 时间内,激发出一个方波 $S_\varepsilon(t)$,设方波面积为 1,则有

$$S_\varepsilon(t) = \begin{cases} 1/\varepsilon, & 0 < t \leqslant \varepsilon \\ 0, & t < 0, t > \varepsilon \end{cases} \tag{1-11}$$

当 ε 逐渐变小时,方波 $S_\varepsilon(t)$ 的高度变大;当 $\varepsilon \to 0$ 时,方波的极限就称为单位脉冲函数。从函数的极限角度来看,有

$$\delta(t) = \begin{cases} \infty, & t = 0 \\ 0, & t \neq 0 \end{cases} \tag{1-12}$$

从面积角度来看,有

$$\int_{-\infty}^{\infty} \delta(t)\mathrm{d}t = \lim_{\varepsilon \to 0} \int_{-\infty}^{\infty} S_\varepsilon(t)\mathrm{d}t = 1 \tag{1-13}$$

从物理意义上看,δ 函数是一个理想函数,是一种物理不可实现的信号。因为,无论如何,当用任何工具产生冲激力时,其延续时间不可能为零,而幅值也不可能为无穷大。δ 函数在原点为无穷大,表示当冲激时间 $\tau \to 0$ 时,其冲激力无穷大;δ 函数的单位为 1(亦可以是任意常数 k),则表示冲激力为有限值。

2. δ 函数的性质

(1) 乘积(抽样)特性:

$$f(t)\delta(t) = f(0)\delta(t) \tag{1-14}$$

或

$$f(t)\delta(t - t_0) = f(t_0)\delta(t - t_0) \tag{1-15}$$

(2) 积分(筛选)特性:

$$\int_{-\infty}^{\infty} f(t)\delta(t)\mathrm{d}t = f(0)\int_{-\infty}^{\infty}\delta(t)\mathrm{d}t = f(0) \tag{1-16}$$

或

$$\int_{-\infty}^{\infty} f(t)\delta(t-t_0)\mathrm{d}t = f(t_0)\int_{-\infty}^{\infty}\delta(t-t_0)\mathrm{d}t = f(t_0) \tag{1-17}$$

（3）卷积特性：

$$f(t)*\delta(t) = \int_{-\infty}^{\infty} f(\tau)\delta(t-\tau)\mathrm{d}\tau = f(t) \tag{1-18}$$

δ 函数的上述特性如图 1-21 所示。

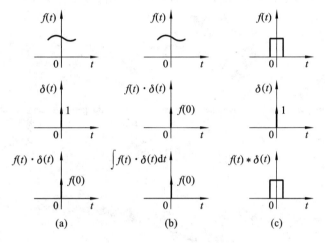

图 1-21　δ 函数的性质

3. δ 函数的变换

（1）拉氏变换：

$$\Delta(s) = \int_{-\infty}^{\infty}\delta(t)\mathrm{e}^{-st}\mathrm{d}t = 1 \tag{1-19}$$

（2）傅氏变换：

$$\Delta(f) = \int_{-\infty}^{\infty}\delta(t)\mathrm{e}^{-\mathrm{j}2\pi ft}\mathrm{d}t = 1 \tag{1-20}$$

1.3.2　单位阶跃函数

单位阶跃函数由奥利弗·黑维塞提出，又称单位布阶函数。当 $t<0$ 时，其值为 0，当 $t\geqslant0$ 时，其值为 1，如图 1-22 所示，它是不连续函数。

$$u(t) = \begin{cases} 0, & t<0 \\ 1, & t\geqslant0 \end{cases} \tag{1-21}$$

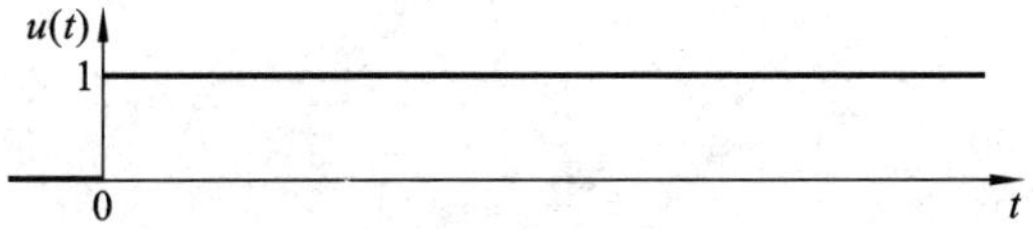

图 1-22　单位阶跃函数

实际上，单位阶跃函数 $u(t)$ 与 δ 函数存在微分和积分关系：

$$\begin{cases} u(t) = \int \delta(t) \, \mathrm{d}t \\ \delta(t) = \dfrac{\mathrm{d}u(t)}{\mathrm{d}t} \end{cases} \qquad (1\text{-}22)$$

它是一个几乎必然是零的随机变数的累积分布函数。

　　在对梁的弯曲进行研究时，经常要用到弯矩方程。常用的弯矩方程表达式通常是一个分段函数表达式，这给理论研究带来了许多冗繁的工作。通过单位阶跃函数，可以把在集中载荷作用下分段函数的弯矩方程表达式用一个整体方程表示出来，这极大地简化了求弯曲变形的计算工作量，同时还具有一定的理论价值。例如，桥梁固有频率的测量中就用到了单位阶跃函数，如图 1-23 所示。

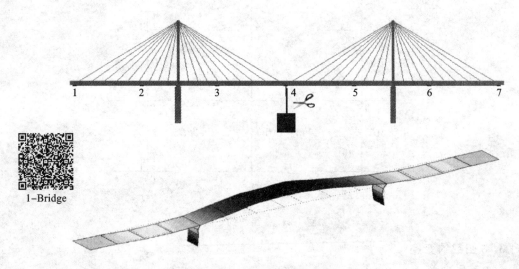

图 1-23　桥梁固有频率的测量

1.3.3　单位斜坡函数

　　单位斜坡函数的函数值与自变量呈比例关系。当 $t < 0$ 时，其值为零，且当 $t \geqslant 0$ 时函数值与自变量成正比，如图 1-24 所示。

$$v(t) = \begin{cases} 0, & t < 0 \\ t, & t \geqslant 0 \end{cases} \qquad (1\text{-}23)$$

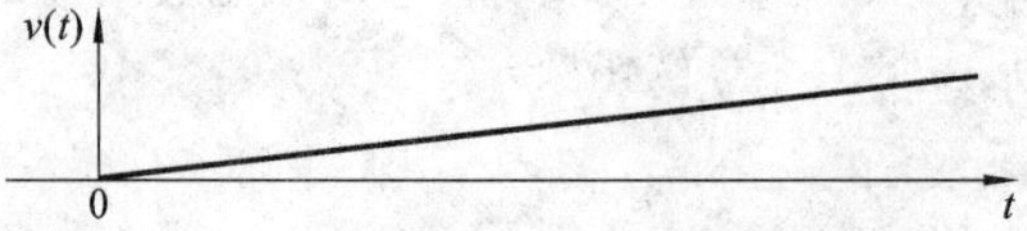

图 1-24　单位斜坡函数

　　单位斜坡函数 $v(t)$ 与单位阶跃函数 $u(t)$ 两者也满足积分或微分关系：

$$\begin{cases} v(t) = \int u(t) \, \mathrm{d}t \\ u(t) = \dfrac{\mathrm{d}v(t)}{\mathrm{d}t} \end{cases} \qquad (1\text{-}24)$$

1.3.4 复指数函数

复指数函数 $e^{st}(-\infty < t < \infty)$ 又称为永存指数,在数学分析中亦占有特殊地位,其指数为 $s = \sigma + j\omega$,是一个复数,依据取值不同可控制复指数函数的形状。函数 e^{st} 可以概括为信号分析中所遇到的多种波形。如图 1-25 所示,横轴为实轴 σ ,纵轴为虚轴 $j\omega$ 。

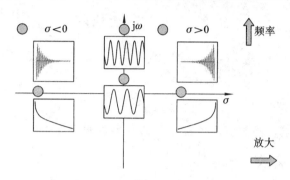

图 1-25 σ 值与信号振幅类型的对应关系

(1) 当 s 为实数,即 $\omega = 0$ 时,如果 $\sigma \neq 0$,则 e^{st} 表示升、降指数函数;若 $\sigma = 0$,则表示直流信号。

(2) 当 s 为虚数,即 $\sigma = 0, \omega \neq 0$ 时,

$$e^{st} = e^{j\omega t} = \cos\omega t + j\sin\omega t \tag{1-25}$$

其中,实部为 $\text{Re}[e^{j\omega t}] = \cos\omega t$,表示余弦;虚部为 $\text{Im}[e^{j\omega t}] = \sin\omega t$,表示正弦。

(3) 当 s 为复数,即 $\sigma \neq 0, \omega \neq 0$ 时,

$$e^{st} = e^{\sigma t} \cdot e^{j\omega t} = e^{\sigma t}\cos\omega t + e^{\sigma t}j\sin\omega t \tag{1-26}$$

其中,实部为 $\text{Re}[e^{st}] = e^{\sigma t}\cos\omega t$,表示余弦指数;虚部为 $\text{Im}[e^{st}] = e^{\sigma t}\sin\omega t$,表示正弦指数。

将上述各种情况表示在 s 平面内,可以看出,s 面内的每一点都和一定的指数函数模式相对应。虚轴($j\omega$)代表 e^{st} 的振荡频率,而实轴(σ)则代表 e^{st} 的振幅变化。当 s 沿着实轴变化时,$\omega = 0$,意味着与 σ 相关联的信号是一种振幅单调增大($\sigma > 0$)、等幅($\sigma = 0$)或单调减小($\sigma < 0$)的指数信号;当 s 沿虚轴变化时,$\sigma = 0, e^{\sigma t} = 1$,则意味着与 $j\omega$ 关联的信号是一种等幅振荡(正弦或余弦)信号,其振荡频率沿虚轴变化,ω 越大,频率越高,振荡越密,ω 越小,振荡越稀疏,频率越低。这自然会引出一个问题,即沿 $-j\omega$ 轴表示的信号频率为负值。根据频率的原来定义,频率本身为单位时间内重复出现的次数(每秒重复出现的次数或振荡的次数),应该恒为一个正量,一个函数在一秒内通过某一个固定点的次数总是正的。那怎么解释这个"负频率"呢?之所以产生这种问题,是因为上述运算中的频率是复指数函数中的指数,负频率是与负指数相关联的,是数学运算的结果,并无确切的物理含义。

此外,复指数函数还具有如下一些重要的性质:

(1) 实际中遇到的任何时间函数总可以表示为复指数函数的离散和或者连续和,即 e^{st} 作为正交函数出现于傅里叶级数与傅里叶变换之中,亦即

离散和

$$x(t) = \sum_r C_r e^{st} \tag{1-27}$$

连续和

$$x(t) = \int_{S_A}^{S_B} C_s \mathrm{e}^{st} \, \mathrm{d}t \qquad (1\text{-}28)$$

（2）复指数函数 e^{st} 的微分、积分、通过线性系统时，总会存在于所分析的函数中，即

微分

$$\frac{\mathrm{d}}{\mathrm{d}t} \mathrm{e}^{st} = s\mathrm{e}^{st} \qquad (1\text{-}29)$$

积分

$$\int \mathrm{e}^{st} \, \mathrm{d}t = \frac{\mathrm{e}^{st}}{s} \qquad (1\text{-}30)$$

通过线性系统

$$\mathrm{e}^{st} \xrightarrow{\ H\ } H(s)\mathrm{e}^{st} \qquad (1\text{-}31)$$

式中：$H(s)$ 表示系统响应函数。这些表明了 e^{st} 函数的永存性质。

1.3.5　正弦函数

正弦函数的名字来源于正弦曲线，在科学和数学中很常见，如图 1-26 所示。

$$x(t) = A\sin(2\pi ft + \varphi) \qquad (1\text{-}32)$$

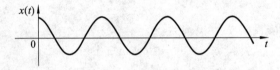

图 1-26　正弦波

许多实际信号都具有正弦波，如机械波、电磁波等。

1.3.6　Sinc 函数

Sinc(t) 函数又称为闸门函数、滤波函数或内插函数，在许多场合下频繁出现，在信号分析中被广泛应用，因为它是傅里叶变换对的一种非常简单的波形，即矩形脉冲。其定义为

$$\mathrm{Sinc}(t) = \frac{\sin t}{t} \quad (-\infty < t < \infty)$$

或

$$\mathrm{Sinc}(t) = \frac{\sin(\pi t)}{\pi t} \quad (-\infty < t < \infty) \qquad (1\text{-}33)$$

它是一个偶函数，在 t 的正负方向逐渐衰减，当 $t = \pm\pi, \pm2\pi, \cdots, \pm n\pi$ 时，函数值为零；$t = 0$ 时，函数值为 1。而且该函数与矩形脉冲是一组傅里叶变换对，如图 1-27 所示，即矩形脉冲的傅里叶变换得到 Sinc 函数，Sinc 函数的傅里叶逆变换得到矩形脉冲。之所以称之为滤波函数，是因为任意信号与 Sinc(t) 函数进行时域卷积（相当于频域与矩形脉冲相乘）时可以实现低通滤波；之所以称为内插函数，是因为采样信号复原时，在时域是由许多 $\sin t$ 函数叠加而成的，构成非采样点的波形。

1.3.7　白噪声

白噪声是一种分布在较宽频率范围内的非均匀混合声波，具有平坦的功率谱密度函数，即对于所有的频率 f，都有

图 1-27　Sinc 函数的傅里叶变换与逆变换

$$S_x(f) = \frac{N_0}{2} \tag{1-34}$$

且其均值为零,即

$$\mu_x = \frac{1}{T} \int_0^T x(t)\,\mathrm{d}t = 0 \tag{1-35}$$

白噪声具体波形如图 1-28 所示。

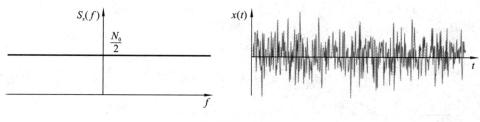

图 1-28　白噪声

在健康照顾应用中,白噪声被用来治疗听觉敏感者,如用于屏蔽背景噪声来辅助睡眠。

1.4　标准信号的产生

　　信号发生器是一种电子装置,是能够产生大量的标准信号和用户定义信号,并保证高精度、高稳定性、可重复性和易操作性的电子仪器。信号发生器具有连续的相位变换和频率稳定性等优点,不仅可以模拟各种复杂信号,还可对频率、幅值、相移、波形进行动态、及时的控制,并能够与其他仪器进行通信,组成自动测试系统,因此被广泛用于自动控制系统、振动激励、通信和仪器仪表领域。可生成的信号包括正弦波、方波、锯齿波与白噪声等。信号发生器的主要部件有频率产生单元、调制单元、缓存放大单元、衰减输出单元、显示单元、控制单元。早期的信号发生器都采用模拟电路,随着 PLL(phase locked loop,锁相环)频率合成器电路的兴起,现代信号发生器越来越多地使用数字电路或单片机控制,内部电路结构发生了极大变化。目前中高端信号发生器采用了更先进的 DDS(直接数字频率合成)技术,具有频率输出稳定度高、频率合成范围宽、信号频谱纯净度高等优点。信号发生器(见图 1-29)根据工作频段可分为超低频信号发生器、低频信号发生器、高频信号发生器、微波信号发生器。

　　MATLAB 中为产生标准信号提供了相应函数,如正弦波 sin、方波 square、锯齿波 sawtooth、白噪声 randn、Sinc 信号 sinc、脉冲序列 pulstran、高斯正弦脉冲信号 gauspuls、线性调频信号 chirp,等等。相关代码示例如下:

　　例 1-4　正弦波发生器。相关 MATLAB 代码如下:

1-DRVI 信号
发生器

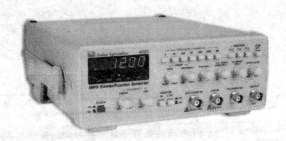

图 1-29　信号发生器

```
Fs=44100;        % 采样频率
dt=1.0/Fs;       % 采样间隔
T=1;             % 信号时间长度
N=T/dt;          % 数据长度
x=linspace(0,T,N);              % 生成采样点
A=0.8; F=500; P=90;             % 设定幅值、频率、相位
y=A*sin(2*3.14*Fs*x+P*pi/180.0);    % 生成信号
plot(x,y,'b','linewidth',1);        % 绘制曲线
xlim([0,0.01]);    % 设定 X 轴范围
ylim([-1,1]);      % 设定 Y 轴范围
grid on;           % 绘制网格
```

　　MATLAB 生成的正弦波曲线如图 1-30 所示。

1-M 信号
发生器

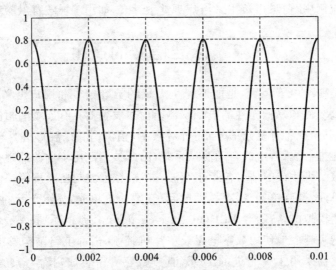

图 1-30　MATLAB 生成的正弦波曲线

　　例 1-5　方波发生器。相关 MATLAB 代码如下：

```
Fs=44100;
dt=1.0/Fs;
T=0.1;
N=T/dt;
```

```
x=linspace(0,T,N);
y=0.8*square(2*3.14*500*x);
subplot(2,1,1);
plot(x,y,'b','linewidth',1);
xlim([0,0.01]);
ylim([-1,1]);
grid on;
y1=0.8*square(2*3.14*500*x,75);
subplot(2,1,2);
plot(x,y1,'b','linewidth',1);
xlim([0,0.01]);
ylim([-1,1]);
grid on;
```

MATLAB 生成的方波曲线如图 1-31 所示。

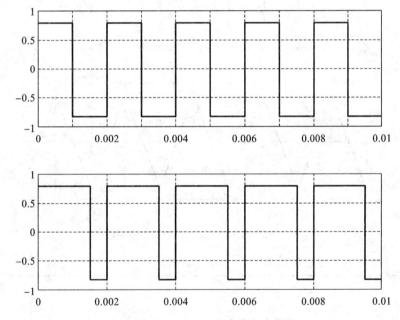

图 1-31　MATLAB 生成的方波曲线

例 1-6　锯齿波发生器。相关 MATLAB 代码如下：

```
Fs=44100;
dt=1.0/Fs;
T=0.1;
N=T/dt;
x=linspace(0,T,N);
y=0.8*sawtooth(2*3.14*500*x);
subplot(2,1,1);
plot(x,y,'b','linewidth',1);
xlim([0,0.01]);
```

```
ylim([-1,1]);
grid on;
y1=0.8*sawtooth(2*3.14*500*x,0.5);
subplot(2,1,2);
plot(x,y1,'b','linewidth',1);
xlim([0,0.01]);
ylim([-1,1]);
grid on;
```

MATLAB 生成的锯齿波曲线如图 1-32 所示。

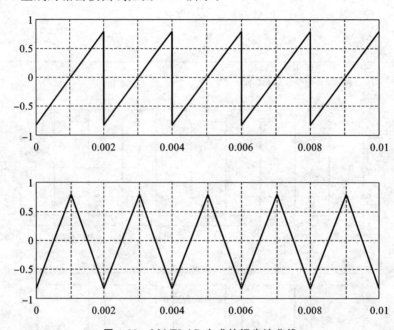

图 1-32　MATLAB 生成的锯齿波曲线

例 1-7　白噪声发生器。相关 MATLAB 代码如下：

```
Fs=44100;
dt=1.0/Fs;
T=0.01;
N=T/dt;
x=linspace(0,T,N);
y=randn(1,N);
plot(x,y,'b','linewidth',0.5);
xlim([0,0.01]);
ylim([-5,5]);
grid on;
```

MATLAB 生成的白噪声信号如图 1-33 所示。

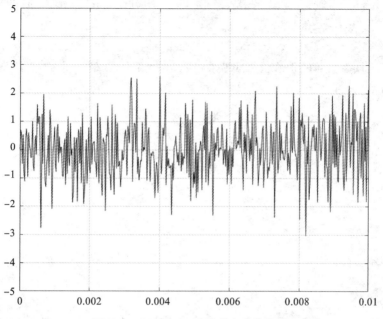

图 1-33　MATLAB 生成的白噪声信号

1.5　信号的波形分析

测试信号通常被看作一个随时间变化的量,是时间 t 的函数 $x(t)$。以信号幅值为纵坐标,以时间为横坐标绘制的曲线称为信号的波形,如图 1-34 所示。信号分析中最自然、最直接的方法就是对信号的波形进行分析,称为波形分析。因分析是在时间域进行,故也可称为时域分析。时域分析是最直观也是第一步的分析。从时域分析中既可做出一些原始判断,又可确定进一步分析的方向和目标。

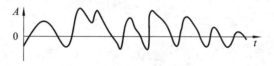

图 1-34　信号波形

1-时域分析

时域分析通过分析信号幅值随时间的变化情况,可以得到信号任意时刻的瞬时值、信号的最大值和最小值、周期信号的周期和初相位,以及通过统计运算得到信号的平均值、有效值、方差。另外,也可以通过时域波形分析观察信号的起始与持续时间、滞后时间、波形畸变等特征值。示波器就是一种最通用的波形分析工具和手段。

信号的波形参数主要包括周期、初相位、峰值、均值、均方值、方差。

1. 信号的周期

对周期信号,信号周期是指时域信号的幅度变化完成一个循环所需要的时间。例如,正弦波信号 $x(t) = A\sin(2\pi f_0 t)$ 是一个周期信号,其周期为频率 f_0 的倒数,即 $T = 1/f_0$。

2. 信号的初相位

周期信号的初相位是指信号在时间坐标为零的时刻,它在循环中所处的位置。通常以度

（角度）作为单位，也称作初相角。当信号波形以周期的方式变化，波形循环一周即为360°。例如，对正弦波信号 $x(t)=A\sin(2\pi f_0 t+\varphi_0)$，其初相位为 φ_0。

3. 信号的峰值

信号的峰值包括信号的正峰值 P_{p}（最大值）、负峰值 $P_{-\mathrm{p}}$（最小值）和双峰值 $P_{\mathrm{p-p}}$（最大值－最小值），如图 1-35 所示。

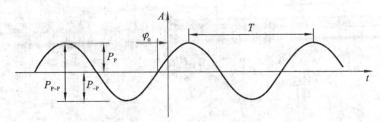

图 1-35　信号的峰值

采用数理统计的方法对测量信号时域波形进行统计运算，可以求出信号的一阶统计量（均值）、二阶统计量（如均方值、方差、相关、功率谱等），以及高阶统计量（如斜度等）。

4. 信号的均值

信号的均值 $E[x(t)]$ 表示集合平均值或数学期望值。基于随机过程的各态历经性质，可用时间间隔 T 内的幅值平均值来表示，即

$$\mu_x = E[x(t)] = \lim_{T\to\infty} \frac{1}{T}\int_0^T x(t)\mathrm{d}t \tag{1-36}$$

信号均值 $E[x(t)]$ 反映了测量信号变化的中心趋势，也称之为直流分量，如图 1-36 所示。

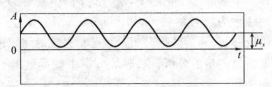

图 1-36　信号均值

5. 信号的均方值

信号的均方值 $E[x^2(t)]$，或称平均功率 ψ_x^2，表达了信号的强度。

$$\psi_x^2 = E[x^2(t)] = \lim_{T\to\infty} \frac{1}{T}\int_0^T x^2(t)\mathrm{d}t \tag{1-37}$$

信号的均方根值（即均方值的正平方根）又称为有效值（RMS），也是信号平均强度、平均能量的一种常用表达参数。工程测量中仪器的表头示值就是信号的有效值。信号的有效值还可以用于局部异常信号的识别，如钢丝绳断丝检测等。

6. 信号的方差

信号 $x(t)$ 的方差定义为

$$\sigma_x^2 = E\big[(x(t)-E[x(t)])^2\big] = \lim_{T\to\infty} \frac{1}{T}\int_0^T \big[x(t)-\mu_x\big]^2\mathrm{d}t \tag{1-38}$$

它反映了信号绕均值的波动程度，例如用于表面粗糙度评价等。大方差反映大的扰动，小方差体现小的扰动，如图 1-37 所示。σ_x 则称为均方差或者标准差。

σ_x^2 描述了信号的波动量，而 μ_x 则描述了信号的静态量。不同均值、均方值、方差的信号区分如图 1-38 所示。

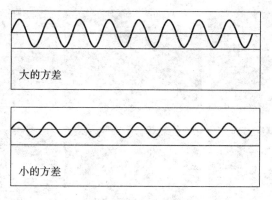

图 1-37　信号方差

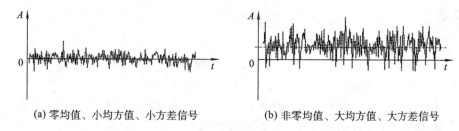

(a) 零均值、小均方值、小方差信号　　　　　(b) 非零均值、大均方值、大方差信号

图 1-38　信号的时域统计参数

可以证明,信号的均值、均方值和方差间存在如下关系:

$$\psi_x^2 = \sigma_x^2 + \mu_x^2 \tag{1-39}$$

例 1-8　对于工程师来说,波形分析是一个理想的工具,可以用来诊断机器的一系列故障状况,包括轴承故障、齿轮故障、空化、摩擦、松动等,如图 1-39 所示。

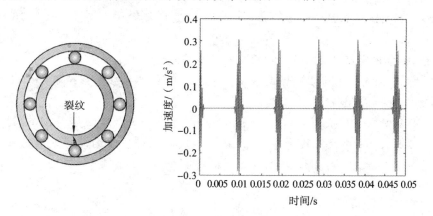

图 1-39　基于波形分析的轴承故障识别

例 1-9　布谷鸟,又称杜鹃,繁殖期间喜欢鸣叫,常站在乔木顶枝上鸣叫不息。它们有时晚上也鸣叫或边飞边鸣叫,叫声凄厉洪亮,人们距离很远便能听到“布谷～布谷～”的粗犷而单调的声音,每分钟可反复叫 20 次,鸣声响亮,故名为布谷。布谷鸟种类繁多,可通过对其叫声进行波形分析来实现布谷鸟种类的辨别。具体可通过麦克风声学传感器获取鸟鸣的声音信号片段,提取信号的周期、均方根、峰值频率等特征,再经模式识别对信号进行识别与分类,如图 1-40 所示。

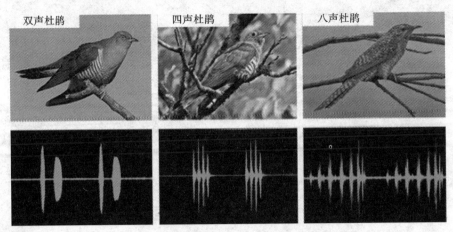

双声杜鹃　　　　　四声杜鹃　　　　　八声杜鹃

图 1-40　不同类型布谷鸟声音信息

1-coock

习　题

1-1　简述工程信号的分类与各自特点。

1-2　确定性信号与非确定性信号分析方法有何不同？

1-3　解释信号离散化过程中的混叠、泄露和栅栏效应，并说明如何防止这些现象的产生。

1-4　简要说明窗函数对截断信号频谱的影响。

1-5　何为采样定理？何为奈奎斯特频率？如何避免采样信号发生频谱混叠失真现象？

1-6　求正弦信号 $x(t) = A\sin(\omega t + \varphi)$ 的均值 μ_x、均方值 ψ_x^2。

1-7　求正弦信号 $x(t) = \sin200t$ 的均值与均方值。

1-8　对 500 Hz 的正弦信号 $x_1(t) = \sin1000\pi t$ 进行采样，采样频率 $f_s=4096$ Hz，总采样点数 $N=2048$，求奈奎斯特频率与采样信号频率分辨率。如果信号中含有几个基频为 500 Hz 的谐波成分，哪些谐波可以被准确检测出来？哪些谐波会发生采样失真？

1-9　对一个最高频率为 2 kHz 的带限信号进行采样，要求频率分辨率为 1 Hz，应采用多高的采样频率和采样点数？

1-10　分别对三个正弦信号 $x_1(t) = \sin2\pi t$、$x_2(t) = \sin6\pi t$、$x_3(t) = \sin10\pi t$ 进行采样，采样频率 $f_s=4$ Hz，求三个采样输出序列，画出 $x_1(t)$、$x_2(t)$、$x_3(t)$ 的时域波形与采样点位置，对三个信号的采样结果进行分析，并解释频谱混叠现象。

信号的频域分析

在信号分析中,将信号以幅度为自变量对其他量进行重新排列的分析,称为幅值域分析。相似地,将信号以频率作为自变量对其他量进行重新排列的分析,则称为频域分析,也常称为频谱分析。进一步地,根据自变量与因变量间的不同关系,频域分析又细分为幅值谱、相位谱、功率谱、幅值密度谱、能量密度谱、功率密度谱等分析,且信号性质不同,用于描述信号的谱也会不同,如图 2-1 所示。

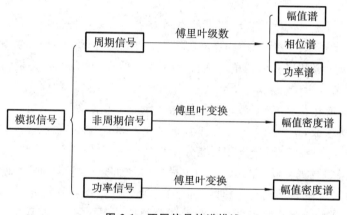

图 2-1　不同信号的谱描述

谱分析依托数学工具进行。对模拟信号采用连续谱分析方法,对数字信号采用离散谱分析方法。前者的数学工具是傅里叶变换(Fourier transform,FT)和傅里叶级数(Fourier series,FS),后者的则是离散傅里叶变换(DFT)。

2.1　频域分析的概念

信号若随着时间变化,且可以用幅度来表示,那么就存在其对应的频谱。可见光(颜色)、音乐、无线电波、振动等都有这样的性质。例如,光谱首先用在光学领域,用来描述可见光中使用棱镜分离出的彩虹色。光源由不同的颜色所组成,各颜色的光有不同的频率,所占的比例可能也不同。三棱镜将不同频率的光折射到不同的位置,因此人眼可以看到不同颜色的光。同样地,也可以将一般光源用三棱镜处理,折射出连续的或不连续的彩色光带。光带的颜色表示其频率,而明暗可表示其比例的多少(或强度),这就是光的频谱,一般称为光谱。若所有频率的颜色含量都一样,其合成的颜色会是白色,而其幅度对应频率的频谱会是一条水平线。因此,一般会将频谱为水平线的信号以"白色"来称呼。通常,人眼能感知到的为可见光(波长为380~780 nm),如图 2-2 所示。

　　声源发出的声音也可以由许多不同频率的声音组成。不同频率会刺激耳朵中各自对应的接收器。若主要的刺激只有一个频率,就可以听到其音高,音源的音色会由声音频谱中其他频率部分来决定,也就是所谓泛音。一般被称为噪声的声音中会包含许多不同频率。若声音的频谱是一条水平线,则称为白噪声,此词也常可用在其他形式的信号及频谱中。通常,人耳能感知到的声波频率在 20 Hz～20 kHz 内,频率小于 20 Hz 的为次声波,频率超过 20 kHz 的为超声波。

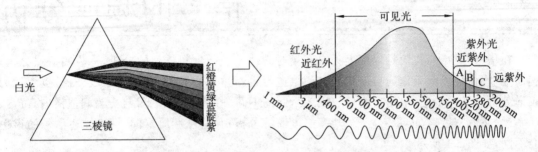

图 2-2　日光、白炽灯光及荧光灯光的频率分布

　　频谱具体是指一个时域信号在频域下的表示方式。许多物理信号均可以表示为许多不同频率的简单信号之和。找出一个信号在不同频率下的信息(幅值、相位或功率等),具体可以针对该信号进行傅里叶级数展开或傅里叶变换,从而将信号分解为不同波长的正弦信号和余弦信号,这被称为频谱分析(或频域分析),可以揭示信号的频率($1/\lambda$,λ 是波长)成分,所得的结果可以分别以幅值或相位为纵轴、频率为横轴来表示。简单来说,频谱可以表示一个信号是由哪些频率的谐波所组成,也可以看出各频率谐波的大小及相位等信息。

　　如图 2-3 所示,信号的时域分析和频域分析相当于看问题(信号)的两个不同视角。通常,信号的时域变化最为直观易懂,尤其针对简单周期信号而言。当信号所含成分较多、信号较为复杂(如图 2-3 中包含多个谐波成分)时,这时的时域分析则不容易识别信号中的信息。而从频域观察,可以看到复杂信号原来由三个简单成分组成,一目了然。实现信号观察从时域切换到频域,用到的工具则是傅里叶变换。

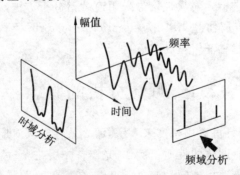

图 2-3　信号的时域分析与频域分析的概念

　　频谱以信号幅度为纵坐标,以频率为横坐标,表示被测信号的频率组成。波形分析只反映信号幅值随时间的变化,很难观察到信号的频率组成,而频谱图可以直接显示出频率成分。

2.1.1　频域分析的优势

　　(1)频域分析具有明确的物理意义。可见光(颜色)、音乐、无线电波、振动等这些物理现象用频谱表示时,可以探究该信号的产生原因及其相关信息。例如,针对音叉的振动,可以分析其振动信号的频率成分,如图 2-4 所示;针对一个仪器的振动,可以借由其振动信号频谱的频率成分,推测振动是由哪些元件所造成;针对齿轮箱的传动,其振动信号频率的产生与齿轮的传动及啮合频率是密切相关的,分析其主要振动的大小等,可以进而分析其内部的传动或工作状态,如图 2-5 所示。

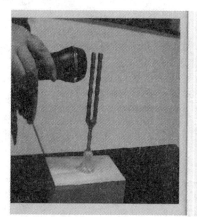 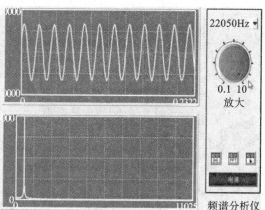

图 2-4　音叉及其振动信号频谱

 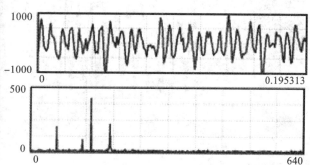

图 2-5　齿轮箱及其振动信号频谱

　　(2)复杂信号分析。简单谐波从波形上较容易进行识别,但涉及多个谐波或者其他成分的信号时,则时域波形就较为复杂。实际的简单谐波也是很少存在的,这时,时域波形分析就很困难。如图 2-6 所示,简单正弦谐波就是一个频率成分,而复杂的周期信号从频谱看也就是多几个频率成分,分析起来也简单明了。

　　(3)抗噪能力强。实际的信号通常含有噪声,从时域看,信号毛刺较多、不光滑,增加了识别难度,而从频域上看,噪声通常较弱,其主要成分也容易凸显出来,如图 2-7 所示。

2.1.2　频域分析的作用

　　信号频域分析是最常用的一种信号分析方法,它是采用傅里叶级数或傅里叶变换,用正交的三角函数集,对信号 $x(t)$ 进行分解,将时间域信号 $x(t)$ 变换为频率域信号 $X(f)$。这时我们熟悉的信号波形,就转换为由分解后三角函数的频率和幅值系数绘制的频谱,如图 2-8 所示。在自然界中,单自由度无阻尼系统的自由振动信号、旋转机械质量偏心引起的强迫振动信号、纯音信号、交流电信号等都是三角函数形式,可以说三角函数形式的正弦波是最基本的信号形

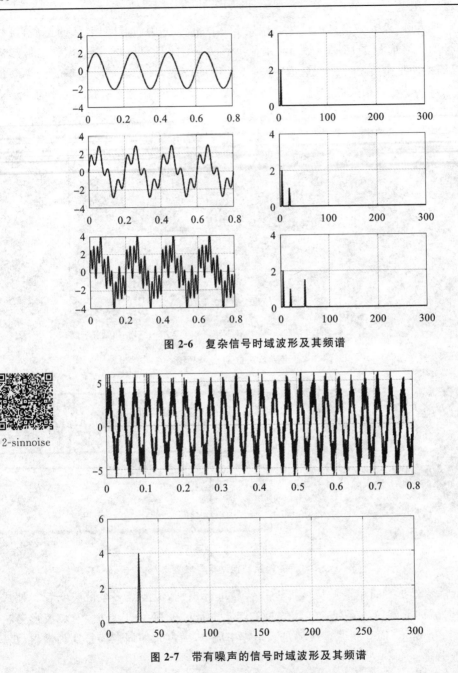

图 2-6　复杂信号时域波形及其频谱

图 2-7　带有噪声的信号时域波形及其频谱

式。由于频域分析与物理世界的这种对应关系,人们常常借助频域分析对测试信号进行分解,从而更深入地了解测试信号的物理特征。同时,通过频域分析,可以将一个复杂物理对象的测试信号,分解成若干个简单正弦信号,也就是将复杂系统分解为若干个简单系统,对问题进行简化。

　　例 2-1　图 2-9 所示是某减速箱的振动信号波形和频谱。由于含有多个频率成分,因此从信号的波形图中很难得到关于被测对象的有用信息。但是,通过频域分析后,信号被分解成一组正弦信号。从正弦信号幅值和频率绘制的频谱图上,可以清楚看出信号主要由 4 个正弦信号分量组成。进一步分析后,可以发现它们分别对应于被测对象上 4 根转动轴所引起的振动。这样借助频谱分析,我们可以快速确定出主要振动源。

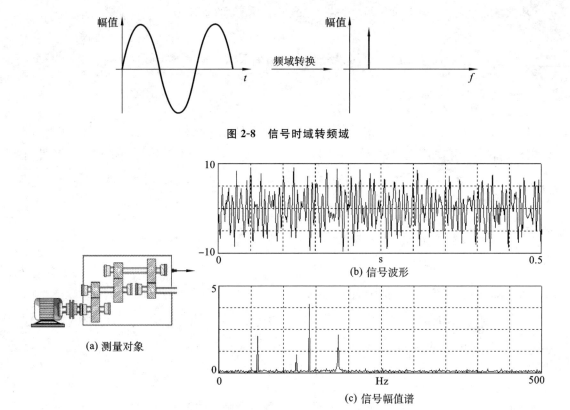

图 2-8　信号时域转频域

(b) 信号波形

(a) 测量对象

(c) 信号幅值谱

图 2-9　减速箱振动信号波形和频谱

2.2　周期信号的傅里叶变换

2.2.1　矢量的正交分解

正交分解是解决物理学矢量计算问题的方法,其目的是用代数运算解决矢量运算。具体含义就是,在平面内的任一矢量可以分解为两个互相垂直矢量方向上的分量的和;换句话说,也就是可以用两个互相垂直的矢量来合成出一个任意方向的矢量。需要指出的是,正交矢量集不是唯一的,可以有多个,可以根据需要,选择合适的正交矢量集来对矢量进行分解,如图2-10所示。

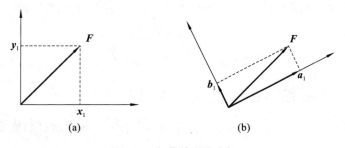

图 2-10　矢量的正交分解

从数学角度看,平面空间中两个矢量正交(互相垂直)的条件为

$$\boldsymbol{x} \cdot \boldsymbol{y} = 0 \tag{2-1}$$

这样,平面空间中的任意矢量 $\boldsymbol{F}$ 就可以分解为在两个正交矢量上的投影:

$$\boldsymbol{F} = x_1 \boldsymbol{x} + y_1 \boldsymbol{y} \tag{2-2}$$

式中: x_1 和 y_1 分别为矢量 $\boldsymbol{F}$ 在 $\boldsymbol{x}$ 和 $\boldsymbol{y}$ 方向上投影分解的系数。

同理,对三维空间中的矢量 $\boldsymbol{F}$,必须用三个正交矢量 $\boldsymbol{x}$、$\boldsymbol{y}$、$\boldsymbol{z}$ 构成的二维正交矢量集 $\{\boldsymbol{x}, \boldsymbol{y}, \boldsymbol{z}\}$ 来分解和表示;用二维正交矢量集来表示一个三维矢量是不充分和不完备的。依此类推,在 n 维空间中的矢量 $\boldsymbol{F}$,必须用 n 个正交矢量 $\boldsymbol{A}_1, \boldsymbol{A}_2, \cdots, \boldsymbol{A}_n$ 构成的正交矢量集 $\{\boldsymbol{A}_1, \boldsymbol{A}_2, \cdots, \boldsymbol{A}_n\}$ 来分解和表示。

2.2.2　正交函数

矢量正交分解的概念,也可以推广应用于信号分析。一般来说,信号常以时间函数来表示,故信号的分解,也就是时间函数的分解。

按照矢量正交的概念,我们可以定义出函数的正交。设 $f_1(t)$ 和 $f_2(t)$ 是定义在 (t_1, t_2) 区间上的两个不同的实变函数(信号),若在 (t_1, t_2) 区间上有

$$\int_{t_2}^{t_1} f_1(t) f_2(t) \mathrm{d}t = 0 \tag{2-3}$$

则称 $f_1(t)$ 和 $f_2(t)$ 在 (t_1, t_2) 内正交。同样,扩大到多个函数的情况,若 $f_1(t), f_2(t), \cdots, f_n(t)$ 是定义在 (t_1, t_2) 区间上的实变函数,则在 (t_1, t_2) 区间上有

$$\begin{cases} \int_{t_2}^{t_1} f_i(t) f_j(t) \mathrm{d}t = 0, & i \neq j \\ \int_{t_2}^{t_1} f_i(t) f_j(t) \mathrm{d}t = K_{ij}, & i = j \end{cases} \tag{2-4}$$

式中: K_{ij} 为一个常数。满足上述条件,则 $f_1(t), f_2(t), \cdots, f_n(t)$ 两两正交,构成 (t_1, t_2) 区间上的一个正交函数集 $\{ f_1(t), f_2(t), \cdots, f_n(t) \}$。如果在正交函数集 $\{ f_1(t), f_2(t), \cdots, f_n(t) \}$ 之外,找不到另外一个非零函数与该函数集中每一个函数都正交,则称该函数集为完备正交函数集;否则,称其为不完备正交函数集。

借鉴矢量的正交分解方法,在 (t_1, t_2) 区间上的任意信号 $x(t)$,可以用其在完备正交函数集 $\{ f_1(t), f_2(t), \cdots, f_n(t) \}$ 中各正交函数上的投影分量来合成和表示,即

$$x(t) = c_1 f_1(t) + c_2 f_2(t) + \cdots + c_n f_n(t), \quad t_1 < t \leqslant t_2 \tag{2-5}$$

式中: $c_1, c_2, \cdots, c_n$ 为信号 $x(t)$ 在各正交函数上的投影或分解系数。

2.2.3　三角函数的正交性

三角函数起源于 18 世纪,主要与简谐振动的研究有关。当时的科学家傅里叶对三角函数做了深入研究,提出了三角函数集与著名的傅里叶变换。三角函数集 $\{ \cos(2\pi i f_0 t), \sin(2\pi j f_0 t) \}$ $(i=0, 1, 2, \cdots; j=0, 1, 2, \cdots)$ 在区间 $(t_0, t_0 + T)$ 内,有

$$\int_{t_0}^{t_0+T} \cos(2\pi i f_0 t)\cos(2\pi j f_0 t)\mathrm{d}t = \begin{cases} 0 & (i \neq j) \\ \dfrac{T}{2} & (i = j \neq 0) \\ T & (i = j = 0) \end{cases}$$

$$\int_{t_0}^{t_0+T} \sin(2\pi i f_0 t)\sin(2\pi j f_0 t)\mathrm{d}t = \begin{cases} 0 & (i \neq j,\text{或}\ i = j = 0) \\ \dfrac{T}{2} & (i = j \neq 0) \end{cases} \qquad (2\text{-}6)$$

$$\int_{t_0}^{t_0+T} \sin(2\pi i f_0 t)\cos(2\pi j f_0 t)\mathrm{d}t = 0 \quad (i,j\ \text{取任意值})$$

式中：f_0 称为基频，$f_0 = 1/T$。上述三角函数集满足式(2-4)，构成一个正交函数集，同时它也是一个完备的正交函数集(具体证明可参阅傅里叶变换方面书籍)。图 2-11 给出了前 3 阶三角函数在区间$(0,T)$内的波形。

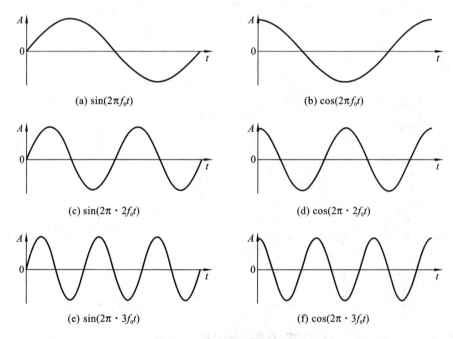

(a) $\sin(2\pi f_0 t)$　　　　　　　　　　(b) $\cos(2\pi f_0 t)$

(c) $\sin(2\pi \cdot 2f_0 t)$　　　　　　　　(d) $\cos(2\pi \cdot 2f_0 t)$

(e) $\sin(2\pi \cdot 3f_0 t)$　　　　　　　　(f) $\cos(2\pi \cdot 3f_0 t)$

图 2-11　前 3 阶三角函数波形

例 2-2　采用 MATLAB 模拟三角函数的正交性。

解　设有频率分别为 f_0、$2f_0$、$3f_0$、$5f_0$ 的三角函数，其正交性的计算公式与结果如下：

$$\int_0^T \sin(2\pi f_0 t)\sin(2\pi \cdot 2f_0 t)\mathrm{d}t = 0$$

$$\int_0^T \cos(2\pi f_0 t)\cos(2\pi \cdot 2f_0 t)\mathrm{d}t = 0$$

$$\int_0^T \sin(2\pi f_0 t)\cos(2\pi \cdot 2f_0 t)\mathrm{d}t = 0$$

$$\int_0^T \sin(2\pi \cdot 3f_0 t)\cos(2\pi \cdot 5f_0 t)\mathrm{d}t = 0$$

图 2-12 所示为三角函数两两相乘后的波形。

MATLAB 代码如下：

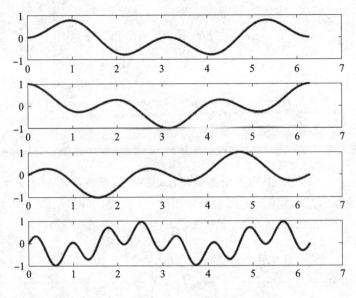

图 2-12　计算结果曲线

```
x=linspace(0, 2*pi, 1024);
y1=sin(x);  y2=sin(2*x);  y3=cos(x);
y4=cos(2*x); y5=sin(3*x); y6=cos(5*x);
z1=y1.*y2;  subplot(4,1,1); plot(x,z1,'linewidth',2);
z2=y3.*y4;  subplot(4,1,2); plot(x,z2,'linewidth',2);
z3=y1.*y4;  subplot(4,1,3); plot(x,z3,'linewidth',2);
z4=y5.*y6;  subplot(4,1,4); plot(x,z4,'linewidth',2);
sum(z1*2*pi/1024)  % 求 z1 函数的积分
sum(z2*2*pi/1024)  % 求 z2 函数的积分
sum(z3*2*pi/1024)  % 求 z3 函数的积分
sum(z4*2*pi/1024)  % 求 z4 函数的积分
```

2.2.4　三角函数形式的傅里叶级数

法国数学家傅里叶发现,一个周期信号 $x(t)$,只要满足狄里赫利条件,就可以用正弦函数和余弦函数构成的无穷级数来表示,后世称该无穷级数为傅里叶级数。狄里赫利条件:

(1) 函数在任意有限区间内连续,或只有有限个第一类间断点(当 t 从左或右趋向于该间断点时,函数有有限的左极限和右极限);

(2) 在任一有限区间中,函数只能取有限个最大值或最小值;

(3) 在任一有限区间中,函数绝对可积。

周期信号三角函数形式的傅里叶级数展开式为

$$x(t) = \frac{a_0}{2} + \sum_{n=1}^{\infty} \left[a_n \cos(2\pi n f_0 t) + b_n \sin(2\pi n f_0 t) \right] \tag{2-7}$$

式中:系数 a_n 和 b_n 统称为三角形式的傅里叶级数系数,简称傅里叶系数;f_0 是基频,$f_0 = 1/T$,T 是周期信号的周期;$n f_0$ 表示信号的 n 次谐波。

(1) 直流分量或常值分量 a_0:

$$a_0 = \frac{2}{T} \int_{-T/2}^{T/2} x(t) \, \mathrm{d}t \tag{2-8}$$

如果信号为奇函数,则 $a_0 = 0$。

（2）n 次谐波余弦分量的系数 a_n：

$$a_n = \frac{2}{T} \int_{-T/2}^{T/2} x(t) \cos(2\pi n f_0 t) \, \mathrm{d}t \quad (n = 1, 2, \cdots) \tag{2-9}$$

如果信号为奇函数,则 $a_n = 0$,所以周期奇函数信号的 FS 系数只有正弦项。

（3）n 次谐波正弦分量 b_n：

$$b_n = \frac{2}{T} \int_{-T/2}^{T/2} x(t) \sin(2\pi n f_0 t) \, \mathrm{d}t \quad (n = 1, 2, \cdots) \tag{2-10}$$

如果信号为偶函数,则 $b_n = 0$,所以周期偶函数信号的 FS 系数只有余弦项。

利用辅助角的三角函数公式,可以将式(2-7)中同频率的正弦函数和余弦函数进行合并,得到另一种形式的傅里叶级数展开式：

$$x(t) = \frac{a_0}{2} + \sum_{n=1}^{\infty} A_n \cos(2\pi n f_0 t + \varphi_n) \tag{2-11}$$

式中：A_n、φ_n 分别为各频率成分的幅值和初相位,其计算公式为

$$A_n = \sqrt{a_n^2 + b_n^2}$$

$$\varphi_n = \arctan \frac{b_n}{a_n} \tag{2-12}$$

2.2.5　周期信号的频谱图

工程上习惯将傅里叶级数分解结果用图形表示。以各谐波频率 f_n 为横坐标,以傅里叶系数 a_n 和 b_n 分别为纵坐标作图,得到的图形称为信号的实频-虚频谱；以各谐波频率 f_n 为横坐标,以傅里叶系数 A_n 和 φ_n 分别为纵坐标画图,得到的图形则称为信号的幅值-相位谱；以各谐波频率 f_n 为横坐标,以傅里叶系数 A_n^2 为纵坐标分别画图,得到的图形则称为功率谱。具体详见图 2-13。信号的频谱图反映了信号中各频率分量的构成,以及它们的贡献大小,这是最常用的一种信号分析方法。

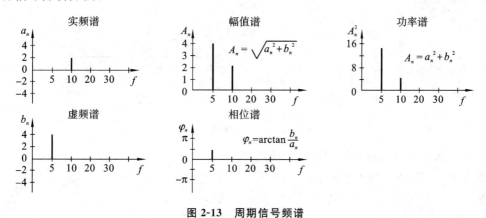

图 2-13　周期信号频谱

例 2-3　已知信号 $x(t) = 4\sin(10\pi t) + 2\cos(20\pi t)$,绘出信号的实频-虚频谱、幅值-相位谱和功率谱。

解　图 2-14 所示为按信号 $x(t)$ 的表达式绘制出的波形图,可以看出这是一个周期信号。

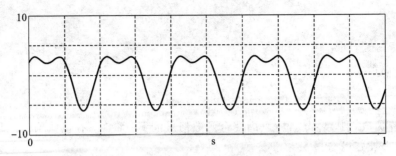

图 2-14　信号波形

信号周期 $T = 0.2$ s，基频 $f_0 = 5$ Hz。按傅里叶级数分解信号表达式，计算得其非零系数为

$$b_1 = 4$$
$$a_2 = 2$$

按式（2-12）有

$$A_1 = 4, \quad \varphi_1 = \pi/2$$
$$A_2 = 2, \quad \varphi_2 = 0$$

由计算得到的 a_n 系数可以绘制出信号的实频谱，由 b_n 系数可以绘制出信号的虚频谱，如图 2-15 所示。

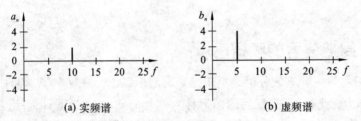

（a）实频谱　　　　　　　　　　　　（b）虚频谱

图 2-15　信号的实频-虚频谱

由 A_n 系数可以绘制出信号的幅值谱，由 φ_n 系数可以绘制出信号的相位谱，如图 2-16 所示。

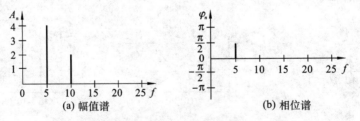

（a）幅值谱　　　　　　　　　　　　（b）相位谱

图 2-16　信号的幅值-相位谱

由傅里叶系数 A_n^2 则可以绘制出信号的功率谱，如图 2-17 所示。

例 2-4　求图 2-18 所示的方波信号的傅里叶级数，绘出其幅值谱。

解　该方波信号在一个周期内的数学表达式为

$$x(t) = \begin{cases} A, & 0 \leqslant t \leqslant T/2 \\ -A, & -T/2 \leqslant t < 0 \end{cases}$$

根据式（2-8）至式（2-10）得

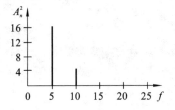

图 2-17　信号的功率谱

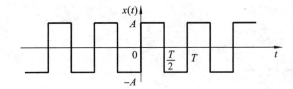

图 2-18　方波信号的波形

$$a_0 = \frac{2}{T}\int_{-T/2}^{T/2}x(t)\mathrm{d}t = \frac{2}{T}\int_{0}^{T/2}A\mathrm{d}t - \frac{2}{T}\int_{-T/2}^{0}A\mathrm{d}t = 0$$

$$a_n = \frac{2}{T}\int_{-T/2}^{T/2}x(t)\cos(2\pi n f_0 t)\mathrm{d}t = \frac{2}{T}\int_{0}^{T/2}A\cos(2\pi n f_0 t)\mathrm{d}t$$

$$+ \frac{2}{T}\int_{-T/2}^{0} -A\cos(2\pi n f_0 t)\mathrm{d}t = 0$$

$$b_n = \frac{2}{T}\int_{-T/2}^{T/2}x(t)\sin(2\pi n f_0 t)\mathrm{d}t = \frac{2}{T}\int_{0}^{T/2}A\sin(2\pi n f_0 t)\mathrm{d}t + \frac{2}{T}\int_{-T/2}^{0} -A\sin(2\pi n f_0 t)\mathrm{d}t$$

$$= \frac{2A}{n\pi}\big[1 - \cos(n\pi)\big]$$

$$= \begin{cases} \dfrac{4A}{n\pi} & (n = 1,3,5,\cdots) \\ 0 & (n = 2,4,6,\cdots) \end{cases}$$

式中：f_0 为基频，$f_0 = 1/T$。将 a_0、a_n、b_n 代入式(2-7)可得方波信号的傅里叶级数展开式：

$$x(t) = \frac{4A}{\pi}\Big[\sin(2\pi f_0 t) + \frac{1}{3}\sin(2\pi \cdot 3 f_0 t) + \frac{1}{5}\sin(2\pi \cdot 5 f_0 t) + \frac{1}{7}\sin(2\pi \cdot 7 f_0 t) + \cdots\Big]$$

按式(2-12)计算得到 A_n，然后可以绘制出信号的幅值谱，如图 2-19 所示。

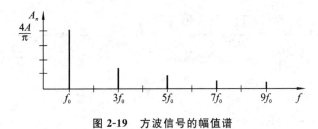

图 2-19　方波信号的幅值谱

从例 2-3 和例 2-4 可以看出，周期信号的频谱具有如下两个特点：第一，周期信号的频谱是离散谱；第二，周期信号的谱线仅出现在基频，以及基频的各次谐波频率处。

2.2.6　周期信号的合成

任何周期信号都可以表示为谐波正弦和余弦的和。因此，周期信号可以用正弦和余弦来合成。例如，

方波：$\sin x + \sin(3x)/3 + \sin(5x)/5 + \cdots$

锯齿波：$\sin x + \sin(2x)/2 + \sin(3x)/3 + \cdots$

三角波：$\sin x - \sin(3x)/9 + \sin(5x)/25 - \sin(7x)/49 + \cdots$

例 2-5　生成方波的 MATLAB 代码如下：

```
x=linspace(0, 6*pi, 1000);
z=zeros(1,1000); k=1;
for i=1:15
    y=(1/k)*sin(k*x); z=z+y;
    plot(x,z,'linewidth',1);
    xlim([0,6*3.14]); ylim([-1.2,1.2]);
    grid('on'); pause(1); k=k+2;
end
```

运行结果如图 2-20 所示。

2-square

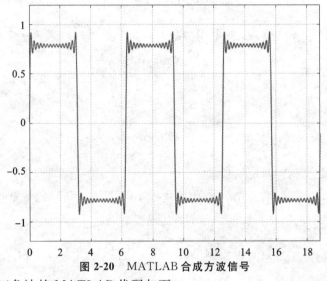

图 2-20　MATLAB 合成方波信号

例 2-6　生成三角波的 MATLAB 代码如下：

```
x=linspace(0, 6*pi, 1000);
y1=sin(x);y2=sin(3*x)/9;
y3=sin(5*x)/25; y4=sin(7*x)/49;
y=y1-y2+y3-y4;
plot(x,y,'linewidth',1);
xlim([0,6*3.14]);
grid on;
```

运行结果如图 2-21 所示。

2.2.7　沃尔什正交函数集

过去的通信理论是建立在正弦、余弦函数系的基础上的。随着半导体电子设备的数字化与集成化，以 0 和 1 二进制为载体的现代数字通信技术逐渐发展起来。沃尔什（Walsh）函数是美国数学家 J. L. Walsh 于 1923 年引入的一个函数系，其值只能取 +1 和 −1，它在区间（0，1）内是一个完备正交函数集，其图像本身可以看成一种二进制信号的波形。这种取值的简单性使其特别适用于处理数字信号，故沃尔什函数在现代通信中展现出极大的应用价值。图 2-22 给出了前 4 阶沃尔什函数 Walsh(k,t) 在区间（0，1）内的波形。

1.5
1
0.5
0
−0.5
−1
−1.5
0 2 4 6 8 10 12 14 16 18

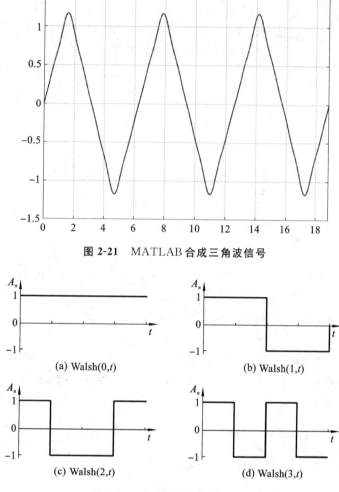

图 2-21　MATLAB 合成三角波信号

A_n
1
0
−1
t
(a) Walsh(0,t)
(b) Walsh(1,t)
(c) Walsh(2,t)
(d) Walsh(3,t)

图 2-22　前 4 阶沃尔什函数波形

此外，还有许多其他正交函数集，如勒让德函数（Legendre function）集、贝塞尔函数（Bessel function）集、小波函数（wavelet function）集等，它们都可以用来对信号进行分解。

2.2.8　复数形式的傅里叶级数

三角函数形式傅里叶级数的优点是物理概念清晰，能够很好地揭示信号中所包含的谐波成分；但是当信号 $x(t)$ 为较复杂的函数时，傅里叶系数的积分运算变得很困难。为便于数学运算，可以采用复数形式的傅里叶级数。

按照欧拉公式，有

$$\begin{aligned}\cos(2\pi ft) &= \frac{1}{2}(\mathrm{e}^{-\mathrm{j}2\pi ft} + \mathrm{e}^{\mathrm{j}2\pi ft}) \\ \sin(2\pi ft) &= \frac{\mathrm{j}}{2}(\mathrm{e}^{-\mathrm{j}2\pi ft} - \mathrm{e}^{\mathrm{j}2\pi ft})\end{aligned} \tag{2-13}$$

代入式(2-7)的三角函数展开式，得

$$x(t) = \frac{a_0}{2} + \sum_{n=1}^{\infty}\left[\frac{1}{2}(a_n - \mathrm{j}b_n)\mathrm{e}^{\mathrm{j}n2\pi f_0 t} + \frac{1}{2}(a_n + \mathrm{j}b_n)\mathrm{e}^{-\mathrm{j}n2\pi f_0 t}\right] \tag{2-14}$$

令：

$$C_0 = \frac{1}{2}a_0$$

$$C_n = \frac{1}{2}(a_n - \mathrm{j}b_n) \qquad\qquad (2\text{-}15)$$

$$C_{-n} = \frac{1}{2}(a_n + \mathrm{j}b_n)$$

有

$$x(t) = C_0 + \sum_{n=1}^{\infty}\left[C_n \mathrm{e}^{\mathrm{j}n2\pi f_0 t} + C_{-n}\mathrm{e}^{-\mathrm{j}n2\pi f_0 t}\right] = \sum_{n=-\infty}^{\infty} C_n \mathrm{e}^{\mathrm{j}n2\pi f_0 t} \qquad (2\text{-}16)$$

这就是复指数形式的傅里叶级数展开式。式中 C_n 表示信号的复振幅，有

$$C_n = \frac{1}{T}\int_{-T/2}^{T/2} x(t)\mathrm{e}^{-\mathrm{j}n2\pi f_0 t}\mathrm{d}t \quad (n = 0, \pm 1, \pm 2, \cdots) \qquad (2\text{-}17)$$

一般情况下 C_n 是复数，记为

$$C_n = |C_n|\mathrm{e}^{\mathrm{j}\varphi_n} = \mathrm{Re}(C_n) + \mathrm{Im}(C_n) \qquad\qquad (2\text{-}18)$$

式中：$|C_n|$、φ_n 分别为复数 C_n 的振幅（幅值）和相角；$\mathrm{Re}(C_n)$、$\mathrm{Im}(C_n)$ 分别为复数 C_n 的实部和虚部。

　　按照复数形式的傅里叶系数 C_n，也可以绘出信号的实频-虚频谱图、幅值-相位谱图和功率谱图。但需注意的一点是三角函数形式的傅里叶系数 a_n、b_n 的下标始终为正，对应的频率范围是 $(0, \infty)$，而复数形式的傅里叶系数 C_n 的下标可以为负，对应的频率范围扩大到 $(-\infty, \infty)$。因此，三角函数形式傅里叶系数的频谱是单边谱，复数形式傅里叶系数的频谱是双边谱。而且，C_n 是关于 n 共轭对称的，即它们关于原点互为共轭。正负 n（n 非零）处的 C_n 的幅度和等于 a_n 幅度。如果信号为奇函数，则 $C_n = -C_{-n} = -\frac{1}{2}\mathrm{j}b_n$（$C_n$ 为纯虚，奇对称），$\varphi_n = -\frac{\pi}{2}$；如果信号为偶函数，则 $C_n = \frac{a_n - \mathrm{j}b_n}{2} = \frac{a_n}{2} = C_{-n}$（$C_n$ 为实，偶对称），$\varphi_n = 0$。

　　例如，对于简单的余弦信号：

$$x(t) = A\cos(2\pi f_0 t)$$

其三角函数形式的傅里叶系数只有 $a_1 = A$。将其写为复数形式：

$$x(t) = \frac{A}{2}(\mathrm{e}^{-\mathrm{j}2\pi f_0 t} + \mathrm{e}^{\mathrm{j}2\pi f_0 t})$$

则其傅里叶系数变为 $C_{-1} = A/2$ 和 $C_1 = A/2$。图 2-23 所示为分别用三角函数形式的傅里叶系数和复数形式的傅里叶系数绘制的信号幅值谱。

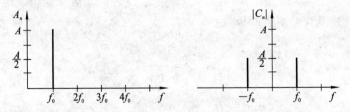

图 2-23　三角函数形式的信号幅值谱和复数形式的信号幅值谱

　　可以看出，复数形式傅里叶系数绘制的频谱是双边谱，图中出现了负频率；另外，双边谱的幅值高度是单边谱的一半。由于负频率缺乏物理意义，因此在工程实际中单边谱用得更多一

些,但在数学证明、推导等场合,双边谱用得更多一些。

周期信号的傅里叶频谱相关概念及其特点:

(1) $\{C_n\}$ 为信号的傅里叶复数频谱,简称傅里叶级数谱或 FS 谱。

(2) $\{|C_n|\}$ 为信号的傅里叶复数幅值谱,简称 FS 幅值谱。

(3) $\{\varphi_n\}$ 为傅里叶复数相位谱,简称 FS 相位谱。

(4) 周期信号的 FS 频谱仅在一些离散点角频率 $n\omega_0$(或频率 nf_0)上有值。

(5) FS 谱也被称为傅里叶离散谱,离散间隔为 $\omega_0 = 2\pi/T_0$。

(6) FS 谱、FS 幅值谱和 FS 相位谱图中表示相应频谱、频谱幅度和频谱相位的离散线段被称为谱线、幅值谱线和相位谱线,分别表示 FS 频谱的值、幅度和相位。

(7) 连接谱线顶点的虚曲线称为包络线,反映了各谐波处 FS 频谱、FS 幅值谱和 FS 相位谱随分量的变化情况。

(8) a_n 为单边谱,表示了信号在谐波处的实际分量大小。

(9) C_n 为双边谱,其负频率项在实际中是不存在的。正负频率的频谱幅度相加,才是实际幅度。

图 2-24 展示了周期矩形脉冲序列及其 FS 谱。周期矩形脉冲序列的 FS 谱特点:

(1) 谱线包络线为 Sinc 函数;谱线包络线过零点(其中 ω_0 为谱线间隔,$\omega_0 = 2\pi/T_0$),即当 $\omega = n\omega_0 = 2k\pi/\tau$ 时,$a_n = A_n = C_n = 0$。

(2) 在频域,能量集中在第一个过零点之内。

(3) 带宽 β_0($\beta_0 = 2\pi/\tau$)或 β_f($\beta_f = 1/\tau$)只与矩形脉冲的脉宽 τ 有关,而与脉冲高度和周期均无关。一般定义 $0\sim2\pi/\tau$ 为周期矩形脉冲信号的频带宽度,简称带宽。

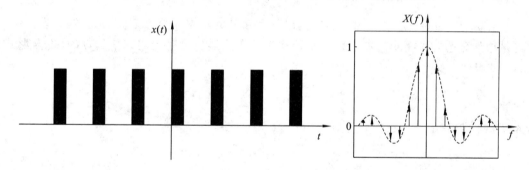

图 2-24　周期矩形脉冲序列及其 FS 谱

2.2.9　吉布斯现象

从上面的介绍中可知,周期信号可以用傅里叶级数将其展开为一系列的正弦信号和余弦信号;反过来,也可以用一系列的正弦信号和余弦信号合成得到相应的周期信号。为了进一步理解信号时域与频域的这种转换关系,需要解释在该过程中存在的一种现象,即所谓的吉布斯(Gibbs)现象。

若将具有不连续点的周期函数(如方波信号)进行傅里叶级数展开后,选取有限项进行合成,那么选取的项数越多,在所合成的波形中出现的峰起越靠近原信号的不连续点。当选取的项数很大时,该峰起值趋于一个常数,大约等于总跳变值的 9%。这种现象就称为吉布斯现象。吉布斯现象是由于展开式在间断点邻域不能均匀收敛所引起的,即使在选取的项数 N 趋于无穷大时,这一现象也依然存在。

例 2-7　对例 2-5 的方波信号,按其傅里叶级数展开式取前 3 阶傅里叶级数(基波、3 次波、5 次波)进行合成,合成波形如图 2-25 所示。选取的合成阶数越高,合成信号越逼近方波信号,但合成信号中始终有峰值振荡存在,从中可以清楚地看到吉布斯现象。

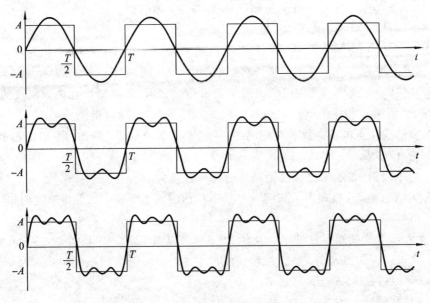

图 2-25　方波信号的合成

2.2.10　巴什瓦定理

巴什瓦(Parseval)定理表示了信号的时域和频域的功率或能量之间的关系,它表明信号在时域中计算的功率或能量等于频域中计算的功率或能量。对于周期信号,取双边谱形式,Parseval 定理定义为

$$\frac{1}{T}\int_0^T x^2(t)\mathrm{d}t = \sum_{n=-\infty}^{\infty}|C_n|^2 \tag{2-19}$$

取单边谱形式,Parseval 定理形式为

$$\frac{1}{T}\int_0^T x^2(t)\mathrm{d}t = \sum_{n=0}^{\infty}A_n^2/2 \tag{2-20}$$

将式(2-16)的信号 $x(t)$ 复指数形式的傅里叶级数展开式代入式(2-19)进行展开,再利用各复指数函数间的正交关系,不难推导出巴什瓦定理。有关更深入的巴什瓦定理方面的知识请参考有关傅里叶变换方面的数学书籍。

例如,对于一个周期 $T=1/f_0$ 的复合周期信号:

$$x(t) = A\cos(2\pi f_0 t) + B\cos(4\pi f_0 t)$$

按式(2-19)等式左边的时域平均功率计算公式,有

$$P = \frac{1}{T}\int_0^T x^2(t)\mathrm{d}t = \frac{1}{T}\int_0^T [A\cos(2\pi f_0 t) + B\cos(4\pi f_0 t)] \cdot [A\cos(2\pi f_0 t) + B\cos(4\pi f_0 t)]\mathrm{d}t$$

利用三角函数的正交特性:

$$P = \frac{1}{T}\int_0^T [A\cos(2\pi f_0 t)]^2\mathrm{d}t + \frac{1}{T}\int_0^T [B\cos(4\pi f_0 t)]^2\mathrm{d}t = A^2/2 + B^2/2$$

该复合周期信号的傅里叶系数为 $C_{-1}=A/2$、$C_1=A/2$、$C_{-2}=B/2$、$C_2=B/2$,按式(2-19)

等式右边的频域平均功率计算公式,有

$$P = C_{-2}^2 + C_{-1}^2 + C_1^2 + C_2^2 = A^2/2 + B^2/2$$

可见与时域平均功率的计算结果是一致的。

2.3　非周期信号的傅里叶变换

2.3.1　傅里叶积分

傅里叶积分是在傅里叶级数的基础上发展而来的,主要用于对非周期信号进行频谱分析。对于傅里叶积分,可以这样理解:当周期信号的周期 $T \to \infty$,这时周期信号也可以看作非周期信号;同时基频 $f_0 \to \mathrm{d}f$,它包含了从零到无穷大的所有频率分量;这时傅里叶级数展开式中的 $\sum \to \int$,傅里叶级数变为傅里叶积分。下面是简要推导过程。

复指数形式的周期信号 $x(t)$ 的傅里叶展开式为

$$x(t) = \sum_{n=-\infty}^{\infty} C_n \mathrm{e}^{\mathrm{j}n2\pi f_0 t} \tag{2-21}$$

傅里叶系数:

$$C_n = \frac{1}{T} \int_{-T/2}^{T/2} x(t) \mathrm{e}^{-\mathrm{j}n2\pi f_0 t} \mathrm{d}t \tag{2-22}$$

将 C_n 代入傅里叶展开式:

$$x(t) = \sum_{n=-\infty}^{\infty} \left[\frac{1}{T} \int_{-T/2}^{T/2} x(t) \mathrm{e}^{-\mathrm{j}n2\pi f_0 t} \mathrm{d}t \right] \mathrm{e}^{\mathrm{j}n2\pi f_0 t} = \sum_{n=-\infty}^{\infty} \left[\int_{-T/2}^{T/2} x(t) \mathrm{e}^{-\mathrm{j}n2\pi f_0 t} \mathrm{d}t \right] \mathrm{e}^{\mathrm{j}n2\pi f_0 t} \frac{1}{T} \tag{2-23}$$

当 $T \to \infty$,式中 $\int_{-T/2}^{T/2} \to \int_{-\infty}^{\infty}$ 、$f_0 = \frac{1}{T} \to \mathrm{d}f$ 、$nf_0 \to f$ 、$\sum \to \int$,则有

$$x(t) = \int_{-\infty}^{\infty} \left[\int_{-\infty}^{\infty} x(t) \mathrm{e}^{-\mathrm{j}2\pi ft} \mathrm{d}t \right] \mathrm{e}^{\mathrm{j}2\pi ft} \mathrm{d}f \tag{2-24}$$

将中括号部分记为

$$X(f) = \int_{-\infty}^{\infty} x(t) \mathrm{e}^{-\mathrm{j}2\pi ft} \mathrm{d}t \tag{2-25}$$

则式(2-24)可写为

$$x(t) = \int_{-\infty}^{\infty} X(f) \mathrm{e}^{\mathrm{j}2\pi ft} \mathrm{d}f \tag{2-26}$$

式(2-25)为傅里叶变换公式,式(2-26)为傅里叶逆变换公式,它们构成一个傅里叶变换对。

分析表明,傅里叶变换(FT)和逆傅里叶变换(IFT)的主要特征如下:

(1) $\mathrm{e}^{-\mathrm{j}2\pi ft}$ (或 $\mathrm{e}^{-\mathrm{j}\omega t}$)为 FT 的变换核函数,$\mathrm{e}^{\mathrm{j}2\pi ft}$ (或 $\mathrm{e}^{\mathrm{j}\omega t}$)为 IFT 的变换核函数。

(2) FT 与 IFT 具有唯一性。如果两个函数的 FT 或 IFT 相等,则这两个函数必然相等。

(3) FT 具有可逆性。如果 $F[x(t)] = X(\omega)$,则必有 $F^{-1}[X(\omega)] = x(t)$;反之亦然。

(4) 信号的傅里叶变换一般为复数函数,可写成 $X(\omega) = |X(\omega)| \mathrm{e}^{\mathrm{j}\varphi(\omega)}$,称 $|X(\omega)|$ 为幅值频谱密度函数,简称幅值谱函数,表示信号的幅值密度随频率变化的幅频特性;称 $\varphi(\omega)$ 为相位频谱密度函数,简称相位谱函数,$\varphi(\omega) = \mathrm{Arg}[X(\omega)]$,表示信号的相位随频率变化的相频特性。

(5) FT 频谱可分解为实部和虚部:

$$X(\omega) = X_r(\omega) + jX_i(\omega)$$

$$|X(\omega)| = \sqrt{X_r^2(\omega) + X_i^2(\omega)}, \varphi(\omega) = \arctan\frac{X_i(\omega)}{X_r(\omega)} \tag{2-27}$$

$$X_r(\omega) = |X(\omega)|\cos[\varphi(\omega)], X_i(\omega) = |X(\omega)|\sin[\varphi(\omega)] \tag{2-28}$$

（6）FT 及 IFT 在频域、时域的定义分别为

$$X(f) = \int_{-\infty}^{\infty} x(t)e^{-j2\pi ft}\,dt; x(t) = \int_{-\infty}^{\infty} X(f)e^{j2\pi ft}\,df \tag{2-29}$$

2.3.2　非周期信号的频谱

与周期信号的频谱分析相似，也可以将非周期信号的傅里叶积分结果用图形表示，绘制出实频-虚频谱、幅值-相位谱和功率谱。所不同的是，由于非周期信号的周期 $T \to \infty$，基频 $f_0 \to df$，因此各谐波频率成分：

$$f = ndf \tag{2-30}$$

由于 df 是一个无穷小量，因此 f 变为一个连续变量。频谱图中包含了从负无穷大到正无穷大的所有频率分量，因此非周期信号的频谱为连续谱。

其次，对非周期信号，从式（2-26）所示的傅里叶逆变换可知，各频率分量的幅值为 $X(f)df$，由于 df 是一个无穷小量，因此 $X(f)df$ 也是一个无穷小量。这时频谱不能再用幅值表示，而必须用单位频率上的幅值密度表示：

$$X(f) = X(f)df/df \tag{2-31}$$

因此，非周期信号频谱表示的是幅值密度，其频谱应该称为频谱密度，但习惯上仍称为频谱。

从式（2-31）可知，非周期信号的频谱密度就是傅里叶积分系数，它是一个复数，可以表示为

$$X(f) = X_R(f) + jX_I(f) = |X(f)|e^{j\varphi(f)} \tag{2-32}$$

式中：$X_R(f)$ 为 $X(f)$ 的实部；$X_I(f)$ 为 $X(f)$ 的虚部；$|X(f)|$ 为 $X(f)$ 的幅值；$\varphi(f)$ 为 $X(f)$ 的相位，有

$$|X(f)| = \sqrt{X_R^2(f) + X_I^2(f)}$$

$$\varphi(f) = \arctan\left[\frac{X_I(f)}{X_R(f)}\right] \tag{2-33}$$

用 $X_R(f)$ 和 $X_I(f)$ 就可以绘制出非周期信号的实频-虚频谱，用 $|X(f)|$ 和 $\varphi(f)$ 可以绘制出非周期信号的幅值-相位谱，用 $|X(f)|^2$ 则可以绘制出非周期信号的功率谱。傅里叶积分 $X(f)$ 的频率取值范围是 $(-\infty, \infty)$，用 $X(f)$ 绘制的频谱是双边谱；在工程应用中一般只考虑频谱中的正频率部分，频率取值范围是 $(0, \infty)$，这种频谱称为单边谱，它和双边谱的关系为

$$X_单(f) = 2X_双(f) \tag{2-34}$$

在实际中这两种谱都有应用，应注意它们在幅值上有一个 2 倍的关系和区别。

2.4　特殊信号的傅里叶变换

1. 矩形脉冲信号

例 2-8　求图 2-26 所示的信号的实频-虚频谱、幅值-相位谱和功率谱。

解　对图 2-26 所示单个矩形脉冲信号，有

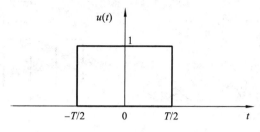

图 2-26　单个矩形脉冲

$$u(t) = \begin{cases} 1, & |t| \leqslant T/2 \\ 0, & |t| > T/2 \end{cases}$$

代入傅里叶积分公式,其傅里叶积分系数:

$$\begin{aligned} X(f) &= \int_{-\infty}^{\infty} u(t) e^{-j2\pi ft} \, dt = \int_{-T/2}^{T/2} e^{-j2\pi ft} \, dt \\ &= \frac{1}{-j2\pi f} (e^{-j2\pi fT/2} - e^{j2\pi fT/2}) \\ &= \frac{\sin(\pi fT)}{\pi f} \\ &= T \frac{\sin(\pi fT)}{\pi fT} \end{aligned}$$

在数学上,$\sin x / x$ 有一个特殊的名字,称为 $\mathrm{Sinc}(x)$ 函数。可得

$$X_{\mathrm{R}}(f) = T \frac{\sin(\pi fT)}{\pi fT}$$

$$X_{\mathrm{I}}(f) = 0$$

$$|X(f)| = T \sqrt{\mathrm{Sinc}^2(\pi fT)}$$

$$\varphi(f) = \begin{cases} 0, & X_{\mathrm{R}}(f) > 0 \\ \pm \pi, & X_{\mathrm{R}}(f) \leqslant 0 \end{cases}$$

由计算得到的 $X_{\mathrm{R}}(f)$ 和 $X_{\mathrm{I}}(f)$ 可以绘制出单个矩形脉冲信号的实频-虚频谱,如图 2-27 所示。

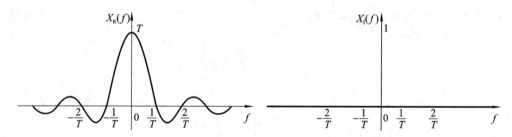

图 2-27　单个矩形脉冲信号的实频-虚频谱

由计算得到的 $|X(f)|$ 和 $\varphi(f)$ 可以绘制出单个矩形脉冲信号的幅值-相位谱,如图 2-28 所示。

由计算得到的 $|X(f)|^2$ 则可以绘制出单个矩形脉冲信号的功率谱,如图 2-29 所示。

矩形脉冲 FT 的特点:

(1) FT 为 $\mathrm{Sinc}(x)$ 函数,原点处函数值等于矩形脉冲的面积;

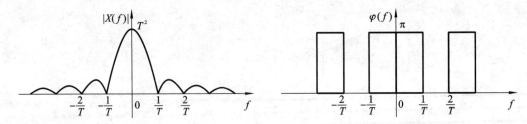

图 2-28　单个矩形脉冲信号的幅值-相位谱

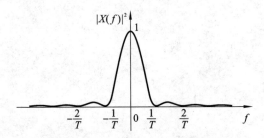

图 2-29　单个矩形脉冲信号的功率谱

(2) FT 的过零点位置为 $\omega = 2k\pi/\tau (k \neq 0)$；

(3) 频域的能量集中在第一个过零点区间 $\omega \in \left[-2\pi/\tau, 2\pi/\tau\right]$ 之内；

(4) 带宽为 $B_0 = 2\pi/\tau$ 或 $B_f = 1/\tau$，只与脉冲宽度 τ 有关，与脉冲高度 E 无关。信号等效脉冲宽度：$\tau = F(0)/f(0)$，如图 2-30(a) 所示。信号等效带宽：$B_f = 1/\tau$，如图 2-30(b) 所示。

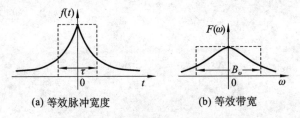

(a) 等效脉冲宽度　　　　　(b) 等效带宽

图 2-30　信号的等效脉冲宽度与等效带宽

2. δ 函数

δ 函数也称单位脉冲函数，其详细定义及性质参见前面章节。δ 函数是一个广义函数，具有采样特性。对 δ 函数进行傅里叶变换，有

$$X(f) = \int_{-\infty}^{\infty} \delta(t) e^{-j2\pi ft} dt = e^0 = 1 \tag{2-35}$$

其波形和实频-虚频谱如图 2-31 所示。

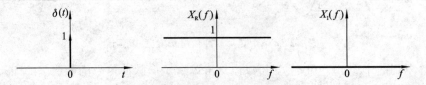

图 2-31　δ 函数及其实频-虚频谱

3. 符号函数 $\mathrm{Sgn}(t)$

符号函数的数学定义为

$$\mathrm{Sgn}(t) = \begin{cases} 1, t > 0 \\ 0, t = 0 \\ -1, t < 0 \end{cases} \tag{2-36}$$

符号函数不满足绝对可积条件,但存在 FT。对符号函数进行微分,有

$$\frac{\mathrm{d}}{\mathrm{d}t}\mathrm{Sgn}(t) = 2\delta(t)$$

按照傅里叶变换的微分特性,得符号函数的傅里叶变换为

$$X(f) = \frac{2}{\mathrm{j}2\pi f} = -\mathrm{j}\,\frac{1}{\pi f} \tag{2-37}$$

图 2-32 所示为符号函数的波形和实频-虚频谱。

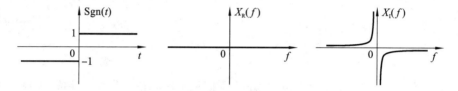

图 2-32　符号函数及其实频-虚频谱

4. 单位阶跃函数

单位阶跃函数的数学定义为

$$u(t) = \begin{cases} 0, t < 0 \\ 1, t \geqslant 0 \end{cases} \tag{2-38}$$

根据符号函数将其改写为

$$u(t) = \frac{1}{2} + \frac{1}{2}\mathrm{Sgn}(t) \tag{2-39}$$

利用傅里叶变换的线性叠加性,有

$$F[u(t)] = F\left(\frac{1}{2}\right) + F\left[\frac{1}{2}\mathrm{Sgn}(t)\right] \tag{2-40}$$

由傅里叶变换的对称性质和 δ 函数性质知,常数 k 的傅里叶变换为 $k\delta(f)$,有

$$F[u(t)] = \frac{1}{2}\delta(f) - \mathrm{j}\,\frac{1}{2\pi f} \tag{2-41}$$

图 2-33 所示为单位阶跃函数的波形和实频-虚频谱。

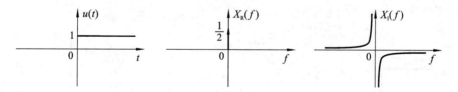

图 2-33　单位阶跃函数及其实频-虚频谱

5. 周期性单位脉冲序列

周期性单位脉冲序列的数学定义为

$$x(t) = \sum_{n=-\infty}^{\infty} \delta(t - nT) \tag{2-42}$$

式中:T 为信号的周期。按照周期信号的傅里叶级数展开式,有

$$x(t) = \sum_{n=-\infty}^{\infty} C_n \mathrm{e}^{\mathrm{j}2\pi nf_0 t} \tag{2-43}$$

式中：$f_0 = 1/T$；C_n 为傅里叶级数系数，有

$$C_n = \frac{1}{T}\int_{-T/2}^{T/2} x(t)\mathrm{e}^{-\mathrm{j}2\pi nf_0 t}\mathrm{d}t = \frac{1}{T}\int_{-T/2}^{T/2}\delta(t)\mathrm{e}^{-\mathrm{j}2\pi nf_0 t}\mathrm{d}t = \frac{1}{T} \tag{2-44}$$

对式（2-43）取傅里叶变换：

$$X(f) = F\Big(\sum_{n=-\infty}^{\infty}\frac{1}{T}\mathrm{e}^{\mathrm{j}2\pi nf_0 t}\Big) \tag{2-45}$$

由常数 k 的傅里叶变换结果和傅里叶变换的频移特性，有

$$X(f) = \frac{1}{T}\Big[\sum_{n=-\infty}^{\infty}\delta(f - nf_0)\Big] \tag{2-46}$$

或

$$X(\omega) = 2\pi\sum_{n=-\infty}^{\infty}\frac{1}{T}\delta(\omega - n\omega_0) = \omega_0\sum_{n=-\infty}^{\infty}\delta(\omega - n\omega_0)$$

其中 ω 为角频率，且 $\omega_0 = 2\pi f_0$。图 2-34 所示为周期性单位脉冲序列及其实频-虚频谱。

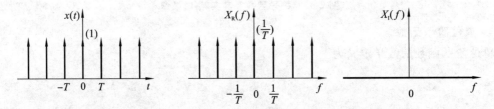

图 2-34　周期性单位脉冲序列及其实频-虚频谱

6. 矩形窗函数

矩形窗函数即单个矩形脉冲函数，其数学定义为

$$u(t) = \begin{cases} 1, & |t| \leqslant T/2 \\ 0, & |t| > T/2 \end{cases} \tag{2-47}$$

在例 2-8 中我们对单个矩形脉冲函数已经进行过讨论，代入傅里叶积分公式，其傅里叶积分系数为

$$X(f) = \frac{\sin(\pi fT)}{\pi f} \tag{2-48}$$

矩形窗函数的波形和实频-虚频谱如图 2-35 所示。

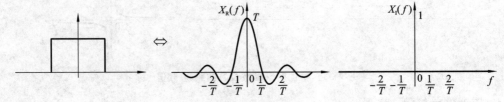

图 2-35　矩形窗函数及其实频-虚频谱

7. 正弦函数和余弦函数

正弦函数和余弦函数的数学定义分别为

$$x(t) = \sin(2\pi f_0 t) \tag{2-49}$$

$$y(t) = \cos(2\pi f_0 t) \tag{2-50}$$

式中：f_0 为正弦函数和余弦函数的频率。根据欧拉公式，正弦函数和余弦函数可以表示为

$$x(t) = \mathrm{j}\,\frac{1}{2}(\mathrm{e}^{-\mathrm{j}2\pi f_0 t} - \mathrm{e}^{\mathrm{j}2\pi f_0 t}) \tag{2-51}$$

$$y(t) = \frac{1}{2}(\mathrm{e}^{-\mathrm{j}2\pi f_0 t} + \mathrm{e}^{\mathrm{j}2\pi f_0 t}) \tag{2-52}$$

由常数 k 的傅里叶变换结果和傅里叶变换的频移特性，有

$$X(f) = \mathrm{j}\,\frac{1}{2}[\delta(f + f_0) - \delta(f - f_0)] \tag{2-53}$$

$$Y(f) = \frac{1}{2}[\delta(f + f_0) + \delta(f - f_0)] \tag{2-54}$$

图 2-36 所示为正弦函数的波形和实频-虚频谱，图 2-37 所示为余弦函数的波形和实频-虚频谱。

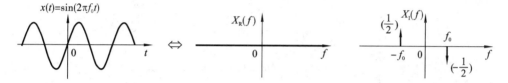

图 2-36　正弦函数及其实频-虚频谱

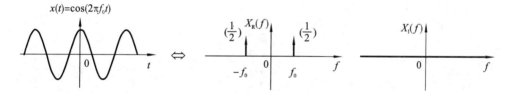

图 2-37　余弦函数及其实频-虚频谱

8. 一般周期信号

设周期为 T 的周期矩形脉冲信号 $x(t)$ 在第一个周期内的函数为 $x_1(t)$，则

$$x(t) = \sum_{n=-\infty}^{\infty} x_1(t - nT) = \sum_{n=-\infty}^{\infty} x_1(t) * \delta(t - nT) = x_1(t) * \sum_{n=-\infty}^{\infty} \delta(t - nT) = x_1(t) * \Delta_T(t)$$

其中，

$$\Delta_T(t) = \sum_{n=-\infty}^{\infty} \delta(t - nT)$$

在此，周期单位冲激序列的 FT 为

$$F[\Delta_T(t)] = \omega_0 \sum_{n=-\infty}^{\infty} \delta(\omega - n\omega_0) = \omega_0 \Delta_{\omega_0}(\omega) \tag{2-55}$$

其中，

$$\omega_0 = \frac{2\pi}{T}$$

所以，根据时域卷积定理（时域卷积等效于频域乘积），一般周期信号的 FT 为

$$F[x(t)] = F[x_1(t)] \cdot F[\Delta_T(t)] = X_1(\omega) \cdot \omega_0 \sum_{n=-\infty}^{\infty} \delta(\omega - n\omega_0)$$

$$= \sum_{n=-\infty}^{\infty} \left[\omega_0 X_1(n\omega_0) \right] \cdot \delta(\omega - n\omega_0) \tag{2-56}$$

$$X_n = \frac{\omega_1}{2\pi} X_0(n\omega_1) = \frac{1}{T_1} X_0(n\omega_1) \tag{2-57}$$

图 2-38 给出了非周期信号(连续谱)与周期信号(离散谱)的比较。

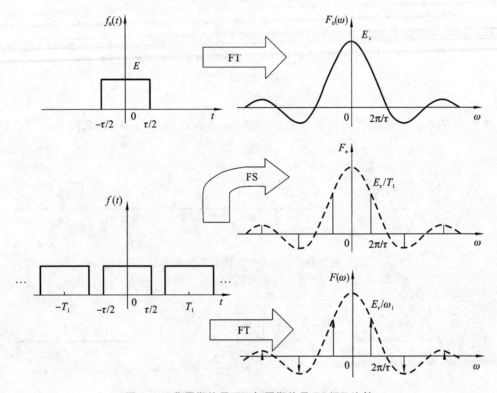

图 2-38 非周期信号 FT 与周期信号 FS/FT 比较

2.5 傅里叶变换的基本性质

1. 奇偶虚实性

如果信号 $x(t)$ 为偶函数,则其傅里叶积分系数的虚部为零;如果信号为奇函数,则其傅里叶积分系数的实部为零。

2. 线性叠加性

如果信号 $x_1(t) \leftrightarrow X_1(f)$,信号 $x_2(t) \leftrightarrow X_2(f)$,$c_1$ 和 c_2 为常数,则有

$$c_1 x_1(t) + c_2 x_2(t) \leftrightarrow c_1 X_1(f) + c_2 X_2(f) \tag{2-58}$$

3. 时间尺度改变特性

如果信号 $x(t) \leftrightarrow X(f)$,则有

$$x(kt) \leftrightarrow \frac{1}{|k|} X(f/k) \tag{2-59}$$

4. 对称性

如果信号 $x(t) \leftrightarrow X(f)$,则有

$$X(t) \leftrightarrow x(-f) \tag{2-60}$$

5. 时移性

如果信号 $x(t) \leftrightarrow X(f)$,则有

$$x(t \pm t_0) \leftrightarrow X(f)\mathrm{e}^{\pm \mathrm{j}2\pi f t_0} \tag{2-61}$$

6. 频移性

如果信号 $x(t)$ 的傅里叶变换为 $X(f)$,则有

$$x(t)\mathrm{e}^{\pm \mathrm{j}2\pi f_0 t} \leftrightarrow X(f \pm f_0) \tag{2-62}$$

7. 微积分特性

如果信号 $x(t) \leftrightarrow X(f)$,则有

$$\frac{\mathrm{d}x(t)}{\mathrm{d}t} \leftrightarrow \mathrm{j}2\pi f X(f) \tag{2-63}$$

$$\int_{-\infty}^{t} x(t)\mathrm{d}t \leftrightarrow \frac{1}{\mathrm{j}2\pi f}X(f) \tag{2-64}$$

例 2-9 求图 2-39 所示信号的傅里叶积分。

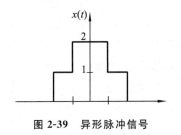

图 2-39 异形脉冲信号

解 对图 2-39 所示的异形脉冲信号,按照线性叠加性,可以将其分解为两个矩形脉冲信号,如图 2-40 所示。

该信号为对称的偶函数,按照信号的奇偶虚实性,有

$$X_\mathrm{I}(f) = 0$$

参照例 2-8 单个矩形脉冲信号的傅里叶积分,有

$$X_\mathrm{R}(f) = \frac{\sin(\pi f 2T)}{\pi f} + \frac{\sin(\pi f T)}{\pi f}$$

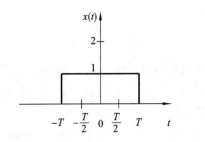
+
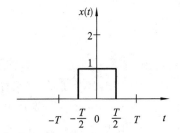

图 2-40 信号的叠加

可见,利用傅里叶变换的性质,极大地简化了问题的求解过程。

2.6　离散傅里叶变换与快速傅里叶变换

离散傅里叶变换(DFT)一词并非泛指对任意离散信号取傅里叶积分,而是为适应计算机做傅里叶变换运算而引出的一个专用名词,所以,有时称 DFT 是适用于数字计算机计算的 FT。这是因为,对信号 $x(t)$ 进行傅里叶变换或逆傅里叶变换(IFT)运算时,无论在时域还是频域都需要进行包括 $(-\infty, \infty)$ 区的积分运算,若在计算机上实现这一运算,则必须做到:

(1) 把连续信号(包括时域、频域)改造为离散数据;

(2) 把计算范围收缩到一个有限区间;

(3) 实现正、逆傅里叶变换运算。

在这种条件下所构成的变换对则称为离散傅里叶变换对,其特点是,在时域和频域中都只取有限个离散数据,这些数据分别构成周期性的离散时间函数和频率函数。

关于离散傅里叶变换表达式的导出，有两种方法：（1）在离散时间序列的 Z 变换基础上导出，即有限长序列的离散傅里叶变换可解释为它的 Z 变换在单位圆上的采样；（2）把离散傅里叶变换作为连续信号傅里叶变换的一种特殊情况来导出。后者的物理概念较前者清楚，本书采用第二种方法导出，第一种方法可参阅有关数字信号处理专著。

2.6.1　信号的时、频域采样

对连续时间信号进行离散傅里叶变换，一般可概括为下列步骤，如图 2-41 所示。

1. 时域采样

理想采样信号是一周期性的脉冲序列。采样信号的 FT 为

$$P(f) = \frac{1}{T_s} \sum_{n=-\infty}^{\infty} \delta(f - nf_s) \tag{2-65}$$

任意信号 $x(t)$ 经理想采样后其信号频谱变化如图 2-42 所示，从图中可以发现下列结论。

结论 1：按间隔 T_s 进行冲激串采样后，信号的傅里叶变换是周期函数，是原函数傅里叶变换按周期 $\omega_s = 2\pi/T_s$ 所进行的周期延拓。

结论 2：时域离散信号具有对应于频域的周期性。

如图 2-42(a)、(b)、(c)所示，对时域连续信号 $x(t)$ 进行采样，采样间隔为 T_s，则采样信号可表示为

$$x_s(t) = x(t)p(t) = x(t) \sum_{n=-\infty}^{\infty} \delta(t - nT_s) = \sum_{n=-\infty}^{\infty} x(nT_s)\delta(t - nT_s)$$

其傅里叶变换为

$$X_s(f) = X(f) * P(f) = f_s \sum_{n=-\infty}^{\infty} \delta(f - nf_s)$$

可知，采样信号的频谱 $X_s(f)$ 是一个周期性的连续函数，频谱周期间隔为 f_s，谱的幅值是 $X(f)$ 谱的 f_s 倍。如图 2-42(d)所示，当采样频率过低时，谱图有相互访问的重叠区域，信号频谱会产生混叠现象，这样再由这一频谱去复原被采样信号时就会出现偏差和失真。显然，当减小采样间隔 T_s，即 f_s 增大时，将使谱图相互分离，即减少频混现象。采样定理从理论上阐明了采样所需要的最低频率的大小。

要保证从信号采样后的离散时间信号中无失真地恢复原始时间连续信号（即采样不会导致任何信息丢失），必须满足两个条件：信号是频带受限的（信号频率区间有限）；采样率 ω_s 至少是信号最高频率的两倍。此即采样定理。

理论上，从采样信号 $x_s(t)$ 恢复得到原始信号 $x(t)$ 的方法为采样信号与 Sinc 函数的卷积，如图 2-43 所示，即

$$x(t) = x_s(t) * \frac{2\omega_c}{\omega_s} \text{Sinc}(\omega_c t) = \frac{2\omega_c}{\omega_s} \sum_{n=-\infty}^{\infty} \{x(nT_s)\text{Sinc}[\omega_c(t - nT_s)]\} \tag{2-66}$$

这样 Sinc 函数就完成了离散信号的内插运算，正因为此，Sinc 函数有时也称为内插函数。工程上，从采样信号恢复原始信号的方法是将 $x_s(t)$ 通过截止频率为 ω_c、放大倍数为 T_s 的低通滤波器后得到。物理上，滤波器起到平滑作用。

根据采样定理，可以将连续信号转换为离散信号，进一步转换为数字信号。随着计算机技术的发展，数字信号处理理论和技术越显重要，但其由于处理数据长度和数值量化的有限性，表现出不同于模拟信号处理的许多特点，这也将成为学习中的难点。

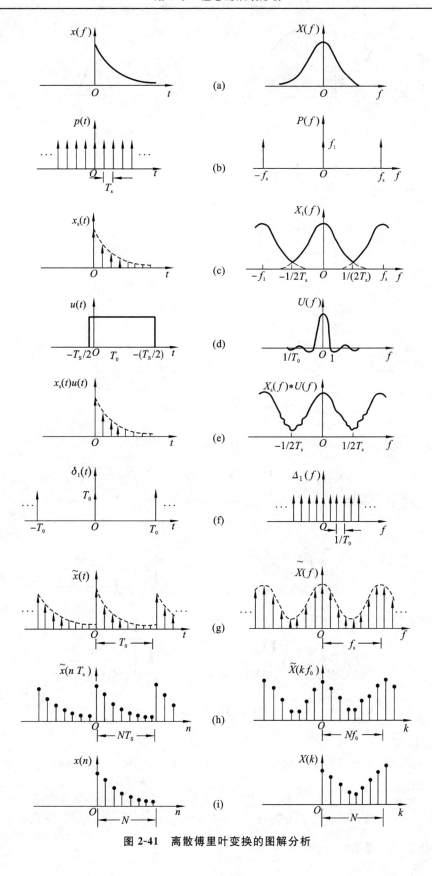

图 2-41　离散傅里叶变换的图解分析

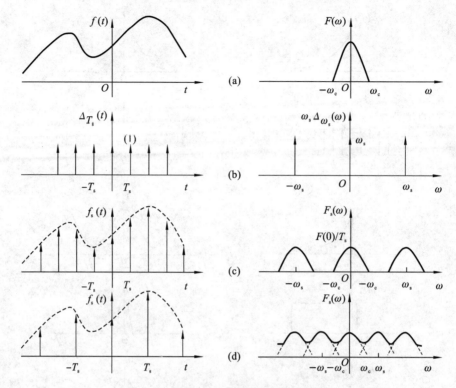

图 2-42　信号 $x(t)$ 理想采样后的信号 FT

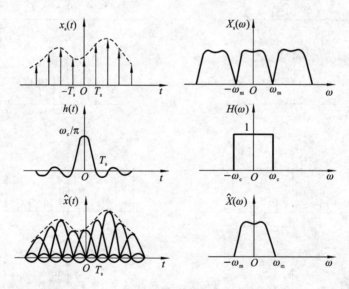

图 2-43　信号复原

2. 时域截断

用矩形窗函数 $u(t)$ 裁断采样信号 $x_s(t)$，使其仅有有限个样本点，例如 N 点，则截断后得到的时间函数为

$$x_s(t)u(t) = \sum_{n=-\infty}^{\infty} x(nT_s)\delta(t-nT_s)u(t) = \sum_{n=0}^{N-1} x(nT_s)\delta(t-nT_s) \tag{2-67}$$

截断后采样信号的傅里叶变换：

$$F[x_s(t)u(t)] = X_s(f) * U(f) \tag{2-68}$$

截断后信号的频谱出现皱波(见图 2-41(e)),这是矩形窗截断函数作用的结果。因为矩形窗函数有突变阶跃点,在时域截断后,反映在频域上则会产生皱波,此即由于吉布斯现象而产生的能量泄漏效应。减小泄漏现象的途径是加长矩形窗函数的宽度 T_0,或选取旁瓣较弱的窗函数。

采样信号经过截断处理后,虽然在时域内为有限长的离散样本,但在频域内仍为连续函数,若要实现逆变换,则还必须改造频域函数为有限离散值。

3. 频域采样

令频域采样脉冲序列为 $\delta_1(f)$,根据频域采样定理($f_0 \leqslant 1/(2t_m)$,$-t_m \sim t_m$ 为原始信号 $x(t)$ 的时间范围),选取采样间隔 $f_0 = 1/T_0$(时域截断信号分布区间为 T_0,它相当于 $2t_m$),又根据傅里叶变换的对称特性,则对应的时域函数(见图 2-41(f))为

$$\delta_1(t) = T_0 \sum_{r=-\infty}^{\infty} \delta(t - rT_0)$$

被 $\delta_1(f)$ 采样后的频域采样信号为

$$\widetilde{X}(f) = X_s(f) * U(f) \cdot \delta_1(f)$$

其逆傅里叶变换(见图 2-41(g))为

$$\widetilde{x}(t) = x_s(t)u(t) * \delta_1(t) = T_0 \sum_{r=-\infty}^{\infty} \left[\sum_{n=0}^{N-1} x(nT_s)\delta(t - nT_s - rT_0) \right] \tag{2-69}$$

式(2-69)表明,$\widetilde{x}(t)$ 是周期为 T_0 的离散函数,每个周期内有 N 个离散点。由于 $\widetilde{x}(t)$ 是周期函数,因此其傅里叶变换也是等间隔脉冲序列,即

$$\widetilde{X}(f) = \sum_{k=-\infty}^{\infty} C_k \delta(f - kf_0) \qquad (k = 0, \pm 1, \pm 2, \cdots)$$

傅里叶系数

$$C_k = \frac{1}{T_0} \int_{-T_s/2}^{T_0 - T_s/2} \widetilde{x}(t) \mathrm{e}^{-\mathrm{j}2\pi kt/T_0} \mathrm{d}t \tag{2-70}$$

将 $\widetilde{x}(t)$ 代入,有

$$C_k = \frac{1}{T_0} \int_{-T_s/2}^{T_0 - T_s/2} T_0 \sum_{r=-\infty}^{\infty} \sum_{n=0}^{N-1} x(nT_s)\delta(t - nT_s * rT_0) \cdot \mathrm{e}^{-\mathrm{j}2\pi kt/T_0} \mathrm{d}t$$

因积分是在一个周期 T_0 内进行,即 $r = 0$,故

$$C_k = \int_{-T_s/2}^{T_0 - T_s/2} \sum_{n=0}^{N-1} x(nT_s)\delta(t - nT_s) \mathrm{e}^{-\mathrm{j}2\pi kt/T_0} \mathrm{d}t$$

$$= \sum_{n=0}^{N-1} x(nT_s) \mathrm{e}^{-\mathrm{j}2\pi knT_s/T_0} \qquad (\delta \text{ 函数的筛选特性})$$

又由于 $T_0 = NT_s$,则

$$C_k = \sum_{n=0}^{N-1} x(nT_s) \mathrm{e}^{-\mathrm{j}2\pi kn/N} \tag{2-71}$$

因此得到

$$\widetilde{X}(f) = \sum_{k=-\infty}^{\infty} \sum_{n=0}^{N-1} x(nT_s) \mathrm{e}^{-\mathrm{j}2\pi kn/N} \delta(f - kf_0) \tag{2-72}$$

整理以上公式,有

$$\begin{cases} \widetilde{x}(t) = T_0 \sum_{r=-\infty}^{\infty} \sum_{n=0}^{N-1} x(nT_s)\delta(t - nT_s - rT_0) \\ \widetilde{X}(f) = \sum_{k=-\infty}^{\infty} \sum_{n=0}^{N-1} x(nT_s)e^{-j2\pi kn/N}\delta(f - kf_0) \end{cases} \qquad (2\text{-}73)$$

式(2-73)说明，$\widetilde{x}(t)$ 与 $\widetilde{X}(f)$ 是一对傅里叶变换对，是原信号 $x(t)$ 经过有限化(加窗)、离散化以后变换成的时、频域关系，它们都是以 N 为周期的脉冲序列，在时、频域内分布区间为 $(-\infty, \infty)$。

2.6.2　离散傅里叶级数(DFS)

进一步考察式(2-73)中 $\widetilde{x}(t)$ 与 $\widetilde{X}(f)$ 的脉冲强度序列之间的关系，即研究其时、频域采样序列样本值之间的关系，如图 2-41(h)所示。对于 $\widetilde{X}(f)$，其脉冲强度序列就是 $\widetilde{x}(t)$ 的傅里叶级数的系数 C_k(式(2-71))，若以 $\widetilde{X}(kf_0)$ 表示，则有

$$\widetilde{X}(kf_0) = \sum_{n=0}^{N-1} x(nT_s)e^{-j2\pi kn/N} \qquad (k = 0, \pm 1, \pm 2, \cdots) \qquad (2\text{-}74)$$

对于 $\widetilde{x}(t)$，如图 2-41(g)左图所示，它的脉冲强度序列，如图 2-41(h)左图所示，是由 $\widetilde{x}(t)$ 每个脉冲的强度构成的序列，实际上，它是原信号 $x(t)$ 的 N 个采样样本值 $x(nT_s)$ 乘以 T_0 因子延拓而成的序列，以 $\widetilde{x}(nT_s)$ 表示。同 $\widetilde{X}(kf_0)$ 是 $\widetilde{x}(t)$ 的傅里叶级数的系数相对应，$\widetilde{x}(nT_s)$ 是 $\widetilde{X}(f)$ 周期脉冲序列的傅里叶级数的系数，由傅里叶级数的系数公式的正、逆对称性，可得

$$\begin{aligned} \widetilde{x}(nT_s) &= \frac{1}{Nf_0}\int_0^{Nf_0} \widetilde{X}(f)e^{j2\pi nT_s f}df = \frac{1}{Nf_0}\int_0^{Nf_0}\Big[\sum_{k=-\infty}^{\infty}\widetilde{X}(kf_0)\delta(f-kf_0)\Big]e^{j2\pi nT_s f}df \\ &= \frac{1}{Nf_0}\sum_{k=0}^{N-1}\widetilde{X}(kf_0)\int_0^{Nf_0}\delta(f-kf_0)e^{j2\pi nT_s f}df = \frac{1}{Nf_0}\sum_{k=0}^{N-1}\widetilde{X}(kf_0)e^{j2\pi nT_s kf_0} \\ &= \frac{1}{Nf_0}\sum_{k=0}^{N-1}\widetilde{X}(kf_0)e^{j2\pi nk/N} \qquad (n = 0, \pm 1, \pm 2, \cdots) \end{aligned}$$

$$(2\text{-}75)$$

于是，由式(2-74)、式(2-75)得到

$$\begin{cases} \widetilde{X}(kf_0) = \dfrac{1}{T_0}\sum_{n=0}^{N-1}\widetilde{x}(nT_s)e^{-j2\pi nk/N} \qquad (k = 0, \pm 1, \pm 2, \cdots) \\ \widetilde{x}(nT_s) = \dfrac{1}{Nf_0}\sum_{k=0}^{N-1}\widetilde{X}(kf_0)e^{j2\pi nk/N} \qquad (n = 0, \pm 1, \pm 2, \cdots) \end{cases} \qquad (2\text{-}76)$$

式(2-76)构成了信号 $x(t)$ 的时、频域采样样本值序列的变换对，因为它们是互为傅里叶级数的关系，故通常称作离散傅里叶级数(DFS)变换对。显然它们也是以 N 为周期的序列，在时、频域的分布区间为 $(-\infty, \infty)$。

2.6.3　离散傅里叶变换(DFT)

对于式(2-76)，将 $0 \sim N-1$ 的取值范围定义为序列的主值区间，而将主值区间的 N 点序列定义为主值序列，且以 $x(n) = \widetilde{x}(nT_s)/T_0$ 和 $X(k)$ 分别表示式中的主值序列，则有

$$\begin{cases} X(k) = \sum_{n=0}^{N-1} x(n) \mathrm{e}^{-\mathrm{j}2\pi nk/N} & (k = 0,1,2,\cdots) \\ x(n) = \dfrac{1}{N} \sum_{n=0}^{N-1} X(k) \mathrm{e}^{\mathrm{j}2\pi nk/N} & (n = 0,1,2,\cdots) \end{cases} \tag{2-77}$$

如图 2-41(i)所示,式(2-77)构成了离散傅里叶变换对,亦可表示为

$$\begin{cases} X(k) = \mathrm{DFT}\big[x(n)\big] \\ x(n) = \mathrm{IDFT}\big[X(k)\big] \end{cases} \tag{2-78}$$

如果令

$$W = \mathrm{e}^{-\mathrm{j}2\pi/N}$$

则式(2-77)可表示为

$$\begin{cases} X(k) = \sum_{n=0}^{N-1} x(n) W^{nk} & (k = 0,1,2,\cdots) \\ x(n) = \dfrac{1}{N} \sum_{n=0}^{N-1} X(k) W^{-nk} & (n = 0,1,2,\cdots) \end{cases} \tag{2-79}$$

以三角函数形式可表示为

$$X(nf_0) = a_n + \mathrm{j}b_n = \frac{2}{T} \sum_{k=0}^{N-1} x(k \cdot \Delta t) \cos(2\pi nf_0 k \cdot \Delta t) \Delta t$$

$$+ \mathrm{j}\frac{2}{T} \sum_{k=0}^{N-1} x(k \cdot \Delta t) \sin(2\pi nf_0 k \cdot \Delta t) \Delta t$$

其中:$\Delta t = \dfrac{1}{F_s}$;$T = N \cdot \Delta t = N \cdot \dfrac{1}{F_s}$;$f_0 = \dfrac{1}{T} = \dfrac{F_s}{N}$。

　　以上分析结果表明,对连续傅里叶变换的改造,将 N 个时域采样点与 N 个频域采样点联系起来,导出了离散傅里叶变换式,建立起时、频域关系,提供了利用数字计算机做傅里叶变换运算的一种数学方法。

　　例 2-10　傅里叶系数的计算。

$$a_n = \frac{2}{T} \sum_{k=0}^{N-1} x(k\Delta t) \cos(2\pi nf_0 k \cdot \Delta t) \Delta t$$

$$b_n = \frac{2}{T} \sum_{k=0}^{N-1} x(k\Delta t) \sin(2\pi nf_0 k \cdot \Delta t) \Delta t$$

2-DFT

MATLAB 代码示例如下:

```
Fs=5120; N=1024; dt=1.0/Fs; T=dt*N;
t=linspace(0,T,N);
x=square(2*3.14*50*t);
subplot(2,1,1); plot(t,x,'linewidth',1);
ylim([-1.25,1.25]); grid('on');
f=linspace(0,Fs,N);
A=zeros(1,N); f0=Fs/N; cc=2*Fs/N;
for kk=1:N
  ff=(kk-1)*f0; am=0; bm=0 ;
```

```
    for k=1:N
    am=am+x(k)*cos(2*pi*ff*k*dt)*dt;
    bm=bm+x(k)*sin(2*pi*ff*k*dt)*dt ;
    end
    re=cc*am; im=cc*bm;
    A(kk)=sqrt(re*re+im*im);
end
subplot(2,1,2);plot(f,A,'linewidth',1);
ylim([0,1.3]); xlim([0,2500]); grid('on');
```

运行结果如图 2-44 所示。

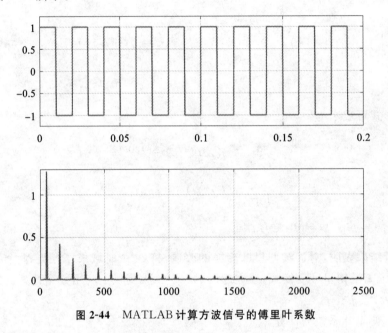

图 2-44　MATLAB 计算方波信号的傅里叶系数

2.6.4　快速傅里叶变换(FFT)

　　快速傅里叶变换(FFT)是一种减少 DFT 计算时间的算法。在此之前,虽然 DFT 为离散信号的分析从理论上提供了变换工具,但是很难实现,因为计算时间很长。例如,对采样点 N =1000,DFT 算法运算量约需 200 万次,而 FFT 仅约需 1.5 万次,可见 FFT 方法大大地提高了运算效率。因此,FFT 方法于 1965 年由美国库利((J. W. Cooley)和图基(J. W. Tukey)首先提出时,曾被认为是信号分析技术划时代的进步。FFT 算法有多种变型,其实现算法很多,但每种变型的建立,多是考虑了被分析数据的特性,或者利用计算机特性,或者利用专用计算机 FFT 硬件特性等。FFT 的典型形式为库利-图基算法,由于是对时间序列 $x(n)$ 进行分解,因此又常称为时间抽取(decimation in time)。另一种方法称为桑德-图基法,与上相反,是对 $X(k)$ 作频率分解,因此又称为频率抽取。

　　FFT 算法仍在发展之中,新的 FFT 方法不断出现,例如,美国 Rader 提出的 NFFT 算法;美国 Winorgrad 提出的 WFTA 算法;法国 Nussbaumer 提出的 PFTA 算法等,都可谓为 FFT 方法的发展,它们在计算速度方面都有不同程度的提高。例如,当 N=1000 时,所需乘法加法次数大致为：DFT,200 万次；FFT,1.5 万次；NFFT,0.8 万次；WFTA,0.35 万次；PFTA,0.3 万次。

例 2-11　在 DFT 公式中,cos 和 sin 有很多重复的计算。cos/sin 操作消耗的时间比加减乘除多。a_i 部分如下：

$$a_1 = x(0)\cos(2\pi f_0 0\Delta t) + x(1)\cos(2\pi f_0 1\Delta t) + x(2)\cos(2\pi f_0 2\Delta t)$$
$$+ x(3)\cos(2\pi f_0 3\Delta t) + \cdots$$

$$a_2 = x(0)\cos(2\pi 2f_0 0\Delta t) + x(1)\cos(2\pi 2f_0 1\Delta t) + x(2)\cos(2\pi 2f_0 2\Delta t)$$
$$+ x(3)\cos(2\pi 2f_0 3\Delta t) + \cdots$$

$$a_3 = x(0)\cos(2\pi 3f_0 0\Delta t) + x(1)\cos(2\pi 3f_0 1\Delta t) + x(2)\cos(2\pi 3f_0 2\Delta t)$$
$$+ x(3)\cos(2\pi 3f_0 3\Delta t) + \cdots$$

$$\vdots$$

$$a_n = x(0)\cos(2\pi nf_0 0\Delta t) + \cdots$$

FFT 是一种高效计算 DFT 的方法,它通过选择和排列中间结果来减少计算量。DFT 和 FFT 计算速度比较：DFT 算法 9 s 内呼应 100 次,FFT 算法 1 s 内呼应 50000 次。

例 2-12　采用 FFT 计算幅值谱和相位谱。相应 MATLAB 程序如下：

```
Fs=5120; N=1024;
dt=1.0/Fs; T=dt*N;
t=linspace(0,T,N);
x=10*sin(2*3.14*100*t)+3*sin(3*2*3.14*100*t);
subplot(3,1,1); plot(t,x);
y=fft(x,N);
% N/2, Amplitude be corrected
A1=abs(y)/(N/2);
Q1=angle(y)*180/pi;
% f, x axis
f=linspace(0,Fs/2,N/2);
subplot(3,1,2);
% 0- N/2, only positive frequency
plot(f,A1(1:N/2));
subplot(3,1,3);
plot(f,Q1(1:N/2));
```

2-waveFFT

运行结果如图 2-45 所示。

例 2-13　采用 FFT 计算功率谱。相应 MATLAB 程序如下：

```
Fs=5120; N=1024;
dt=1.0/5120.0; T=dt*N;
t=linspace(0,T,N);
x=10*sin(2*3.14*100*t)+sin(3*2*3.14*100*t);
subplot(3,1,1); plot(t,x);
```

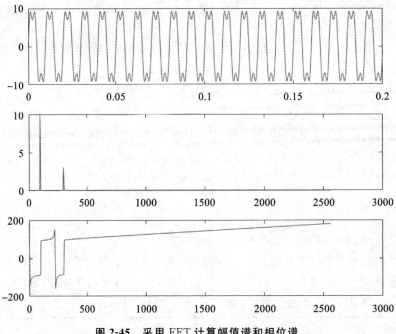

图 2-45　采用 FFT 计算幅值谱和相位谱

```
y=fft(x,N);
f=linspace(0,Fs/2,N/2);
A1=abs(y)/(N/2);
A2=A1.^2;
P2 =20* log10(A2);
subplot(3,1,2); plot(f,A2(1:N/2));
subplot(3,1,3); plot(f,P2(1:N/2));
```

运行结果如图 2-46 所示。

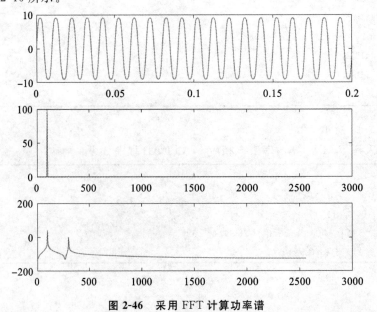

图 2-46　采用 FFT 计算功率谱

2.6.5 FFT 算法的应用

由以上分析可知,FFT 是实施 DFT 的一种快速算法。可以认为,DFT 是一个周期离散时间序列与一个周期离散频域序列的组合,它们是通过有限求和的过程联系起来的,这种求和过程可借助 FFT 算法并利用计算机来完成,这就提供了一种快速频谱分析方法。FFT 算法可直接用来处理离散信号数据,也可用于对连续时间信号分析的逼近。FFT 算法的具体应用主要有 FT 近似运算、谐波分析、快速卷积运算、相关运算、功率谱密度分析等几个方面。

1. FT 近似运算

例如,单边指数函数 $x(t) = \mathrm{e}^{-t}u(t)$,图 2-47 所示为其 DFT 图形,这个图形是按下列步骤得到的:

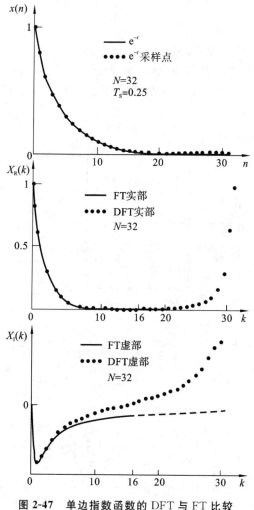

图 2-47　单边指数函数的 DFT 与 FT 比较

(1) 时域采样,设 $N=32$, $T=0.25$ s,得到每个采样点值 $x(n)$;

(2) 用 FFT 方法计算;

$$X(k) = \sum_{n=0}^{N-1} x(n)\mathrm{e}^{-\mathrm{j}2\pi nk}$$

$X(k)$ 是由实部 $X_{\mathrm{R}}(k)$ 和虚部 $X_{\mathrm{I}}(k)$ 组成的复数,即

$$X(k) = X_R(k) + jX_I(k)$$

由此可求得幅值谱与相位谱：

$$|X(k)| = \sqrt{X_R^2(k) + X_I^2(k)}$$

$$\varphi(k) = \arctan X_I(k)/X_R(k)$$

图 2-47 中的实线为连续傅里叶变换结果，点线是 DFT 计算结果，可见 DFT 是 FT 的逼近，其实部 $X_R(k)$ 是偶函数，在频域 $k = N/2$ 处对称，在 $k > N/2$ 时则代表了负频率点处理的结果；而虚部 $X_I(k)$ 为奇函数，$k > N/2$ 部分是负频率处理结果。在低频率点有较好的逼近，而高频率处误差较大，这是频混与截断时的能量泄漏所导致的。

2. 谐波分析

例如，将 DFT 用于周期方波的谐波分析，需要计算

$$X(k) = \sum_{n=0}^{N-1} x(n) e^{-j2\pi nk/N}$$

以得到各次谐波系数值，如图 2-48 所示。对方波进行时域采样，采样点数 $N = 32$，用 FFT 算法计算，可以看出，在 $k = N/2$ 点处对称，低次谐波比较逼近，而高次谐波有误差，这是由于频率混叠效应所致。虽然可以通过提高采样率来减小这一误差，但不可能完全避免，这是因为周期方波的频带很宽。

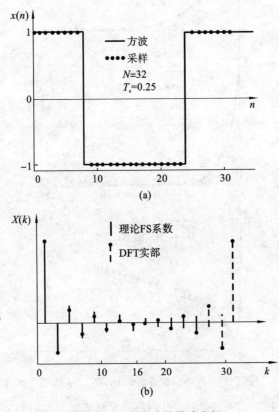

图 2-48　周期方波的谐波分析

3. 快速卷积运算

用 FFT 算法可以实现离散卷积运算过程。离散卷积与连续时间系统的卷积具有相同的含义，当描述离散时间系统的输出、输入关系时，输出 $y(n)$ 是输入 $x(n)$ 与系统单位脉冲响应

$h(n)$的卷积,即

$$y(n) = \sum_{m=-\infty}^{\infty} x(m)h(n-m) = x(n) * h(n)$$

　　或

$$y(n) = \sum_{m=-\infty}^{\infty} h(m)x(n-m) = h(n) * x(n) \tag{2-80}$$

其运算过程包括反折、平移、求积、取和四个步骤,是两个有限序列 $x(n)$ 与 $h(n)$ 的时域线卷积运算,如图 2-49 所示,其中

$$y(0) = 1 \times 4 = 4$$
$$y(1) = 1 \times 3 + 2 \times 4 = 11$$
$$y(2) = 1 \times 2 + 2 \times 3 + 3 \times 4 = 20$$
$$\vdots$$

可见,卷积运算过程也是很烦琐的。当序列 $x(n)$ 与 $h(n)$ 的样本点数分别为 N_1、N_2 时,其乘法运算次数为 $N_1 \times N_2$。显然,当采样点数较大时,即使在电子计算机上运算,无论是计算时间还是计算所需存贮量,都比较大。

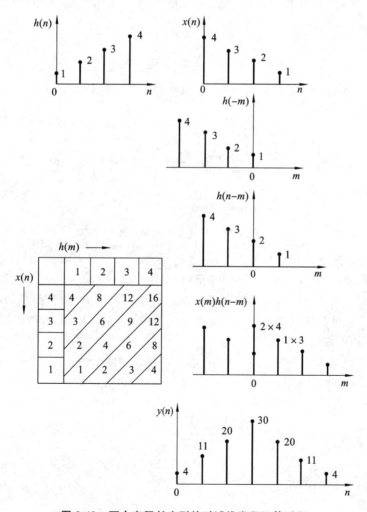

图 2-49　两个有限长序列的时域线卷积运算过程

　　同样,依据傅里叶变换的时域卷积定理,两个周期为 N 的时域采样函数,它们的卷积的离散傅里叶变换等于它们的离散傅里叶变换的乘积,即

$$\sum_{m=0}^{N-1} x(m)h(n-m) \Longleftrightarrow X(k)H(k)$$

或

$$x(n) * h(n) \Longleftrightarrow X(k)H(k) \tag{2-81}$$

运用这一定理,可以对两个时域周期序列 $x(n)$ 与 $h(n)$ 分别计算离散傅里叶变换,再将结果相乘,然后计算乘积的离散傅里叶逆变换,即可得到两个时域周期序列的卷积。这一定理为用快速傅里叶变换计算时域卷积提供了依据。

　　图 2-50 表示了快速卷积运算过程,共包括三个步骤:(1)利用 FFT 算法算出两个信号的 DFT;(2)在各频率点处,两信号的变换值相乘;(3)再一次运用 FFT 算法,计算变换式乘积的反变换。实现这一过程共需两次 FFT 和一次 IFFT 运算,相当于 3 次 FFT 运算。在一般的有限冲激响应(finite impulse response,简称 FIR)数字滤波器中,由 $h(n)$ 求得 $H(k)$ 这一步是预先设计好的,数据已置于存储器中,故实际只需两次 FFT 的运算量。如果假定 $N_1 = N_2 = N$,则需要 $2\left(\dfrac{N}{2} \log_2 N\right)$ 次复数乘法运算。此外,完成 $X(k)$ 与 $H(k)$ 两序列相乘,还需做 N 次复乘,全部运算次数为

$$2\left(\frac{N}{2} \log_2 N\right) + N = N(1 + \log_2 N)$$

显然,随着 N 值增大,此数字比 N^2 显著减小,因此,卷积运算可以用 FFT 方法实现并显著减小了计算量。

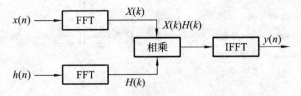

图 2-50　快速卷积运算过程

　　需要注意的是,实现快速卷积算法中,由于利用了 DFT 分析,即时域和频域都是周期性离散数据,当对它们做周期卷积(或称圆卷积)运算时,将出现一种周期数据之间的迭代求和的现象,这给计算结果带来一种所谓的环绕误差。避免环绕误差的方法是对 $x(n)$ 与 $h(n)$ 分别在尾部填补零值点,也就是使其周期加倍。如果 $x(n)$ 与 $h(n)$ 长度相等,则都加长 N 点。

　　快速卷积过程可按如下步骤进行:

　　(1)用补零的方法修正 $x(n)$ 和 $h(n)$,以避免环绕误差的出现;

　　(2)利用 FFT 算法计算两个函数修正后的 DFT,得到 $X(k)$ 与 $H(k)$;

　　(3)将 $X(k)$ 与 $H(k)$ 相乘,得到

$$Y(k) = X(k)H(k)$$

　　(4)利用 FFT 算法,计算出 $Y(k)$ 的 IDFT,即

$$y(n) = \text{IDFT}[Y(k)]$$

此即所求的 $x(n)$ 与 $h(n)$ 的卷积。

4. 相关运算

　　相关函数的数值计算方法有时域直接计算与 FFT 快速算法。直接计算方法是依据下述

定义进行的,即互相关函数(在数字信号分析中,一般常用符号 r 表示):

$$r_{xy}(m) = \frac{1}{N}\sum_{n=0}^{N-1}x(n)y(n-m) \tag{2-82}$$

自相关函数:

$$r_{x}(m) = \frac{1}{N}\sum_{n=0}^{N-1}x(n)x(n-m) \tag{2-83}$$

这种计算方法与卷积运算类同(卷积多一个时间反折),也是一个乘、加序列,所需计算工作量很大。

相关函数的 FFT 快速算法,依据的是维纳-欣钦定理(Wiener-Khinchine theorem),即自相关函数或互相关函数可以由功率谱密度或互谱密度函数来求得。计算过程如图 2-51 所示。

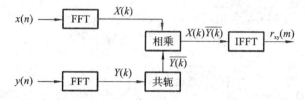

图 2-51　相关函数的 FFT 计算方法

其步骤包括:

(1) 对时间序列 $x(n)$、$y(n)$ 做 FFT 分析,得到复频谱 $X(k)$ 与 $Y(k)$;

(2) 对 $X(k)$ 与 $Y(k)$ 做共轭乘积,得到

$$S_{xy}(k) = \frac{X(k)\overline{Y(k)}}{N} \tag{2-84}$$

或当 $x(n)$ 与 $y(n)$ 相同时,得到自功率谱密度

$$S_{x}(k) = \frac{1}{N}\,|X(k)|^{2} \tag{2-85}$$

(3) 做 IFFT 分析,从功率密度获得相关函数,即

$$r_{xy}(m) = \text{IFFT}[S_{xy}(k)]$$

$$r_{x}(m) = \text{IFFT}[S_{x}(k)]$$

尽管这种方法是一种迂回的方法,但它比直接时域计算方法快 5~100 倍。

当运用 FFT 方法计算相关函数时,也必须注意环绕误差(类似于圆卷积中的误差)的影响,解决方法也是对时间序列 $x(n)$ 与 $y(n)$ 补零扩展。

5. 功率谱密度分析

传统谱分析方法,是基于傅里叶变换的分析方法,包括相关函数法与周期图法。相关函数法是 1958 年由布莱克曼(Blackman)和图基(Tukey)提出的一种实用算法,又称 BT 法。它是通过统计分析,从时域上先求信号的自相关函数,再做傅里叶变换,求得功率谱估计值。周期图法是直接将数据进行傅里叶变换,再取其幅度平方,得到信号的功率谱密度,此法是在 1965 年由库利和图基提出的 FFT 方法问世以后被用于谱估计中的。

通常,一个随机信号在各时间点上的值是不能先验确定的,它的每个样本往往是不同的,因此无法用数学式或图表精确表示出来,而只能用各种统计平均量来加以表征。其中,自相关量作为时移的函数最能较完整地表征随机信号的特定统计平均量值。而一个随机信号的功率谱密度,正是自相关函数的傅里叶变换。对于随机信号来讲,它本身的傅里叶变换是不存在的,只能用功率谱密度来表征它的统计平均谱特性。因此,功率密度是随机信号的一种最重要的表征形式。如果要求在统计意义下了解一个随机信号,就要知道它的功率谱密度。

根据相关定理与维纳-欣钦定理,易证明随机信号序列 $x(n)$ 的功率谱密度:

$$S_x(k) = \lim_{N \to \infty} \frac{1}{N} |X(k)|^2 \tag{2-86}$$

其估计值为

$$\hat{S}_x(k) = \frac{1}{N} |X(k)|^2 \tag{2-87}$$

式中:

$$X(k) = \sum_{n=0}^{N-1} x(n) e^{-j2\pi nk/N} \qquad (k = 0, 1, \cdots, N-1)$$

如果观察到序列 $x(n)$ 的 N 个值,即 $x(0), x(1), \cdots, x(N-1)$,就可以通过 FFT 直接求得 $X(k)$,再按式(2-87)求得 $S_x(k)$ 的估计值,其计算过程如图 2-52 所示。

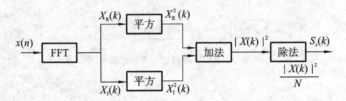

图 2-52　周期图法计算功率谱密度流程

由于序列 $x(n)$ 的离散傅里叶变换 $X(k)$ 具有周期函数的性质,因此把它称为长度为 N 的实平稳随机信号序列 $x(n)$ 的周期图。显然,用周期图表示随机信号的功率谱估值,只需对信号序列本身做 DFT 运算,然后取其绝对值的平方,再进行该序列长度范围的平均。因此,采用 FFT 算法,很容易直接估计一个实随机序列的功率谱密度的近似值,而一个估计方法的好坏,取决于它的估值与功率谱真值之间的误差。

分析表明,当用周期图法做谱估计时,存在两个主要问题,即功率谱密度的统计变异性和能量泄漏问题,前者是统计误差,是由于在功率谱测量中收集的数据数量有限而引起的不确定度;而后者则是谱分析中所固有的,它将造成估计的偏度误差。因此,实际中往往在处理技术上采取措施,对周期图法进行修改,以达到尽量减小估计误差的目的。其方法是:(1)采取平均化处理方法,以减少统计变异性;(2)采用加窗处理方法,以减少泄漏。

以上两种传统方法本质上是一样的,都认为有限长的数据段可以看作对无限长的取样序列给予加窗截断后的结果。不论是数据加窗,还是自相关函数加窗,在频域内都会发生泄漏现象,即功率谱主瓣内的能量泄漏到旁瓣内,这样,弱信号的主瓣很容易被强信号的旁瓣所淹没或歪曲,造成频谱的模糊与失真。为了降低旁瓣,很多研究者将注意力集中在窗口函数的形式和窗口函数的处理方法(分段平均)上,但是所有旁瓣抑制技术,都是以损失谱分辨率为代价的。而在谱分析应用中,频率分辨率却与低旁瓣一样是重要指标,有时甚至是更重要的性能指标,这样,解决高分辨率与低旁瓣的矛盾就成为谱分析中一大难题。此外,采用传统谱估计方法,只有观测数据较长,即数据采样点数较多时,才能得到较高的谱估计精度,这样一来,不仅增加了数据处理工作量,而且对于工程技术及科学研究中的短记录数据或瞬变信号等显然无能为力。正是在这一背景下,出现了现代谱分析方法、最大熵谱分析方法。

2.7　FFT 算法的误差分析

2.7.1　信号的截断

数字信号处理的主要数学工具是傅里叶变换。应注意到,傅里叶变换是研究整个时间域和频率域的关系。然而,运用计算机进行工程测试信号处理时,不可能对无限长信号进行运算,而是取其有限的时间间隔(时间窗)进行分析,这就需要进行截断。截断方法就是将无限长的信号乘以窗函数(window function)。这里"窗"的含义是透过窗口能够观测到整个信号的一部分,其余部分被遮蔽(视为零)。如图 2-53 所示,余弦信号 $x(t)$ 在时域分布为无限长 $(-\infty,\infty)$,当用矩形窗函数 $\omega(t)$ 与其相乘时,得到截断信号 $x_T(t)=x(t)\omega(t)$。根据傅里叶变换关系,余弦信号的频谱 $X(\omega)$ 是位于 ω_0 处的 δ 函数,而矩形窗函数 $\omega(t)$ 的谱为 $\mathrm{Sinc}(\omega)$ 函数,按照频域卷积定理,则截断信号 $x_T(t)$ 的谱 $X_T(\omega)$ 应为

$$X_T(\omega)=\frac{1}{2\pi}X(\omega)*W(\omega)$$

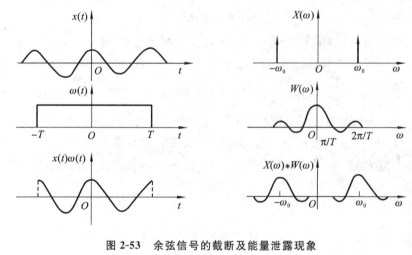

图 2-53　余弦信号的截断及能量泄露现象

2-能量泄
露效应

2.7.2　能量泄露效应

将截断信号的频谱 $X_T(\omega)$ 与原始信号的频谱 $X(\omega)$ 相比较可知,它已不是原来的两条谱线,而是两段振荡的连续谱。这表明原来的信号被截断以后,其频谱发生了畸变,原来集中在 ω_0 处的能量被分散到两个较宽的频带中去了,这种现象称为能量泄漏(energy leakage)。

信号截断以后产生能量泄漏现象是必然的。因为窗函数 $\omega(t)$ 是一个频带无限的函数,所以即使原信号 $x(t)$ 是限带信号(频域有限),截断以后它也必然成为无限带宽的函数,即信号在频域的能量分布被扩展了。又从采样定理可知,无论采样频率多高,只要信号一经截断,就不可避免地引起混叠,因此信号截断必然导致一些误差,这是信号分析中不容忽视的问题。

如果增大截断长度 T,即矩形窗口加宽,则窗函数频谱 $W(\omega)$ 将被压缩变窄(π/T 减小)。虽然理论上其频谱范围仍为无限宽,但实际上中心频率以外的频率分量衰减较快,因而泄漏误差将减小。当窗口宽度 T 趋于无穷大时,$W(\omega)$ 将变为 $\delta(\omega)$ 函数,而 $\delta(\omega)$ 与 $X(\omega)$ 的卷积仍为 $X(\omega)$。这表明,如果窗口无限宽,即不截断,就不存在泄漏误差。

能量泄漏与窗函数频谱的两侧旁瓣有关。如果使窗函数频谱旁瓣的高度趋于零，而使能量相对集中在主瓣，则截断信号频谱就较接近于原始信号的真实频谱。为此，在时间域中可采用不同的窗函数来截断信号。

2.7.3　栅栏效应

如前几节所述，为了在计算机中计算和显示频谱，我们必须对频谱中的频率进行离散化。如果频谱峰值与采样频率不一致，我们只能取相邻频率的谱值，如图 2-54 所示，其效果如同透过栅栏的缝隙观看外景一样，只有落在缝隙间的少数景象被看到，其余景象均被栅栏挡住而视为零，这种现象称为栅栏效应。

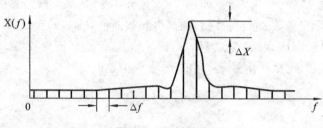

图 2-54　栅栏效应

例 2-14　MATLAB 验证栅栏效应。栅栏效应可以用以下 MATLAB 代码演示。为提高计算效率，通常使用 FFT 计算频谱，设数据点数为 $F_s = 5120$，采样间隔点数为 $N = 1024$，则采样信号间隔时间为 $T = \dfrac{1}{F_s} \cdot N = 0.2 \ \text{s}$，频率为 $\Delta f = 5 \ \text{Hz}$。从图 2-55 所示的频谱中，我们可以观察到 500 Hz 处的幅值分布与原信号相匹配，而 102 Hz 处的幅值分布与原信号之间存在偏差，发生了频谱泄露。受数据点个数影响，Δf 是 500 的约数却不是 102 的约数，使得 500 Hz 处有谱线存在，但在 102 Hz 处没有谱线存在，使测量结果偏离实际值，同时在实际频率点的能量分散到两侧的其他频率点上，出现了假谱。

```
Fs=5120;  N=1024;
dt=1.0/5120.0; T=dt*N;    %df=5 Hz
t=linspace(0,T,N);
x1=sin(2*3.14*102*t);
x2=sin(2*3.14*500*t);
x=x1+x2;
subplot(2,1,1); plot(t,x,'linewidth',1);
xlim([0,0.1]); ylim([-2.5,2.5]);grid('on');
f=linspace(0,Fs,N);
y=fft(x,N);
A1=abs(y)/(N/2);
subplot(2,1,2); plot(f,A1,'linewidth',1);
ylim([0,1.25]); xlim([0,2500]); grid('on');
```

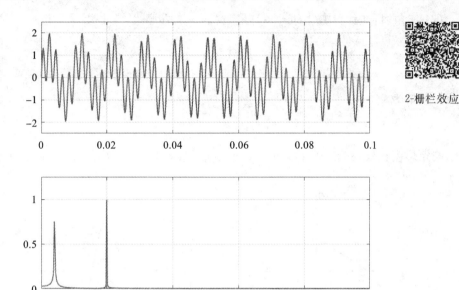

图 2-55　MATLAB 验证栅栏效应

2.7.4　窗函数

实际应用的窗函数,可分为以下主要类型。

(1) 幂窗:采用时间变量某种幂次的函数,如矩形、三角形、梯形或其他时间(t)的高次幂。

(2) 三角函数窗:应用三角函数,即正弦或余弦函数等组合成复合函数,例如汉宁窗、海明窗等。

(3) 指数窗:采用指数时间函数,如 $e^{-\alpha t}$ 形式,例如高斯窗等。

下面介绍几种常用窗函数的性质和特点。

(1) 矩形窗,属于时间变量的零次窗,函数形式为

$$\omega(t) = \begin{cases} \dfrac{1}{T}, & |t| \leqslant T \\ 0, & |t| > T \end{cases} \tag{2-88}$$

相应的窗函数频谱为

$$W(\omega) = \frac{2\sin(\omega T)}{\omega T} \tag{2-89}$$

矩形窗应用最多,习惯上不加窗就是使信号通过了矩形窗。这种窗的优点是主瓣比较集中,缺点是旁瓣较高,并有负旁瓣(见图 2-56),导致变换中带进了高频干扰和泄漏,甚至出现负谱现象。

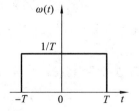 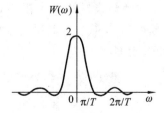

图 2-56　矩形窗

（2）三角窗，亦称费杰（Fejer）窗，是幂窗的一次方形式，其定义为

$$\omega(t) = \begin{cases} \dfrac{1}{T}\left(1 - \dfrac{|t|}{T}\right), & |t| \leqslant T \\ 0, & |t| > T \end{cases} \tag{2-90}$$

窗函数频谱为

$$W(\omega) = \left[\dfrac{2\sin(\omega T/2)}{\omega T/2}\right]^2 \tag{2-91}$$

与矩形窗比较，三角窗主瓣宽约等于矩形的两倍，但旁瓣小，而且无负旁瓣，如图 2-57 所示。

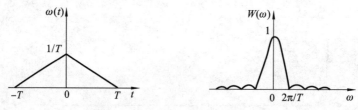

图 2-57　三角窗

（3）汉宁（Hanning）窗，又称升余弦窗，其时间函数为

$$\omega(t) = \begin{cases} \dfrac{1}{T}\left[\dfrac{1}{2} + \dfrac{1}{2}\cos\left(\dfrac{\pi t}{T}\right)\right], & |t| \leqslant T \\ 0, & |t| > T \end{cases} \tag{2-92}$$

其频谱为

$$W(\omega) = \dfrac{\sin(\omega T)}{\omega T} + \dfrac{1}{2}\left[\dfrac{\sin(\omega T + \pi)}{\omega T + \pi} + \dfrac{\sin(\omega T - \pi)}{\omega T - \pi}\right] \tag{2-93}$$

从式（2-93）可以看出，汉宁窗可看作 3 个矩形窗的频谱之和，或者说是 3 个 $\mathrm{Sinc}(t)$ 型函数之和，而中括号中的两项相对于第一个窗函数频谱向左、右各移动了 π/T，从而使旁瓣互相抵消，消去高频干扰和泄漏，汉宁窗的频谱如图 2-58 所示。

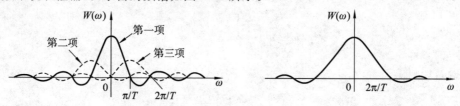

图 2-58　汉宁窗

图 2-59 表示汉宁窗与矩形窗的频谱图对比，图 2-59（a）所示为 $W(\omega)$-ω 关系，图 2-59（b）所示为相对幅度（相对于主瓣衰减）-$\log\omega$ 关系。可以看出，汉宁窗主瓣加宽（第一个零点在 $2\pi/T$ 处）并降低，旁瓣则显著减小。第一个旁瓣衰减 -32 dB，而矩形窗第一个旁瓣衰减 -13 dB。此外，汉宁窗的旁瓣衰减速度也更高，约为 60 dB/(10 oct)，而矩形窗的为 20 dB/(10 oct)。由以上比较可知，从减小泄漏观点出发，汉宁窗优于矩形窗，但汉宁窗主瓣加宽，相当于分析带宽加宽，频率分辨力下降。

（4）海明（Hamming）窗，也是余弦窗的一种，又称改进的升余弦窗，其时间函数为

$$\omega(t) = \begin{cases} \dfrac{1}{T}\left[0.54 + 0.46\cos\left(\dfrac{\pi t}{T}\right)\right], & |t| \leqslant T \\ 0, & |t| > T \end{cases} \tag{2-94}$$

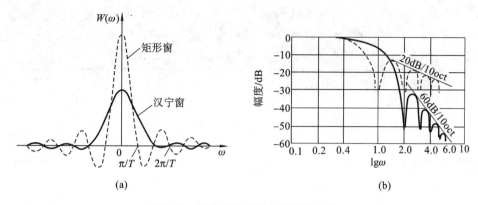

图 2-59 汉宁窗与矩形窗频谱图对比

其频谱为

$$W(\omega) = 1.08 \frac{\sin(\omega T)}{\omega T} + 0.46 \left[\frac{\sin(\omega T + \pi)}{\omega T + \pi} + \frac{\sin(\omega T - \pi)}{\omega T - \pi} \right] \tag{2-95}$$

海明窗与汉宁窗都是余弦窗，只是加权系数不同。海明窗的加权系数能使旁瓣达到更小。分析表明，海明窗的第一旁瓣衰减为 -42 dB。海明窗的频谱也是由 3 个矩形窗的频谱合成，但其旁瓣衰减速度为 20 dB/(10 oct)，这比汉宁窗的旁瓣衰减速度更低。海明窗与汉宁窗都是很有用的窗函数。

（5）高斯窗，是一种指数窗。其时域函数为

$$\omega(t) = \begin{cases} \dfrac{1}{T} e^{-\alpha t^2}, & |t| \leqslant T \\ 0, & |t| > T \end{cases} \tag{2-96}$$

式中：α 为常数，决定了函数曲线衰减的快慢。α 值如果选取适当，可以使截断点（T 为有限值）处的函数值比较小，则截断造成的影响就比较小。高斯窗谱无负的旁瓣，第一旁瓣衰减达 -55 dB。高斯窗频谱的主瓣较宽，故而频率分辨力低，高斯窗函数常被用来截断一些非周期信号，如指数衰减信号等。

除了以上几种常用窗函数以外，尚有多种窗函数，如帕仁（Parzen）窗、布拉克曼（Blackman）窗、凯塞（Kaiser）窗等。

表 2-1 列出了五种典型窗函数的性能特点。

表 2-1 典型窗函数的性能特点

窗函数类型	-3 dB 带宽	等效噪声带宽	旁瓣幅度/dB	旁瓣衰减速度 /(dB/(10 oct))
矩形	$0.89B$	B	-13	-20
三角形	$1.28B$	$1.33B$	-27	-60
汉宁	$1.20B$	$1.23B$	-32	-60
海明	$1.30B$	$1.36B$	-42	-20
高斯	$1.55B$	$1.64B$	-55	-20

注：B 表示矩形窗函数等效噪声带宽的值。

关于窗函数的选择，应考虑被分析信号的性质与处理要求，如果仅要求精确读出主瓣频率，而不考虑幅值精度，则可选用主瓣宽度比较窄而便于分辨的矩形窗，例如测量物体的自振

频率等；如果分析窄带信号，且有较强的干扰噪声，则应选用旁瓣幅度小的窗函数，如汉宁窗、三角窗等；对于随时间按指数衰减的函数，可采用指数窗来提高信噪比。

例 2-15　MATLAB 验证窗函数。具体 MATLAB 代码如下：

```
Fs=5120; N=1024; dt=1.0/5120.0;
T=dt*N; t=linspace(0,T,N);
x=10*sin(2*3.14*102*t);
subplot(5,1,1);
plot(t,x,'linewidth',1);
f=linspace(0,Fs/2,N/2);
y=fft(x,N);   A1=abs(y)/(N/2);
subplot(5,1,2);
plot(f,A1(1:N/2),'linewidth',1);
w=flattopwin(N); w1=w';
subplot(5,1,3);
plot(t,w1,'linewidth',1);
z=w1.*x;
subplot(5,1,4);
plot(t,z,'linewidth',1);
y1=fft(z,N); A2=4.545*abs(y1)/(N/2);
subplot(5,1,5);
plot(f,A2(1:N/2),'linewidth',1);
```

运行结果如图 2-60 所示。

2-窗函数
的特性与
作用

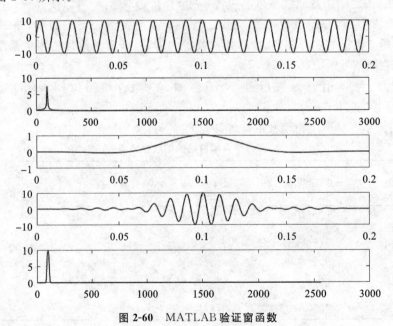

图 2-60　MATLAB 验证窗函数

2.8　频域分析的应用

频域分析是一种将复噪声信号分解为较简单信号的技术。许多物理信号均可以表示为几个不同频率简单信号的和。找出一个信号在不同频率下的信息(可能是幅度、功率、强度或相位等)的做法就是频谱分析,主要用于识别信号中的周期分量,是信号分析中最常用的方法。相关应用举例如下。

1. 汽车加速度消声器的谱阵分析

汽车噪声对人类造成的危害极大,严重污染城市环境,影响人们的工作、生活和健康。噪声控制不仅关系到人们乘坐的舒适性,还关系到环境的保护。发动机噪声是汽车噪声的主要组成成分,由多种声源发出的噪声组合而成,主要包括空气动力性噪声和结构噪声。空气动力性噪声主要包括进气噪声、排气噪声、增压器和风扇引起的气流噪声等;结构噪声主要是结构受到燃烧激振力和机械激振力的作用,产生表面振动而形成的噪声。在发动机噪声源中,排气噪声约占总噪声的 30%,是所有噪声源中所占比例最大的一个,比其他的整机噪声高出 10～15 dB。汽车消声器种类很多,其消声原理也不尽相同,可主要分为阻性消声器、抗性消声器、阻抗复合式消声器、微穿孔板消声器、小孔消声器和有源消声器等。对消声器进行谱阵分析(见图 2-61)有利于人们根据实际应用场景对消声器进行设计、选型与结构优化。

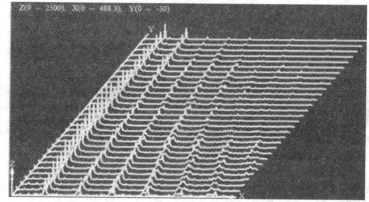

2-汽车
消声器
共振实验

图 2-61　汽车加速度消声器的谱阵分析

2. 数控机床振动测量

数控机床是现代制造业的关键设备,一个国家数控机床的产量和技术水平在某种程度上就代表这个国家的制造业水平和竞争力。为了获得加工精度及加工效率都比较高的数控机床,在其研发过程中就必须考虑机床的振动问题。尤其对于主轴最高转速达到 2000～40000 r/min,最高进给速度达到 120 m/min,加工精度达到微米甚至纳米级的高档数控机床,机床振动分析与振动抑制就显得尤为重要。数控机床整机振动测量可以评价机床的抗振性能以及检验振动分析的正确性,是解决数控机床振动问题的一个重要技术手段。测量的内容主要包括固有频率(见图 2-62)、阻尼比、模态振型、动刚度与振动响应特性等。

2-数控
加工现场

3. 桥梁振动频率分析

随着社会发展,人们经济水平不断提高,各种车辆数量增加迅猛,公路行驶

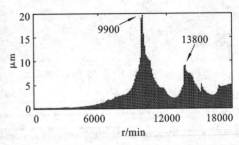

图 2-62　机器固有频率测量

交通压力逐渐加大,车辆超载造成单轴载荷增大,对桥梁的危害越来越大。桥梁长期处于超负荷工作状态。为保证桥梁的安全运营,桥梁检测极为重要,是关系着正确评价桥梁运行状态和通行能力的重要工作,而桥梁的振动频率分析则是桥梁状态评估的重要手段之一。利用动态测量得到的频域信号,可以评测新建桥梁的振动特性和模态参数(固有频率、阻尼、振型等),也可以对老桥进行承载能力(可运营时间、限载车重或轴重等)的评估。

4. 鸟鸣频谱分析和过滤

鸟类生态学研究中,通过记录和识别鸟鸣来评估鸟类丰富度和多样性是一种十分有用的途径。目前已有许多自动化记录装置和识别软件,可通过监测鸟鸣并进行频谱分析来分辨其类别,可有效提高生态学研究的效率。图 2-63 所示为白胸翡翠鸣叫声频谱的滤波前后对比。

白胸翡翠

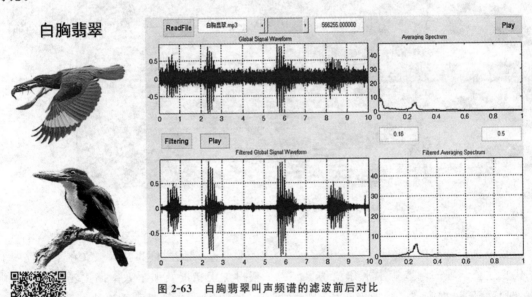

图 2-63　白胸翡翠叫声频谱的滤波前后对比

2-白胸翡翠
叫声频谱

习　　题

2-1　论述周期信号与非周期信号频谱的各自特点。

2-2　解释信号离散化过程中的混叠、泄露和栅栏效应,并说明如何防止这些现象的产生。

2-3　简要说明窗函数对截断信号频谱的影响。

2-4　何为采样定理?何为奈奎斯特频率?如何避免采样信号发生频域混叠失真现象?

2-5　如题图 2-1 所示,求周期三角波的傅里叶级数三角函数与复指数函数展开形式,并绘制频谱图。

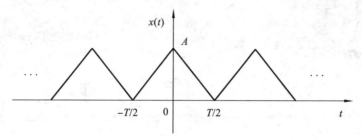

题图 2-1

2-6　求符号函数(见题图 2-2(a))和单位阶跃函数(见题图 2-2(b))的频谱。

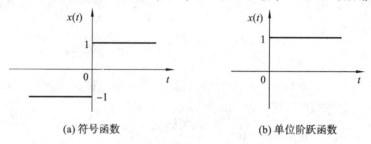

(a) 符号函数　　　　　　　　　　　(b) 单位阶跃函数

题图 2-2

2-7　求指数衰减信号 $x(t) = x_0 \mathrm{e}^{-at} \sin(\omega_0 t + \varphi_0)$ 的频谱。

2-8　求被截断的余弦函数 $\cos\omega_0 t$(见题图 2-3)的傅里叶变换,并运用傅里叶变换性质分析截断对信号频谱的影响。

$$x(t) = \begin{cases} \cos\omega_0 t, & |t| < t \\ 0, & |t| \geqslant t \end{cases}$$

题图 2-3

2-9　已知 $x(n)$ 是长度为 N 的有限长序列,$\mathrm{DFT}[x(n)] = X(k)$,将数据补零,长度扩大一倍,得到长度为 $2N$ 的有限长序列 $y(n)$。试分析 $\mathrm{DFT}[y(n)]$ 与 $X(k)$ 的关系,讨论补零对信号频谱的作用规律。

2-Piano-spectrum

2-《筑梦》改进

第3章

信号的幅值域分析

以信号的幅值为横坐标所作的各种处理称为信号的幅值域分析,主要包括:概率密度曲线、直方图和概率分布曲线等。在旋转机械运行状态监测中,可以通过振动信号的幅值域分析,判断机器运转是否正常;在力学实验中,可以通过幅值域分析,进行疲劳损伤估计。

3.1 信号的概率密度函数与直方图

概率密度函数分析是以幅值大小为横坐标,以每个幅值间隔内出现的概率为纵坐标进行统计分析的方法。信号的概率密度函数定义为

$$p(x) = \lim_{\Delta x \to 0} \frac{P[x < x(t) \leqslant x + \Delta x]}{\Delta x} \tag{3-1}$$

式中:$P[x < x(t) \leqslant x + \Delta x]$ 表示信号 $x(t)$ 瞬时值落在 $[x, x + \Delta x]$ 范围内的概率。

设在观察区间 $[0, T]$ 内,信号 $x(t)$ 瞬时值落在 $[x, x + \Delta x]$ 范围内的时间总和为

$$T_x = \Delta t_1 + \Delta t_2 + \cdots + \Delta t_n \tag{3-2}$$

则当信号观察时间 $T \to \infty$ 时,T_x / T 的极限就是信号 $x(t)$ 瞬时值落在 $[x, x + \Delta x]$ 范围内的概率:

$$P[x < x(t) \leqslant x + \Delta x] = \lim_{T \to \infty} \frac{T_x}{T} \tag{3-3}$$

因此,概率密度函数为

$$p(x) = \lim_{\substack{T \to \infty \\ \Delta x \to 0}} \left[\left(\frac{T_x}{T} \right) / \Delta x \right] \tag{3-4}$$

表示瞬时值落在增量 Δx 范围内可能出现的概率;$T_x = \Delta t_1 + \Delta t_2 + \cdots + \Delta t_n$ 表示信号瞬时值落在 $(x, x + \Delta x)$ 区间的时间,T 则表示整个分析时间。

图 3-1 所示为按式(3-4)计算信号概率密度函数的示意图。

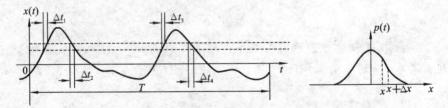

图 3-1 信号概率密度函数的计算

所求得的概率密度函数 $p(x)$ 是信号 $x(t)$ 的幅值 x 的函数,反映了信号不同幅值大小出现的概率。不同的信号有不同的概率密度函数图形,概率密度函数可以用于幅值域的分析,工

程中常用它来确定信号性质和判断测试信号是否正常。当用概率密度函数表示均值、均方值及方差时,根据概率论关于矩阵函数的计算,可有

一阶原点矩即均值:

$$\mu_x = \int_{-\infty}^{\infty} x p(x) \mathrm{d}x \tag{3-5}$$

二阶原点矩即均方值:

$$\psi_x^2 = \int_{-\infty}^{\infty} x^2 p(x) \mathrm{d}x \tag{3-6}$$

三阶中心矩即方差:

$$\sigma_x^2 = \int_{-\infty}^{\infty} (x - \mu_x)^2 p(x) \mathrm{d}x \tag{3-7}$$

直方图是一种以幅值为横坐标,以每个幅值区间出现的频率为纵坐标的统计方法,如图3-2所示。概率密度函数可由直方图归一化转换为概率后取无限小区间获得。

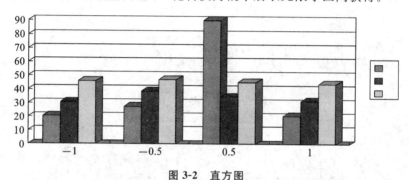

图 3-2　直方图

例 3-1　几种典型信号的波形和概率密度函数,如图 3-3 所示。

例 3-2　用概率密度函数进行轴承故障诊断。图 3-4(a)所示为无故障的滚动轴承振动信号波形和其概率密度曲线,可见其概率密度曲线是一典型的正态分布曲线;图 3-4(b)所示为有疲劳、腐蚀、断裂、压痕等缺陷的滚动轴承振动信号波形和其概率密度曲线,由于缺陷造成的冲击,概率密度曲线中会出现偏斜或分散的现象。

例 3-3　用 MATLAB 计算正弦信号的直方图与概率密度函数。相关代码如下:

```
Fs=44100; dt=1.0/Fs;  T=1; N=T/dt;
x=linspace(0,T,N);
y=0.8*sin(2*3.14*50*x);
subplot(3,1,1); plot(x,y,'linewidth',2);
xlim([0,0.1]); ylim([-1,1]); grid on;
A1=-1; A2=1; M=500; da=(A2-A1)/M;
a=linspace(A1,A2,M);
h=hist(y,a);
subplot(3,1,2); plot(a,h,'linewidth',2);
ylim([0,1300]);grid on;
p=h/length(y);
subplot(3,1,3); plot(a,p,'linewidth',2);
ylim([0,0.03]); grid on;
```

3-sin-sawtooth-
PDF-histogram

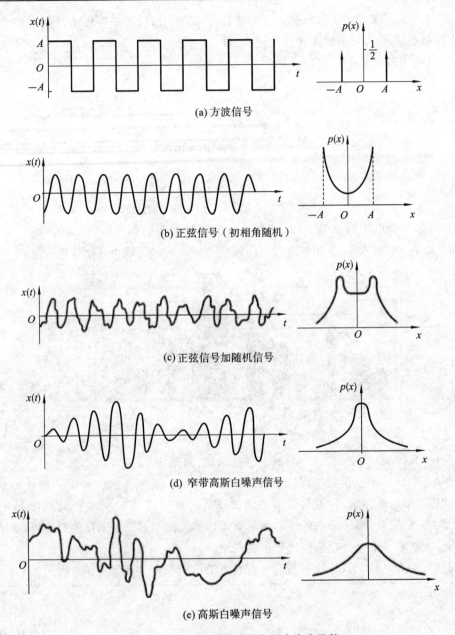

(a) 方波信号

(b) 正弦信号（初相角随机）

(c) 正弦信号加随机信号

(d) 窄带高斯白噪声信号

(e) 高斯白噪声信号

图 3-3　几种典型信号的波形和概率密度函数

运行结果如图 3-5 所示。

例 3-4　用 MATLAB 计算锯齿波的概率密度函数。相关代码如下：

```
Fs=44100; dt=1.0/Fs;   T=1; N=T/dt;
x=linspace(0,T,N);
y=0.8* sawtooth(2* 3.14* 50* x);
subplot(2,1,1); plot(x,y,'linewidth',2);
xlim([0,0.1]); ylim([-1,1]);
grid on;
A1=-1; A2=1; M=500;
```

```
da=(A2-A1)/M;
a=linspace(A1,A2,M);
h=hist(y,a);
p=h/length(y);
subplot(2,1,2); plot(a,p,'linewidth',2);
ylim([0,0.004]); grid on;
```

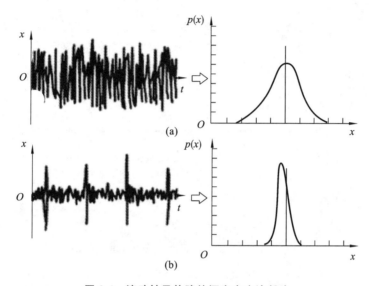

图 3-4　滚动轴承故障的概率密度诊断法

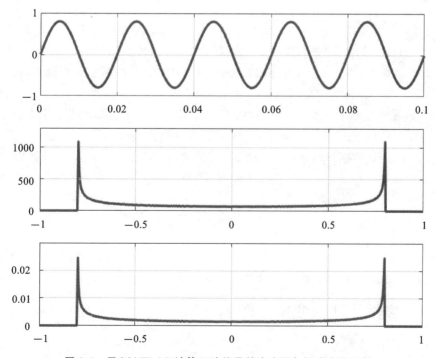

图 3-5　用 MATLAB 计算正弦信号的直方图与概率密度函数

运行结果如图 3-6 所示。

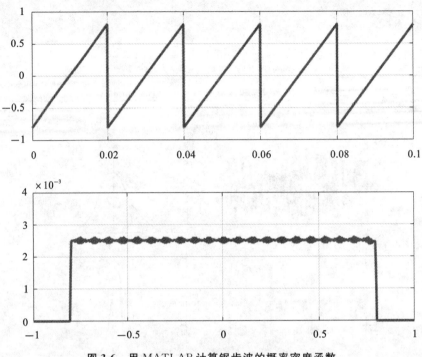

图 3-6　用 MATLAB 计算锯齿波的概率密度函数

3.2　信号的概率分布函数

概率分布函数是概率论的基本概念之一。在实际问题中,常常要研究一个随机变量 ξ 的取值小于某一数值 x 的概率,这概率是 x 的函数,称这种函数为随机变量 ξ 的分布函数,简称分布函数,记作 $F(x)$,即 $F(x) = P(\xi < x)(-\infty < x < \infty)$,它可以计算随机变量落入任何范围内的概率。例如在桥梁和水坝的设计中,每年河流的最高水位 ξ 小于 x 米的概率是 x 的函数,这个函数就是最高水位 ξ 的分布函数。实际应用中常用的分布函数有正态分布函数、泊松(Poisson)分布函数、二项式分布函数,等等。概率分布函数是描述随机变量取值分布规律的数学表示。对于任何实数 x,事件 $[X < x]$ 的概率当然是一个 x 的函数。令

$$F(x) = P(X < x) \tag{3-8}$$

显然有

$$\begin{cases} F(-\infty) = 0 \\ F(\infty) = 1 \end{cases} \tag{3-9}$$

称 $F(x)$ 为随机变量 X 的分布函数。所以,分布函数 $F(x)$ 完全决定了事件 $[a \leqslant X \leqslant b]$ 的概率,或者说分布函数 $F(x)$ 完整地描述了随机变量 X 的统计特性。

3.2.1　离散型随机变量的概率分布

对于离散型随机变量,设 $x_1, x_2, \cdots, x_n$ 为变量 X 的取值,而 $p_1, p_2, \cdots, p_n$ 为对应上述取值的概率,则离散型随机变量 X 的概率分布为

$$P(X = x_i) = p_i \quad (i = 1, 2, \cdots, n) \tag{3-10}$$

且概率 p_i 应满足条件：

$$\sum_{i=1}^{n} p_i = 1 \tag{3-11}$$

因此，离散型随机变量 X 的概率分布函数为

$$F(x_i) = \sum_{x_i < x} p_i \tag{3-12}$$

3.2.2　连续型随机变量的概率分布

对于连续型随机变量，设变量 X 取值于区间 (a,b)，并假设其分布函数 $F(x)$ 为单调增函数，且在 $(-\infty, \infty)$ 间可微分及其导数 $F'(x)$ 在此区间连续，则变量 X 落在区间 $(x, x + \Delta x)$ 内的概率为

$$P(x < X \leqslant x + \Delta x) = F(x + \Delta x) - F(x) \tag{3-13}$$

为描述其概率分布规律，引入"概率分布密度函数"概念：

$$f(x) = F'(x) = \lim_{\Delta x \to 0} \frac{F(x + \Delta x) - F(x)}{\Delta x} \tag{3-14}$$

于是连续型随机变量 X 的概率分布函数可写为常用的概率积分公式的形式：

$$F(x) = \int_{-\infty}^{x} f(x) \mathrm{d}x \tag{3-15}$$

这样，只要已知某一连续型随机变量 X 的概率分布密度函数 $f(x)$，即可求得 X 落在某一区间内的概率：

$$P(x_1 < X \leqslant x_2) = F(x_2) - F(x_1) = \int_{x_1}^{x_2} f(x) \mathrm{d}x \tag{3-16}$$

与离散型随机变量的概率分布函数一样，对于连续型随机变量的概率分布密度函数，有

$$f(x) \geqslant 0 \tag{3-17}$$

且

$$\int_{-\infty}^{\infty} f(x) \mathrm{d}x = 1 \tag{3-18}$$

连续型随机变量的概率分布密度函数 $f(x)$，以及与其对应的概率分布函数 $F(x)$ 分别如图 3-7(a) 和图 3-7(b) 所示。有时称 $f(x)$ 的图形为分布曲线，而称 $F(x)$ 的图形为累积分布曲线。

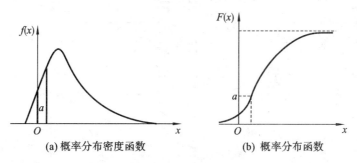

(a) 概率分布密度函数　　(b) 概率分布函数

图 3-7　连续型随机变量的概率分布密度函数与概率分布函数

例 3-5　已知正弦信号 $x(t) = A\sin(2\pi f_0 t + \varphi)$，请求出其概率分布密度函数和概率分布函数。

解　信号的瞬时值

$$x = A\sin(2\pi f_0 t + \varphi)$$

有

$$2\pi f_0 t + \varphi = \arcsin\left(\frac{x}{A}\right)$$

对上式求导,有

$$\frac{\mathrm{d}t}{\mathrm{d}x} = \frac{1}{2\pi f_0} \cdot \frac{1}{\sqrt{A^2 - x^2}}$$

正弦信号是周期信号,可以取一个观察周期 $T(T = 1/f_0)$ 来分析信号的概率分布密度情况,如图 3-8 所示。

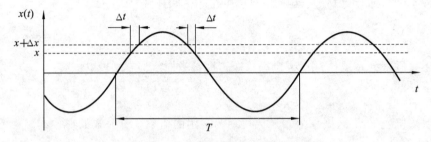

图 3-8　正弦信号的概率分布密度函数

在一个周期内落在区间 $(x, x + \Delta x)$ 内的时间为 $2\Delta t$,有

$$p(x) = \lim_{\Delta x \to 0} \frac{1}{\Delta x} \left[\frac{\sum \Delta t}{T} \right] = \frac{1}{T} \cdot \frac{2\mathrm{d}t}{\mathrm{d}x}$$

代入上面的求导结果,得信号的概率分布密度函数:

$$p(x) = \frac{1}{\pi} \frac{1}{\sqrt{A^2 - x^2}}$$

对信号的概率分布密度函数进行积分,得

$$F(x) = \int_{-\infty}^{x} p(x)\mathrm{d}x = \int_{-\infty}^{x} \frac{1}{\pi} \frac{1}{\sqrt{A^2 - x^2}}\mathrm{d}x$$

$$= \frac{1}{\pi}\arcsin\left(\frac{x}{A}\right)\Big|_{-A}^{x} = \frac{1}{\pi}\left[\arcsin\left(\frac{x}{A}\right) + \frac{\pi}{2}\right]$$

设正弦信号的幅值 $A = 5$,图 3-9 所示为正弦信号的概率分布密度曲线和概率分布曲线。

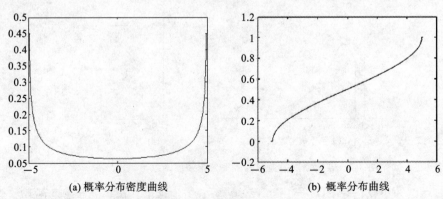

(a) 概率分布密度曲线　　　　　　　　(b) 概率分布曲线

图 3-9　正弦信号的概率分布密度曲线和概率分布曲线

例 3-6　用 MATLAB 计算正弦信号的概率分布函数。相关代码如下：

3-概率分布
密度函数

```
Fs=44100; dt=1.0/Fs;   T=1; N=T/dt;
x=linspace(0,T,N);
y=0.8*sin(2*3.14*50*x);
subplot(3,1,1); plot(x,y,'linewidth',2);
xlim([0,0.1]); ylim([-1,1]); grid on;
A1=-1; A2=1; M=500; da=(A2-A1)/M;
a=linspace(A1,A2,M);
h=hist(y,a);
p=h/length(y);
subplot(3,1,2); plot(a,p,'linewidth',2);
ylim([0,0.03]); grid on;
c(1)=0;
for i=2:M
c(i)=c(i-1)+p(i);
end
subplot(3,1,3); plot(a,c,'linewidth',2);
xlim([-1,1]);ylim([0,1.2]); grid on;
```

运行结果如图 3-10 所示。

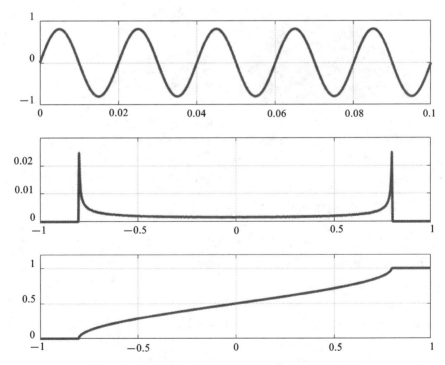

图 3-10　用 MATLAB 计算正弦信号的概率分布函数

3.3　幅值域分析的工程应用

3.3.1　机械故障诊断

　　机械故障诊断是一种了解和掌握机器运行过程状态,以确定其整体或局部正常或异常情况,早期发现故障及其原因,并能预报故障发展趋势的技术。振动监测、噪声监测、油液监测、性能趋势分析和无损探伤等为其主要的诊断技术方式。其中,振动、噪声诊断涉及的领域较广,在电力系统、石化系统、冶金系统及高科技产业关键设备上均有广泛应用。在信号分析处理方面,相关技术和方法包括典型的幅值域分析、频域分析、经典统计分析、时频域分析、时序模型分析、参数辨识、频率细化技术等。

　　例 3-7　空调噪声诊断。空调运行时会产生噪声,其噪声波形如图 3-11 所示,通过分析空调噪声概率分布密度分布,可以很容易诊断、区分空调运行的正常状态、安装松动或运行时的显著嗡嗡声状态。

3-airDiagnosis

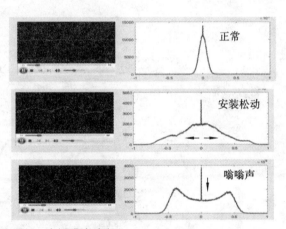

图 3-11　空调噪声诊断

　　例 3-8　变速箱的故障诊断。变速箱齿轮的正常振动、齿根有裂纹时的振动、齿面有磨损时的振动的时域波形如图 3-12 所示,通过分析其概率分布密度函数,可以很容易实现变速箱齿轮不同状态的诊断。

3.3.2　照片质量的直方图分析

　　直方图是一个非常有用的分析工具。数码相机提供照片直方图分析功能,可帮助用户快速获得图像质量报告,如图 3-13 所示。

3-histogramPic

　　数字图像由二维像素阵列组成。阵列中的每个像素可以分解为红、绿、蓝(red、green、blue,简称 RGB)三原色,每个原色亮度值在 0 到 255 之间。直方图是所有像素在不同原色和灰色上的亮度分布密度,如图 3-14 所示。

$$\text{Red}(k) = \sum [\text{pixels}_{\text{Red}}(i,j) = k];$$

$$\text{Green}(k) = \sum [\text{pixels}_{\text{Green}}(i,j) = k];$$

$$\text{Blue}(k) = \sum [\text{pixels}_{\text{Blue}}(i,j) = k];$$

$$(k = 0, 1, \cdots, 255)$$

$$\text{Grey} = \text{Red}(k) \times 0.299 + \text{Green}(k) \times 0.587 + \text{Blue}(k) \times 0.114$$

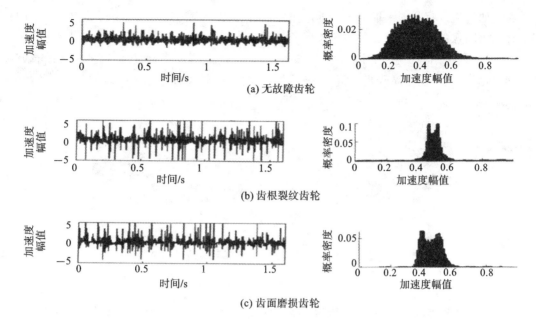

(a) 无故障齿轮

(b) 齿根裂纹齿轮

(c) 齿面磨损齿轮

图 3-12　变速箱故障诊断

图 3-13　数码相机拍摄的照片

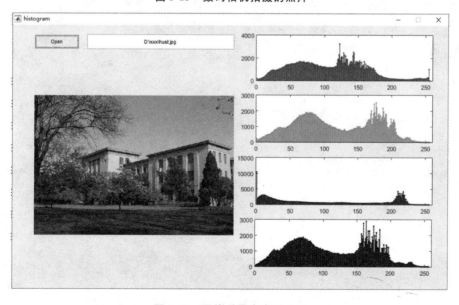

图 3-14　照片质量直方图分析

　　那么如何通过直方图来提高照片的质量呢？直方图均衡化是一种图像增强方法，它的作用是将原始图像中不均匀分布的颜色映射成均匀分布的颜色，提高图像的对比度和曝光率。

　　例 3-9　灰度图像的直方图均衡化。如图 3-15 所示，可以看到，通过对灰度图像的直方图进行均衡化处理，可以明显改善过暗、过亮或低对比度的图像质量。

3-greyEq

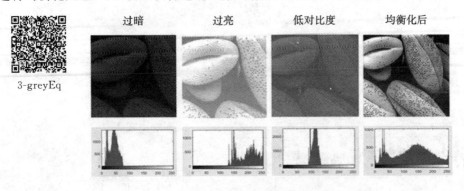

过暗　　　　　　过亮　　　　低对比度　　　均衡化后

图 3-15　灰度图像的直方图均衡化

　　例 3-10　彩色图像的直方图均衡化。这里需要注意，不能直接对彩色图像的 RGB 三个通道进行直方图均衡化，需要将 RGB 图像先转换为 HSV 图像（色相 H，饱和度 S，亮度 V），只对 V 做直方图均衡化处理。

3-colorEq

习　　题

　　3-1　简述概率分布密度函数、直方图与概率分布函数的定义与区别。

　　3-2　已知正弦信号 $x(t) = A\sin(\omega_0 t + \varphi)$，求其概率分布密度函数与概率分布函数。

　　3-3　用 MATLAB 设计一个 GUI（graphical user interface，图形用户界面）程序界面，绘制正弦波、方波、三角波与白噪声四种标准信号的概率分布密度曲线与概率分布曲线。

　　3-4　列举几种幅值域分析在工程上的应用，并简述其原理。

　　3-5　简述直方图均衡化的定义、原理与应用。

第4章

信号的时差域相关分析

信号分析中,有时需要对两个以上信号的相互关系进行研究,例如,在通信系统、雷达系统和控制系统中,发出端的信号波形是已知的,在接收端信号中,我们必须判断是否存在由发送端发出的信号,但是困难在于接收端信号中即使包含了发送端发送的信号,也往往因各种干扰会产生畸变。一个很自然的想法是用已知的发送波形与畸变了的接收波形相比较,利用它们的相似或相异性做出判断,这需要解决信号之间的相似或相异性的度量问题,也就是信号的时差域相关分析需要解决的问题。相关分析是测试信号分析中常用的一种用于确定两个信号之间关系程度或相似程度的方法,广泛应用于信号分离、信号时延估计和目标定位等工程应用场合。

4.1 相关分析的概念

4.1.1 变量相关性(相关系数)

在统计学中,相关系数用来描述变量 x 和 y 之间的相关关系,它是两个随机变量乘积的数学期望,表征了 x 和 y 之间的相关程度。

$$\rho_{xy} = \frac{c_{xy}}{\sigma_x \sigma_y} = \frac{\sum \left[(x_i - \mu_x)(y_i - \mu_y) \right]}{\sqrt{\sum (x_i - \mu_x)^2 \cdot \sum (y_i - \mu_y)^2}} \tag{4-1}$$

式中:c_{xy} 是两个随机变量波动之积的数学期望;σ_x 和 σ_y 分别是随机变量 x 和 y 的均方差;μ_x 和 μ_y 分别是随机变量 x 和 y 的均值。

可以证明相关系数 ρ_{xy} 满足:$-1 \leqslant \rho_{xy} \leqslant 1$。当 $\rho_{xy} = \pm 1$ 时,表明 x、y 两个变量完全相关;当 $\rho_{xy} = 0$ 时,表明 x、y 两个变量完全无关;当 $0 < |\rho_{xy}| < 1$ 时,表明 x、y 两个变量部分相关。图 4-1 展示了变量 x 和 y 之间的几种不同相关程度的情况。

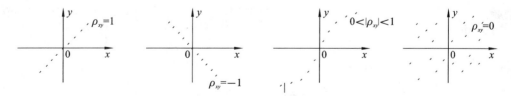

图 4-1 变量 x 和 y 之间的几种不同相关程度情况

自然界中的许多事物之间都是有相关性的,如人的身高与体重、吸烟情况与寿命、构件中的应力与应变等。我们可以借助相关系数,通过大量测量数据的统计运算来判断它们之间的关联关系。

4.1.2　信号相关性(相关函数)

如果所研究的变量 x 和 y 是与时间有关的函数,即 $x(t)$ 与 $y(t)$,这时可以在相关系数中引入一个与时差 τ 有关的量,称为相关系数函数,它反映了两个信号在相差 τ 的不同时刻的相似程度和关联程度,也就是在时移坐标中的相关性和关联程度。因此,相关分析又称为时差域分析或时延域分析。当 $x(t)$ 与 $y(t)$ 为能量信号时,相关系数函数公式为

$$\rho_{xy}(\tau)=\frac{\int_{-\infty}^{\infty}x(t)y(t+\tau)\mathrm{d}t}{\left[\int_{-\infty}^{\infty}x^2(t)\mathrm{d}t\int_{-\infty}^{\infty}y^2(t)\mathrm{d}t\right]^{1/2}} \tag{4-2}$$

同样可以证明 $-1\leqslant\rho_{xy}(\tau)\leqslant1$ 。相关系数函数 $\rho_{xy}(\tau)$ 是时差 τ 的函数,当 $\rho_{xy}(\tau)=\pm1$ 时,表明 $x(t)$、$y(t)$ 两个信号在相差 τ 时间后完全相关;当 $\rho_{xy}(\tau)=0$ 时,表明 $x(t)$、$y(t)$ 两个信号在相差 τ 时间后完全无关;当 $0<|\rho_{xy}|<1$ 时,则表明 $x(t)$、$y(t)$ 两个信号在相差 τ 时间后部分相关。

4.1.3　互相关函数

为简便起见,工程上有时不对相关系数函数做归一化处理,而是直接用两个信号产生时差 τ 后的乘积来研究两个信号的相关性,并定义相关函数为

4-Cross-move

$$R_{xy}(\tau)=\int_{-\infty}^{\infty}x(t)y(t+\tau)\mathrm{d}t \tag{4-3}$$

或

$$R_{yx}(\tau)=\int_{-\infty}^{\infty}y(t)x(t+\tau)\mathrm{d}t \tag{4-4}$$

通常将 $R_{xy}(\tau)$ 或 $R_{yx}(\tau)$ 称为互相关函数。

4.1.4　自相关函数

如果 $x(t)=y(t)$,则 $R_{xx}(\tau)$ 或 $R_x(\tau)$ 称为自相关函数,式(4-3)或式(4-4)变为

4-sincosCorr

$$R_x(\tau)=\int_{-\infty}^{\infty}x(t)x(t+\tau)\mathrm{d}t \tag{4-5}$$

若 $x(t)$ 与 $y(t)$ 为功率信号,则其相关函数定义为

$$R_{xy}(\tau)=\lim_{T\to\infty}\frac{1}{T}\int_{-T/2}^{T/2}x(t)y(t+\tau)\mathrm{d}t \tag{4-6}$$

$$R_{yx}(\tau)=\lim_{T\to\infty}\frac{1}{T}\int_{-T/2}^{T/2}y(t)x(t+\tau)\mathrm{d}t \tag{4-7}$$

4-Auto-move

$$R_x(\tau)=\lim_{T\to\infty}\frac{1}{T}\int_{-T/2}^{T/2}x(t)x(t+\tau)\mathrm{d}t \tag{4-8}$$

可见能量信号与功率信号的相关函数量纲不同,前者为能量,后者为功率。

4.1.5　卷积

卷积积分(convolution integral)是一种表征线性时不变系统输入-输出关系的数学方法,在系统特性研究中具有重要作用。函数 $x(t)$ 和 $h(t)$ 的卷积积分定义为

$$y(t) = \int_{-\infty}^{\infty} x(\tau)h(t-\tau)\mathrm{d}\tau = x(t) * h(t) \tag{4-9}$$

在线性时不变系统分析中,卷积积分具有明确的物理含义。设系统的单位脉冲响应函数为 $h(t)$,将信号 $x(t)$ 分解为若干个脉冲信号,按照线性系统的叠加性,则系统的响应可以分解为各脉冲信号响应的和,如图 4-2 所示。

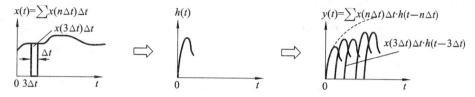

图 4-2　用卷积积分描述任意输入下的系统响应

当 $\Delta t \to 0$ 时, $\Delta t \to \mathrm{d}\tau$, $n\Delta t \to \tau$,则图 4-2 中所示的离散集合变为积分,得到式(4-9)所示的卷积积分公式。

为加深对卷积积分的理解,下面通过图解的方式对卷积积分过程进行介绍。图 4-3(a)所示为信号 $x(\tau)$ 的波形,图 4-3(b)所示为信号 $h(\tau)$ 的波形;按照卷积积分公式,先将信号 $h(\tau)$ 进行折叠,得到 $h(-\tau)$ 的波形(见图 4-3(c));然后将 $h(-\tau)$ 进行平移,得到 $h(t-\tau)$ 的波形(见图 4-3(d));再将 $x(\tau)$ 与 $h(t-\tau)$ 相乘,得到一个新的信号波形(见图 4-3(e));对新信号进行积分,就可以得到 t 时刻卷积积分的值(见图 4-3(f));取不同的平移量 t,就可以得到不同时刻卷积积分的值,连接在一起就得到卷积积分曲线(见图 4-3(g))。

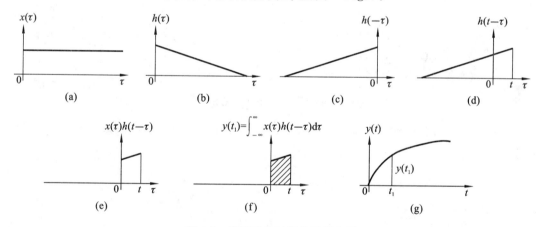

图 4-3　卷积积分过程的图解表示

4.1.6　卷积定理

如果时域信号 $x(t)$ 的傅里叶频域变换为 $X(f)$, $y(t)$ 的傅里叶频域变换为 $Y(f)$,即信号 $x(t) \leftrightarrow X(f)$,信号 $y(t) \leftrightarrow Y(f)$,则有

$$x(t) * y(t) \leftrightarrow X(f)Y(f)$$
$$x(t)y(t) \leftrightarrow X(f) * Y(f)$$

即一个域中的卷积对应于另一个域中的乘积,它们分别称为时域卷积定理和频域卷积定理。有关时域卷积定理和频域卷积定理的推导和证明请参考傅里叶变换方面的书籍。

卷积积分的直接计算过程比较复杂,借助时域卷积定理,我们可以将时域的卷积积分运算,变为频域的乘法运算,然后再通过傅里叶逆变换得到计算结果,从而提供了计算卷积积分的一种有效手段。同样,对频域的卷积积分,也可以借助频域卷积定理进行简化计算。

4.2　相关函数的性质

4-相关函数
的性质

4.2.1　自相关函数的性质

根据自相关函数的定义,

$$R_x(\tau) = \int_{-\infty}^{\infty} x(t)x(t+\tau)\mathrm{d}t$$

它具有如下性质。

(1) 自相关函数是 τ 的偶函数,其情形如图 4-4 和图 4-5 所示。它满足:

$$R_x(-\tau) = R_x(\tau) \tag{4-10}$$

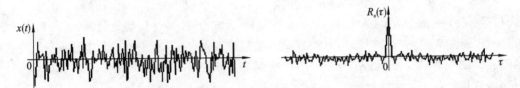

图 4-4　随机信号和它的自相关函数波形

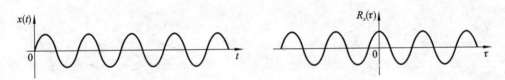

图 4-5　正弦波信号和它的自相关函数波形

(2) 当 $\tau = 0$ 时,自相关函数具有最大值,其情形如图 4-4 和图 4-5 所示。若 $x(t)$ 是能量信号,有

$$R_x(0) = \int_{-\infty}^{\infty} x^2(t)\mathrm{d}t \tag{4-11}$$

若 $x(t)$ 是功率信号,有

$$R_x(0) = \lim_{T \to \infty} \frac{1}{T} \int_{-T/2}^{T/2} x^2(t)\mathrm{d}t \tag{4-12}$$

显然,在 $\tau = 0$ 处,功率信号的自相关函数值等于信号的平均功率,也就是它的均方值。而且,如果均值为零,那么此时信号的平均功率、自相关函数值、方差都相等。

(3) 随机噪声信号的自相关函数将随 $|\tau|$ 值的增大快速衰减,并趋于零,如图 4-4 所示。

(4) 周期信号的自相关函数仍然是同频率的周期信号,但不保留原信号的相位信息,其情形如图 4-5 所示。例如,正弦信号 $x(t) = A\sin(\omega t + \varphi)$ 的自相关函数为 $R_x(\tau) = (A^2\cos\omega\tau)/2$。

4.2.2　互相关函数的性质

根据互相关函数的定义,

$$R_{xy}(\tau) = \int_{-\infty}^{\infty} x(t)y(t+\tau)\mathrm{d}t$$

它具有如下性质。

（1）互相关函数既非奇函数，又非偶函数，其情形如图4-6和图4-7所示。

（2）两个同频率周期信号的互相关函数仍然是同频率周期信号，且保留了原信号的相位信息，其情形如图4-6所示。例如，两正弦信号$A\sin(\omega t)$与$B\sin(\omega t-\varphi)$的互相关函数为$R_{xy}(\tau)=AB\cos(\omega\tau-\varphi)/2$。

（3）两个不同频率的周期信号互不相关，其互相关函数为零，可根据正（余）弦函数的正交特性予以证明。其情形如图4-7所示。

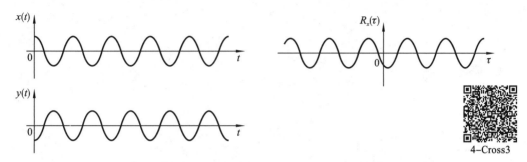

图4-6　同频率周期信号和它的互相关函数波形

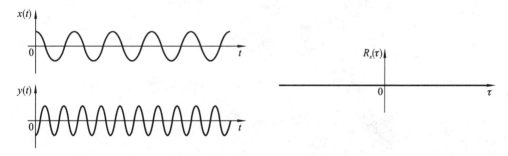

图4-7　不同频率周期信号和它的互相关函数波形

4.2.3 卷积、相关和傅里叶变换

卷积是一种数学运算，用于表示系统的输入和输出之间的关系。

$$y(t)=x(t)*h(t)=\int_{-\infty}^{\infty}x(\tau)h(t-\tau)\mathrm{d}\tau \tag{4-13}$$

根据卷积积分定义，$x(t)$与$y(t)$的卷积积分为

$$x(t)*y(t)=\int_{-\infty}^{\infty}x(\tau)y(t-\tau)\mathrm{d}\tau \tag{4-14}$$

相关性是衡量两个信号之间相似性的指标，当$x(t)$和$y(t)$均为能量信号时，$x(t)$和$y(t)$的互相关函数也可写作

$$R_{xy}(\tau)=\int_{-\infty}^{\infty}x(t)y(t-\tau)\mathrm{d}t \tag{4-15}$$

为了便于比较，把式（4-15）中的变量t与τ互换，这样互相关函数可表示为

$$R_{xy}(t)=\int_{-\infty}^{\infty}x(\tau)y(\tau-t)\mathrm{d}\tau=x(t)*y(-t) \tag{4-16}$$

此式表明，$x(t)$与$y(t)$的互相关函数等于$x(t)$与$y(-t)$的卷积。

对比式(4-14)和式(4-16)这两个公式,可以发现它们有密切的关系。如图 4-8 所示,图的左边是曾经讨论过的卷积求解过程,图的右边是相关的求解过程。显然,这两种运算过程都包括了位移、相乘、积分三个步骤,其差别在于相关运算不需要对 $y(t)$ 进行折叠,而卷积运算需要折叠。但是,如果 $x(t)$ 或 $y(t)$ 为一偶函数时,则两者的卷积与相关完全相同。

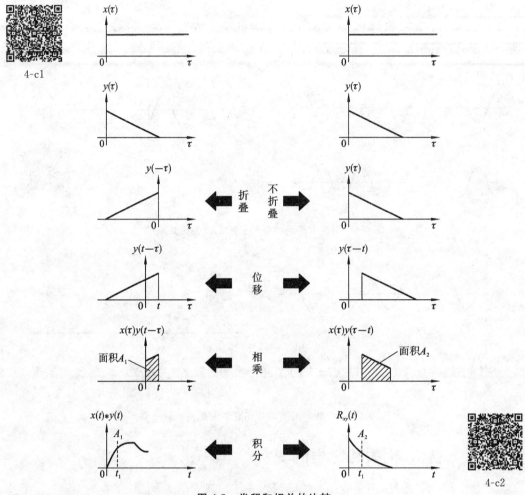

图 4-8　卷积和相关的比较

在讨论卷积积分时我们介绍过,由于卷积积分的直接计算过程比较复杂,因此可以借助时域卷积定理,将时域的卷积积分运算,变为频域的乘法运算,然后再通过傅里叶逆变换得到计算结果。同样,对于相关计算,也可以用傅里叶变换来进行计算。

卷积的傅里叶变换是两个傅里叶变换的乘积。

$$y(t) = x(t) * h(t) \leftrightarrow Y(f) = X(f)H(f) \tag{4-17}$$

则

$$y(t) = F^{-1}[X(f)H(f)] \tag{4-18}$$

相关性的傅里叶变换是一个函数的傅里叶变换与另一个函数的傅里叶变换的复共轭的乘积。

$$R_{xy}(\tau) = \text{corr}(x,y) = \int_{-\infty}^{\infty} x(\tau)y(\tau-t)\mathrm{d}\tau \leftrightarrow P(f) = X(f)Y^*(f) \tag{4-19}$$

称为相关定理,式中,$Y^*(f)$ 为 $Y(f)$ 的共轭复数。

则

$$R_{xy}(\tau) = F^{-1}[X(f)Y^*(f)] \tag{4-20}$$

例 4-1　求三角脉冲信号的傅里叶积分。

$$x(t) = \begin{cases} T(1 - \dfrac{|t|}{T}), & |t| < T \\ 0, & \text{其他} \end{cases}$$

解　三角脉冲信号可以看成两个矩形脉冲信号的卷积积分,如图 4-9 所示。

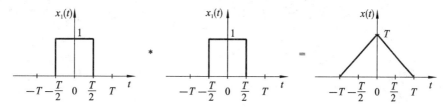

图 4-9　三角脉冲信号的卷积积分

单个矩形脉冲信号的傅里叶积分为

$$X_1(f) = T\frac{\sin(\pi f T)}{\pi f T}$$

按时域卷积定理,有

$$X(f) = X_1(f)X_1(f) = \left[T\frac{\sin(\pi f T)}{\pi f T}\right]^2$$

4.3　相关函数的计算

4.3.1　数字算法

由前面定义,有互相关函数为

$$R_{xy}(\tau) = \int_{-\infty}^{\infty} x(t)y(t+\tau)\mathrm{d}t$$

离散数字化可表达为

$$R_{xy}(k) = \sum_{0}^{N-k} x(n)y(k+n) \quad (k = 0, \pm 1, \pm 2, \cdots)$$

4.3.2　FFT 算法

相关函数的 FFT 算法在章节 2.6.5 中有详细介绍,本章节只做简要的补充说明。相关性的傅里叶变换是一个函数傅里叶变换与另一函数傅里叶变换的复共轭的乘积:

$$R_{xy}(\tau) = \mathrm{corr}(x, y) \leftrightarrow P(f) = X(f)Y^*(f)$$

所以,我们可以有一个基于傅里叶变换的算法:

$$X(f) = F[x(t)], Y(f) = F[y(t)]$$

则

$$P(f) = X(f)Y^*(f)$$

那么

$$R_{xy}(\tau) = F^{-1}[P(f)]$$

在 MATLAB 中可表达为

$$R_{xy} = \mathrm{ifft}(\mathrm{fft}(x). * \mathrm{conj}(\mathrm{fft}(y)))$$

需要注意的是,FFT 算法中也存在周期延拓所导致的环绕误差,可通过对 $x(t)$ 与 $y(t)$ 分别在尾部填补零值点,即对其周期加倍来避免,该功能已集成到 MATLAB 中的 API(application programming interface,应用程序接口)函数"xcorr"中了,用户可直接调用。但尾部补零后,又会导致自相关函数曲线两端的衰减,与实际情况不符,如例 4-2 所示。

例 4-2 用 MATLAB 模拟自相关函数因尾部补零而导致的失真。相关代码如下:

```
Fs=5120;  N=1024;
dt=1.0/Fs; T=dt*N;
t=linspace(0,T,N);
x=sin(2*3.14*50*t);
subplot(2,1,1);
plot(t,x,'linewidth',2);
grid on;
r=xcorr(x);
N1=length(r);
t1=linspace(-T,T,N1);
subplot(2,1,2);
plot(t1,r,'linewidth',2);
ylim([-500, 500]);
grid on;
```

运行结果如图 4-10 所示。

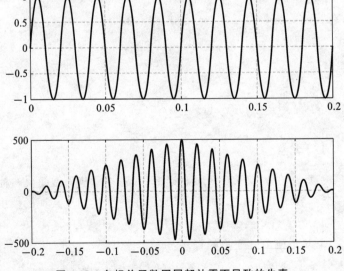

图 4-10 自相关函数因尾部补零而导致的失真

这种情况也是由周期延拓导致的,可通过对每点的自相关函数值乘以一个权重进行修正:

$$R_u(\tau) = R_x(\tau)/w$$

该功能也集成到了 MATLAB 自相关计算的 API 函数 xcorr 中，用户使用时通过给 xcorr 函数设定一个参数"unbiased"即可，如例 4-3 所示。

例 4-3　用 MATLAB 修正自相关函数因尾部补零而导致的失真。相关代码如下：

```
Fs=5120;  N=1024;
dt=1.0/Fs; T=dt*N;
t=linspace(0,T,N);
x=sin(2*3.14*50*t);
subplot(3,1,1);
plot(t,x,'linewidth',2);
grid on;
r=xcorr(x);
N1=length(r);
t1=linspace(-T,T,N1);
subplot(3,1,2);
plot(t1,r,'linewidth',2);
grid on;
r1=xcorr(x,'unbiased');
subplot(3,1,3);
plot(t1,r1,'linewidth',2);
grid on;
```

运行结果如图 4-11 所示。

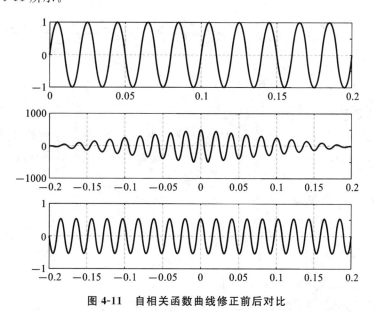

图 4-11　自相关函数曲线修正前后对比

4.4　相关分析的工程应用

相关函数可以用来测定信号间的时间滞后和时差。利用这一特性，相关函数在工程中可用于测速、测距和信号分离等场合。

1. 相关测速

利用相关分析,可以测量物体的运动速度,如热轧带钢的运动速度、流体的运动速度,以及声波的传输速度等。它们的测速原理都是相似的,下面就以声波的传输速度测量为例来进行介绍。

在图 4-12 中,沿喇叭 S 的声波传输方向分别安装了 2 个麦克风 X 和 Y,它们之间相距 L $=1$ m。实验时,声波先到达麦克风 X,再到达麦克风 Y。测出这个时间差 τ_0,根据式(4-21),就可以计算得到声波的传输速度。

$$v = \frac{L}{\tau_0} \tag{4-21}$$

时间差 τ_0 的测量可以直接对比 X 和 Y 两个信号的波形,读取它们波形相似点间的时间差,但这种方法在测量信号中有噪声干扰时会失效。另一种方法是做信号的互相关分析,互相关曲线中的峰值点对应的就是两个信号间的时间差 τ_0。

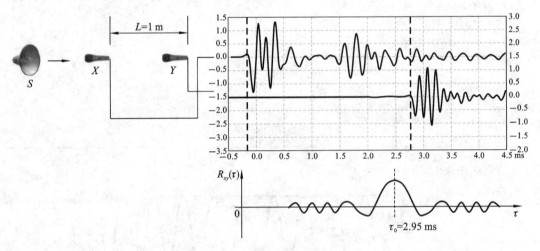

图 4-12　声波传输速度测量原理

2. 相关测距

相关测距实际上是相关测速的逆问题。如果物体运动速度、流体的运动速度或声波的传输速度已知,那么可以根据两个不同位置传感器接收到的信号间的时间差,计算出被测对象的距离和位置。

例 4-4　雷达测距,其原理如图 4-13 所示。

雷达与目标之间的距离可计算如下:

$$L = \frac{v \cdot T_d}{2}$$

其中,v 为声速;T_d 为发射波与反射波信号之间的时间差。因为在实际工作中必然有噪声干扰,故仅通过发射波和反射波的信号波形,只能对 T_d 的值进行估算,无法获得目标的准确距离。通过对两信号做互相关分析,根据互相关曲线峰值点获得准确的时间差 T_d,可获得目标物的准确距离。

例 4-5　输油管破碎位置检测,其原理如图 4-14 所示。

为探测出深埋在地下的输油管破损位置,在探测点 1 和探测点 2 分别放置声传感器,油管

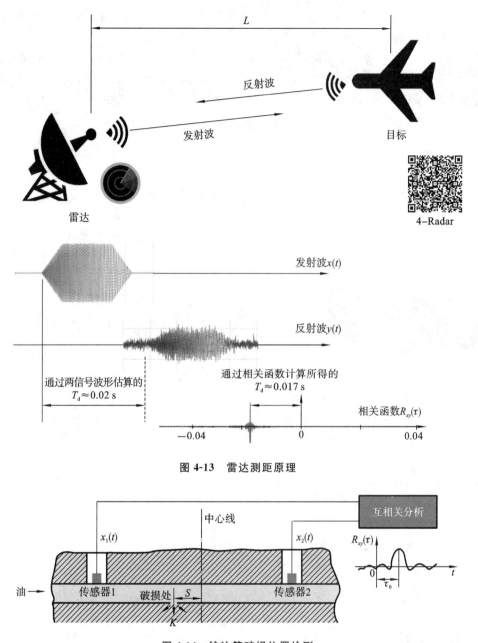

图 4-13　雷达测距原理

图 4-14　输油管破损位置检测

破损处 K 漏油的声音沿管壁向两边传播,将两个声传感器测得的声音信号进行互相关分析,找出其最大峰值点对应的时延 τ_0,在已知声波在管道中的传输速度 v 的情况下,则可以确定出油管破损处距两个传感器中心线的距离。

$$S = \frac{1}{2} v \tau_0 \tag{4-22}$$

3. 噪声信号和周期信号的分离

在机器转速测量及机器的振动固有频率测量等场合,测量信号理论上是周期信号。但由于测量环境的电磁干扰、测量元件的热噪声等原因,测量信号中有可能混入随机噪声。在这种情况下,我们可以利用自相关分析中随机噪声信号的自相关函数将随 t 的增大快速衰减,而周期信号的自相关函数仍然是同频率的周期信号的特点,对噪声信号和周期信号进行分离,消除信号中的噪声干扰。

4-Denoise

例 4-6　车速测量中噪声信号的分离。图 4-15 中,$x(t)$ 是霍尔式传感器测得的车轮转速信号,由于噪声干扰,很难识别出信号的周期,也就难以计算出车速;$R_x(\tau)$ 是信号 $x(t)$ 的自相关函数,由于消除了噪声干扰,周期成分清晰可见,很容易用过零检测等方法得到信号周期,从而计算出车速。

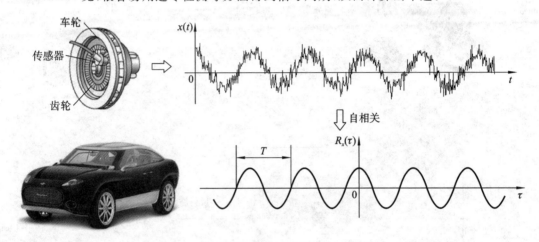

图 4-15　车速测量中噪声信号的分离

例 4-7　从周期信号中去除噪声信号的 MATLAB 算例程序代码如下:

```
Fs=44100;   N=4096;
dt=1.0/Fs; T=dt*N;
t=linspace(0,T,N);
x=sin(2*3.14*50*t);
subplot(4,1,1); plot(t,x,'linewidth',1);
grid on;
x1=x+3*rands(1,N);
subplot(4,1,2); plot(t,x1,'linewidth',1);
grid on;
r=xcorr(x1,'unbiased');
N1=length(r);
t1=linspace(-T,T,N1);
subplot(4,1,3); plot(t1,r,'linewidth',1);
grid on; xlim([-T/2,T/2]);
r1=xcorr(r,'unbiased');
N2=length(r1);
t2=linspace(-2*T,2*T,N2);
subplot(4,1,4); plot(t2,r1,'linewidth',1);
grid on; xlim([- T/2,T/2]);
```

运行结果如图 4-16 所示。

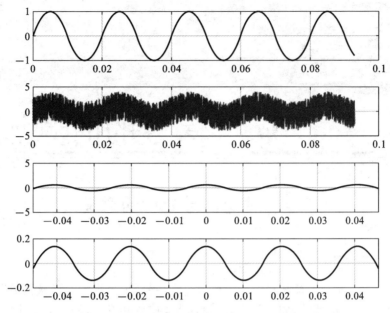

图 4-16　用 MATLAB 实现周期信号中噪声信号的分离

习　　题

4-1　相关函数的定义是什么？性质有哪些？

4-2　卷积积分的定义是什么？与相关函数的异同点是什么？

4-3　假定一个信号 $x(t)$，它由两个频率和相位均不同的余弦函数叠加而成，其数学表达式为 $x(t) = A_1\cos(\omega_1 t + \varphi_1) + A_2\cos(\omega_2 t + \varphi_2)$，求该信号的自相关函数，并绘制其图形。

4-4　求同周期的方波和正弦波的互相关函数。

4-5　相关分析的工程应用有哪些？

第5章

信号的时频域分析

5.1 时变信号分析的意义

5.1.1 时变信号的概念

具有时变频率分量或时变振幅的信号称为时变信号,也可称为非平稳信号。它有一个时间结构,这意味着信号的特性,如其平均值和方差、或中心频率等,随时间变化而变化。例如,线性调频信号(chirp 信号)的频率随时间变化而变化(见图 5-1)、振铃信号的周期越来越短(见图 5-2)等。

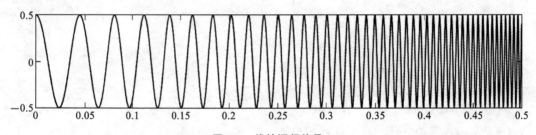

图 5-1 线性调频信号

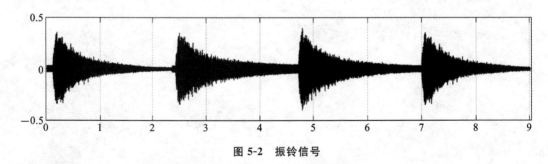

图 5-2 振铃信号

5-chirp10-3000

5-Bell

5.1.2 时变信号全局分析的缺点

基于时变信号的特点,其分析方法有着特殊要求。例如,波形分析只适用于简单信号,对于具有多个频率分量的复杂信号,无法显示频率信息;采样傅里叶变换进行频谱分析只能用于稳态信号,不能用于时变信号,而且,只能给出全局频率信息,无法知道某一具体时刻的频率信息。针对频率随时间变化的时变信号,频谱分析存在先天不足。图 5-3 所示为平稳信号与非平稳信号的 FFT 频谱对比。可见,最上边的图所示为频率始终不变的平稳信号,而下边两组图则是频率随时间改变的非平稳信号,它们均包含和最上面信号相同频率的四个成分。做 FFT 频谱分析后,可以发现这三个时域上有巨大差异的信号,频谱(幅值谱)却非常一致。尤其是下边两个非平稳信号,从频谱上无法区分它们,因为它们包含的四个频率的信号成分确实是一样的,只是出现的先后顺序不同。可见,傅里叶变换处理非平稳信号有天生缺陷。它只能获取一段信号总体上包含哪些频率的成分,但是对各成分出现的时刻并无所知。因此,时域相差很大的两个信号,可能频谱图一样。可见,对于时变信号,只知道包含哪些频率成分是不够的,我们还需要知道各个成分出现的时间,知道信号频率随时间变化的情况、各个时刻的瞬时频率及其幅值,即需要一种既能给出瞬时时间信息又能给出瞬时频率信息的信号分析方法——时频域分析。

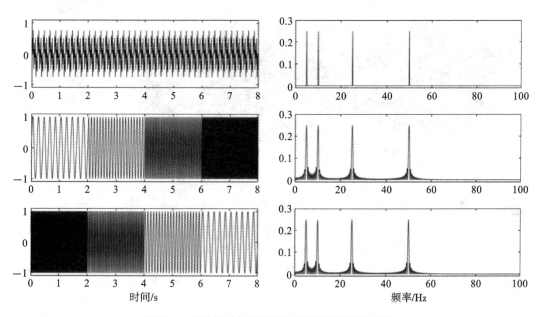

图 5-3 平稳信号与非平稳信号的 FFT 频谱对比

5.1.3 时频联合分析

信号一般用时间作自变量来表示,通过傅里叶变换可分解为不同的频率分量。在平稳信号分析中,时间和频率是两个非常重要的变量,傅里叶变换及其反变换建立了信号频域与时域的映射关系。基于傅里叶变换的信号频域表示及其能量的频域分布揭示了信号在频域的特征,但傅里叶变换是一种整体变换,对信号的表征要么完全是时间域,要么完全是频率域,不能分析信号中频率随时间变化的关系。为了解频率随时间变化的关系,需要使用信号的时频域分析方法。时频分析方法将一维时域信号映射到二维的时频平面,全面反映非平稳信号的时频联合特征,可以很直观地了解信号的时间域描述、频率域描述和联合时频描述三种时频描述方法。图 5-4 给出了频率范围为 $0\sim500$ Hz 的线性调频信号,图下方为时间域描述,但是失去了频率成分;图右方为频率域描述,但是失去了时间的信息;图左上方为时频分布,可以看出频

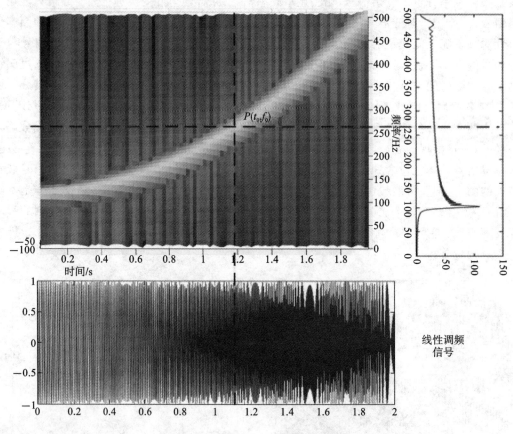

图 5-4　线性调频信号的三种描述方法

率随时间的变化规律,给出了二维时间-频率关系的直观描述。

　　时频联合分析不仅能够同时用时间和频率(或尺度)描述信号的能量分布密度,而且能够体现信号的其他一些特征量。常用的时频表示分为线性和非线性两种,典型的线性时频表示有短时傅里叶变换、连续小波变换等,典型的非线性时频表示有 Wigner-Ville 分布、Cohen 类分布等。

5.2　短时傅里叶变换

5.2.1　短时傅里叶变换的概念

1. 基本原理

　　为了克服傅里叶变换没有时间分辨率的缺陷,通常采用两种方法来满足非平稳信号分析的需要。方法一是在傅里叶变换中引入时间相关性而又保持线性不变。其思想是引入一个局部频率参数(在某时间内局部)。这样一来,局部傅里叶变换便是通过一个窗口来观察信号,在这个窗口内信号接近平稳,如图 5-5 所示。通过移动时窗进行分段取样,将整个信号化为若干个局部平稳的信号;对这平稳信号进行傅里叶变换,可以得到一组原信号的局部频谱。另一种等价的方法是将傅里叶变换中所用的正弦基函数修改为在时间上更集中而在频率上较分散的其他基函数(如小波基函数)。

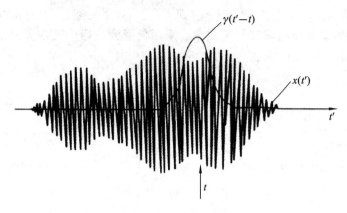

图 5-5 通过窗口观察信号

2. 定义与性质

信号 $x(t')$ 的短时傅里叶变换(STFT)或短时谱定义为

$$\mathrm{STFT}_x^{(\gamma)}(t,f) = \int_{-\infty}^{\infty} \left[x(t') \, \overline{\gamma(t'-t)} \right] \mathrm{e}^{-\mathrm{j}2\pi f t'} \mathrm{d}t' \tag{5-1}$$

即信号 $x(t')$ 在时间 t 的短时傅里叶变换就是信号 $x(t')$ 乘上一个以 t 为中心的分析窗 $\overline{\gamma(t'-t)}$ 所做的傅里叶变换。$x(t')$ 称为基信号。由于乘一个相当短的窗 $\overline{\gamma(t'-t)}$(———号表示复共轭),等价于取出信号在分析点 $t'=t$ 附近的一个切片,因此短时傅里叶变换就是信号 $x(t')$ 在分析时间 t 附近的局部谱。故对某个信号 $x(t')$ 所做的短时傅里叶变换很大程度上受分析窗 $\overline{\gamma(t')}$ 的选择的影响。作为分析窗的时窗函数 $\overline{\gamma(t')}$ 应该是紧支集(即为有限长度)或很快趋近于零的函数。满足这个条件的时间局部化的最优窗函数是任一高斯函数。由于计算的有效性及实现的方便性等原因,其他一些函数也可以作为窗函数,如矩形窗、三角窗、Hanning 窗和 Hamming 窗等。为了对 $\gamma(t')$ 的位置和大小进行定量描述,定义其中心 t_{h} 和宽度半径 Δt_{h} 分别为

$$t_{\mathrm{h}} = \frac{\int_{-\infty}^{\infty} t' \, |\gamma(t')|^2 \mathrm{d}t'}{\sqrt{\int_{-\infty}^{\infty} |\gamma(t')|^2 \mathrm{d}t'}} \tag{5-2}$$

$$\Delta t_{\mathrm{h}} = \frac{\sqrt{\int_{-\infty}^{\infty} t'^2 \, |\gamma(t')|^2 \mathrm{d}t'}}{\sqrt{\int_{-\infty}^{\infty} |\gamma(t')|^2 \mathrm{d}t'}} \tag{5-3}$$

则 $\mathrm{STFT}(t,f)$ 描述了信号 $x(t')$ 在时窗 $[t'+t_{\mathrm{h}}-\Delta t_{\mathrm{h}}, t'+t_{\mathrm{h}}+\Delta t_{\mathrm{h}}]$ 内的局部信息。

如果 $x(t')$ 和 $\overline{\gamma(t'-t)}$ 的傅里叶变换分别为 $X(f')$ 和 $\overline{\Gamma(f'-f)}$,则可以得到短时傅里叶变换的另一种表达式:

$$\mathrm{STFT}_x^{(\gamma)}(t,f) = \mathrm{e}^{-\mathrm{j}2\pi t f} \int_{-\infty}^{\infty} X(f') \, \overline{\Gamma(f'-f)} \mathrm{e}^{\mathrm{j}2\pi t f'} \mathrm{d}f' \tag{5-4}$$

这个式子除相位因子 $\mathrm{e}^{-\mathrm{j}2\pi t f}$ 外与式(5-1)基本类似。如果把式(5-1)称为时域表达式的话,式(5-4)可称为频域表达式,可以认为 STFT 是加窗谱 $X(f') \, \overline{\Gamma(f'-f)}$ 的傅里叶逆变换,其中谱窗 $\Gamma(f)$ 是空间窗 $\gamma(t)$ 的傅里叶变换。

根据采用模拟滤波方式求取频率特性的原理,式(5-4)中的 STFT 可以采用让信号 $x(t')$ 通过一频率响应为 $\overline{\Gamma(f'-f)}$ 的滤波器得出,具体步骤如图 5-6 所示。其中,图(a)所示是用带

通滤波器的实现方式。在某个给定的频率 f 处，信号 $x(t')$ 先通过一中心频率为 f 的带通滤波器，然后再将滤波器的输出频移至零频率。采用低通滤波器的实现方法如图（b）所示。它与"带通方式"是等价的，而低通滤波器的冲激响应等于时间反向的分析窗 $\overline{\gamma(-t)}$。

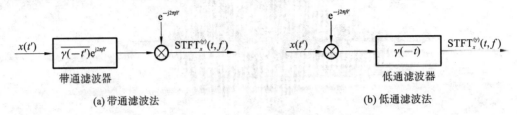

(a) 带通滤波法　　　　　　　　　　　　　　　　(b) 低通滤波法

图 5-6　STFT 的实现

傅里叶变换具有时延和频移特性，短时傅里叶变换的时延和频移特性受基信号变换的影响。根据式（5-1）不难证明：

$$\widetilde{x}(t') = x(t')\mathrm{e}^{\mathrm{j}2\pi f_0 t'} \Rightarrow \mathrm{STFT}_{\widetilde{x}}^{(\gamma)}(t,f) = \mathrm{STFT}_x^{(\gamma)}(t, f - f_0) \tag{5-5}$$

及

$$\widetilde{x}(t') = x(t' - t_0) \Rightarrow \mathrm{STFT}_{\widetilde{x}}^{(\gamma)}(t,f) = \mathrm{STFT}_x^{(\gamma)}(t - t_0, f)\mathrm{e}^{-\mathrm{j}2\pi t_0 f} \tag{5-6}$$

式（5-5）说明 STFT 保持了信号 $x(t')$ 的频移特性；而式（5-6）表明 STFT 在一调制（相位因子）范围内可保存时间移位。

例 5-1　用 MATLAB 实现短时傅里叶变换。相关代码如下：

```
Fs=5120; N=32768;
dt=1.0/Fs;
T=dt*N;
t=linspace(0,T,N);
x1=sin(2*pi*0.31*t);
x2=chirp(t,20,T,1500,'lo');
x=x1.*x2;
subplot(2,1,1);
plot(t,x);
Z=spectrogram(x,1024,512);
P=sqrt(Z.*conj(Z));
[NN MM]=size(P);
X=linspace(0,Fs/2,NN);
Y=linspace(0,dt*N,MM);
subplot(2,1,2);
surf(Y,X,P);
shading flat
view([0,0,1]);
xlim([0,6.4]);
ylim([0,2560]);
```

运行结果如图 5-7 所示。

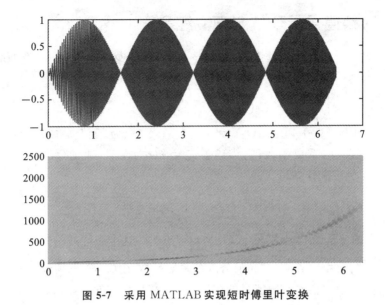

图 5-7　采用 MATLAB 实现短时傅里叶变换

5.2.2　短时傅里叶变换的时间-频率分辨率

短时傅里叶变换将一维信号 $x(t)$ 映射成在时间-频率平面 (t,f) 内的二维函数。时间和频率的分辨率将直接影响分析结果。根据短时傅里叶变换的定义,高的时间分辨率要求分析窗 $\overline{\gamma(t)}$ 尽可能地窄,然而高的频率分辨率又要求滤波器带宽尽可能地窄(即所对应的分析窗尽量宽)。这样时间分辨率与频率分辨率之间产生了相互矛盾。根据不确定性原理或 Heisenberg 不等式,如果用 Δt 和 Δf 分别表示时间分辨率和频率分辨率,则它们的乘积满足不等式

$$\Delta t \cdot \Delta f \geqslant \frac{1}{4\pi} \tag{5-7}$$

不确定性原理阻碍了既有任意小的时间间隔又有任意小的带宽的窗函数的存在。在实际中,只能牺牲时间分辨率以换取更高的频率分辨率,或反过来用频率分辨率的牺牲换取时间分辨率的提高。

如果从极端选择来考虑,那么可以得到以下两种情况。

1. 理想的时间分辨率

选择理想的时间分辨率,即让分析窗为无穷窄。可选择 $\delta(t)$ 函数作为窗函数,则

$$\gamma(t) = \delta(t) \Rightarrow \text{STFT}_x^{(\gamma)}(t,f) = x(t)\mathrm{e}^{-\mathrm{j}2\pi ft} \tag{5-8}$$

在这种情况下,STFT 退化为信号 $x(t)$,它保留了信号所有时间变化,失去了频率分辨率。

2. 理想的频率分辨率

选择理想的频率分辨率,即让不变窗 $\gamma(t) \equiv 1$,则

$$\Gamma(f) = \delta(f) \Rightarrow \text{STFT}_x^{(\gamma)}(t,f) = X(f) \tag{5-9}$$

此时,STFT 变为傅里叶变换,没提供任何时间分辨率。

可见,时间分辨率的提高意味着频率分辨率的降低,而高的频率分辨率必导致时间分辨率的牺牲。因此在短时傅里叶变换过程中要注意兼顾这两个方面。

5.2.3　时频信号展开与 STFT 综合

短时傅里叶分析的另一种描述方式:将信号 $x(t')$ 表示成基信号 $g(t')$ 经时频移位之后的线性叠加,即

$$x(t') = \int_{-\infty}^{\infty} \int_{-\infty}^{\infty} T_x(t,f) \big[g(t'-t) \mathrm{e}^{\mathrm{j}2\pi ft'} \big] \mathrm{d}t \mathrm{d}f \tag{5-10}$$

这个式子也可认为是 $x(t')$ 以 $g_{t,f}(t') = g(t'-t)\mathrm{e}^{\mathrm{j}2\pi ft'}$ 为基信号的时频展开式。式中,$T_x(t,f)$ 为时频展开式的系数函数,它描述了信号 $x(t')$ 在时-频点 (t,f) 的邻域内的强度。系数函数 $T_x(t,f)$ 也可选作 STFT,即

$$T_x(t,f) = \mathrm{STFT}_x^{(\gamma)}(t,f) = \int_{-\infty}^{\infty} x(t') \overline{\gamma(t'-t)} \mathrm{e}^{-\mathrm{j}2\pi ft'} \mathrm{d}t' \tag{5-11}$$

条件:选择 STFT 的分析窗 $\overline{\gamma(t)}$ 满足 $\int g(t) \overline{\gamma(t)} \mathrm{d}t = 1$。这个条件并不是一个很苛刻的条件。另外,分析窗 $\overline{\gamma(t)}$ 的自由度表明,时频展开式的系数函数 $T_x(t,f)$ 不是被唯一定义的。

时频展开式(5-10)对任何有限能量的信号 $x(t')$ 都是存在的。如果将式(5-11)代入式(5-10),可得到:

$$x(t') = \int_{-\infty}^{\infty} \int_{-\infty}^{\infty} \mathrm{STFT}_x^{(\gamma)}(t,f) g(t'-t) \mathrm{e}^{\mathrm{j}2\pi ft'} \mathrm{d}t \mathrm{d}f \tag{5-12}$$

这个关系式指明了如何从其 STFT 恢复成综合信号 $x(t')$。

式(5-11)称为 STFT 分析式,而式(5-12)称为 STFT 综合式,综合式可以看成分析式的逆变换。

5.2.4　离散短时傅里叶变换

对连续 STFT 在等间隔时频网格点 $(nT、kF)$ 处采样,其中 $T(T>0)$、$F(F>0)$ 分别是时间变量和频率变量的采样周期,而 n 和 k 为整数。这样,将式(5-11)和式(5-12)分别离散化,可得到 STFT 分析式的离散化形式:

$$\mathrm{STFT}_x^{(\gamma)}(nT,kF) = \int_{-\infty}^{\infty} x(t') \overline{\gamma(t'-nT)} \mathrm{e}^{-\mathrm{j}2\pi(kF)t'} \mathrm{d}t' \tag{5-13}$$

STFT 综合式的离散化形式:

$$x(t') = \sum_n \sum_k \mathrm{STFT}_x^{(\gamma)}(nT,nF) g(t'-nT) \mathrm{e}^{\mathrm{j}2\pi(kF)t'} \tag{5-14}$$

这个离散 STFT 综合关系式只有在下列条件下才是正确的,即采样周期 T 和 F、分析窗 $\overline{\gamma(t)}$ 以及综合窗 $g(t)$ 满足所谓的完全重构条件(对所有 t):

$$\frac{1}{F} \sum_n g\left(t + k\frac{1}{F} - nT\right)\overline{\gamma(t-nT)} = \delta(k) \tag{5-15}$$

式中:$\delta(k)$ 为 δ 函数,即 $\delta(0) = 1$ 和 $\delta(k) = 0(k \neq 0)$。

对短时傅里叶变换系数取平方,可得到信号的短时功率谱估计 $\mathrm{STP}_x^{(\gamma)}(t,f)$,它反映了信号在时频平面上的功率谱密度分布情况,从中可以看出信号的时变特征:

$$\mathrm{STP}_x^{(\gamma)}(t,f) = \big| \mathrm{STFT}_x^{(\gamma)}(t,f) \big|^2 \tag{5-16}$$

短时傅里叶变换的离散算法包括对信号的分段截取和谱估计两个步骤。其中:信号的分段截取是通过滑移分析窗得到离散的短序列;谱估计就是对各短序列进行估计,可以直接利用 FFT 进行计算。

例 5-2　图 5-8(a)和图 5-8(b)所示分别为扫频信号的时域波形和功率谱。图 5-8(c)所示为以瀑布图形表示的功率谱。该图清楚地显示了信号局部频率随时间线性增加的特性。

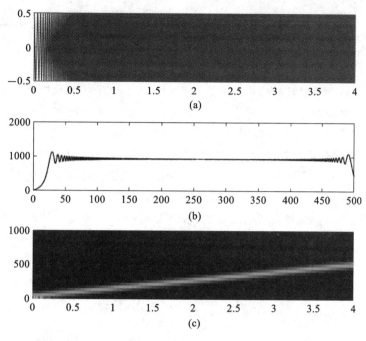

图 5-8　扫频信号的时域波形、功率谱与功率谱瀑布图

MATLAB 代码如下：

```matlab
Fs=40960; dt=1.0/Fs; T=4; N=T/dt;
x=linspace(0,T,N);
y=0.5*chirp(x,20,T,500,'li');
t=linspace(0,T,N); subplot(3,1,1);
plot(t,y,'LineWidth',1);
z=fft(y); A1=abs(z);
M=length(A1);
f=linspace(0,Fs/2,M/2);
subplot(3,1,2);
plot(f,A1(1:M/2),'linewidth',1);
xlim([0,500]);
Z=spectrogram(y,1024,512);
P=sqrt(Z.*conj(Z));
[NN MM]=size(P);
X=linspace(0,Fs/2,NN);
Y=linspace(0,dt*N,MM);
subplot(3,1,3);
surf(Y,X,P);
shading flat
```

5-STFTdemo

```
view([0,0,1]);
ylim([0,1000]);
zlim([0,200]);
```

5.2.5　短时功率谱估计的算法改进

如前所述,在短时傅里叶变换中,信号分析的时间-频率分辨率由时间窗宽度和频率窗宽度决定,而这两者之间存在矛盾。要提高频率分辨率就得加大时窗宽度,而加大时窗宽度将会导致时间分辨率下降;反之,要提高时间分辨率就得减小时窗宽度,这将导致每个短序列所含的数据量减少。当序列数据量少时,用 FFT 进行谱估计,必然存在频率分辨率低和泄露等问题。为了缓解这一矛盾,可用现代谱分析方法中的最大熵谱估计算法取代 FFT 进行谱估计。

已经证明,最大熵谱与自回归模型 AR 谱是等价的。通过分段时序建模得到短时 AR 谱,其估计精度比傅里叶谱高,并具有谱图光滑、谱峰尖锐等优点,不存在加窗处理等问题,特别适用于短序列分析。目前 AR 模型的参数估计算法已经非常成熟,求得时间 t 处短序列的 AR 模型参数后,可以直接计算整体信号 $x(t)$ 在该处的局部 AR 谱,从而得到短时 AR 谱估计。

5.3　小　波　变　换

小波变换最早由法国地球物理学家 Morlet 于 20 世纪 80 年代初,在分析地球物理信号时作为一种信号分析的数学工具提出来。经过多年的发展,小波变换不仅在理论和方法上取得了突破性的进展,而且在信号与图像分析、地球物理信号处理、计算机视觉与编码、语音合成与分析、信号的奇异性检测与谱估计,甚至在分形和混沌理论中都获得了广泛的应用。从原则上讲,传统上使用傅里叶变换的地方,现在都可以用小波变换来取代。小波变换优于傅里叶变换的地方是,它在时域和频域均具有良好的局部化性质。而且,由于对高频成分采用逐渐精细的时域或空间域采样步长,因此小波变换可以聚焦到对象的任意细节,从这个意义上讲,它被人们誉为"数学显微镜",是傅里叶分析发展史上里程碑式的进展,是信号分析中又一重要的数学工具。

5.3.1　小波变换与短时傅里叶变换

短时傅里叶变换和小波变换是线性时频分析中最重要的两种变换。短时傅里叶变换将一维信号 $x(t)$ 映射成在时间-频率平面 (t,f) 内的二维函数,其主要优点:若信号的能量集中在给定的时间间隔 $[-T,T]$ 和频率间隔 $[-\Omega,\Omega]$ 内,经变换后能将能量局域化到区域 $[-T,T]\times[-\Omega,\Omega]$ 范围内;而对信号中没有多少能量的时间和频率间隔处,其变换的结果接近于零。这对信号分析中特征信号的提取非常有利。其主要缺陷:对所有的频率都使用同一个窗,使得分析的分辨率在时间-频率平面的所有局域都相同,如图 5-9 所示。如果在信号内有短时(相对于时窗)、高频成分,那么短时傅里叶变换就不是非常有效了。缩小时窗(选取更集中的窗函数)、缩小采样步长固然可以获得更多的信息,但是受不确定性原理的约束,在时间和频率上均有任意高分辨率是不可能的。而小波变换对不同频率在时域上的采样步长是可调节的,高频者小、低频者大,如图 5-10 所示。在信号分析中,小波变换以不同的标度或分辨率来观察信号。这种多分辨率或多标度的观察点乃是小波变换的基本点。其目的是"既要看到森林(信号的概貌),又要看到树木(信号的细节)"。正是在这一意义上小波变换被誉为"数学显微镜"。它能将信号分解成交织在一起的多种尺度成分,并对大小不同的尺度成分采用相应粗细的时域或空间域采样步长,从而能够不断地聚焦到对象的任意微小细节。这便是小波变换优于短时傅里叶变换的地方。

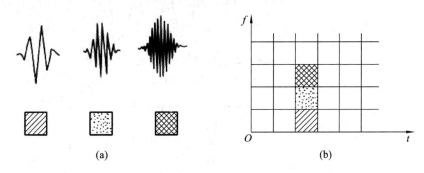

图 5-9　短时傅里叶变换的时频划分

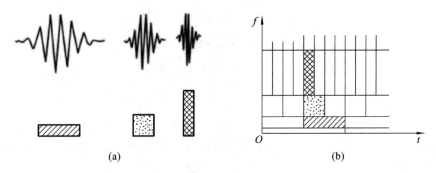

图 5-10　小波变换的时频划分

如果用滤波的观点解释小波变换和短时傅里叶变换,直观上,当小波变换被视为一滤波器组时,时间分辨率必须随分析滤波器的中心频率的提高而提高。因此可以允许带通滤波器的带宽 Δf 与中心频率 f 成正比,即

$$\frac{\Delta f}{f} = C \tag{5-17}$$

式中:C 为常数。而对于短时傅里叶变换,带通滤波器的带宽与分析频率或中心频率 f 无关。如图 5-11 所示,短时傅里叶变换带通滤波器的带宽在频率轴上均匀规则配置(即恒定带宽),而小波变换带通滤波器的带宽在频率轴上则是以对数标度规则扩展的(即恒定的相对带宽)。

5.3.2　连续小波变换

首先定义符号 $\mathbf{Z}$ 和 $\mathbf{R}$ 分别代表整数和实数的集合。$L^2(\mathbf{R})$ 和 $L^2(\mathbf{R}^2)$ 分别代表可测量的、平方可积的一维和二维函数,即 $f(x)$ 和 $f(x,y)$ 的向量空间。$I^2(\mathbf{Z})$ 是平方可求和序列的向量空间,即

$$I^2(\mathbf{Z}) = \left\{ (a_i)_{i \in \mathbf{Z}} : \sum_{i=-\infty}^{\infty} |a_i|^2 < \infty \right\} \tag{5-18}$$

如果 $\psi \in L^2(\mathbf{R})$ 满足容许性条件:

$$C_\psi = \int_{-\infty}^{\infty} \frac{|\hat{\psi}(\omega)|^2}{|\omega|} \mathrm{d}\omega < +\infty \tag{5-19}$$

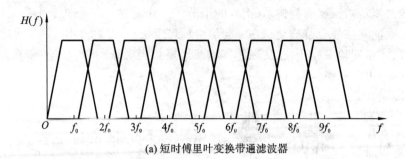

(a) 短时傅里叶变换带通滤波器

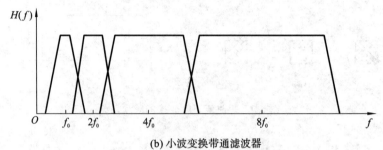

(b) 小波变换带通滤波器

图 5-11　带通滤波器的带宽

那么称 ψ 为一个基小波。式(5-19)中，$\hat{\psi}(\omega)$ 为 $\psi(t)$ 的傅里叶变换。取

$$\psi_{b,a}(t) = |a|^{-\frac{1}{2}}\psi\left(\frac{t-b}{a}\right) \quad (a,b \in \mathbf{R}, a \neq 0) \tag{5-20}$$

为由基小波 $\psi(t)$ 生成的依赖于参数 a 和 b 的连续小波。对于大的 a，基小波变成展宽的原像小波，它是一个低频函数；而对于小的 a，基小波则成为缩小的小波，它是一个短的高频函数，如图 5-10 所示。

对于时变信号 $x(t) \in L^2(\mathbf{R})$，它的连续小波变换定义为

$$(W_\psi x)(b,a) = |a|^{-\frac{1}{2}} \int_{-\infty}^{\infty} x(t) \overline{\psi \frac{(t-b)}{a}} \mathrm{d}t \tag{5-21}$$

式中：$a,b \in L^2(\mathbf{R}), a \neq 0; \overline{\psi \frac{(t-b)}{a}}$ 为共轭。式(5-21)也可以看作 $x(t)$ 与双参数函数族 $\psi_{a,b}$ 的标量积（内积），即

$$(W_\psi x)(b,a) = \langle x(t), \psi_{b,a} \rangle \tag{5-22}$$

式中：$\psi_{b,a} = |a|^{-\frac{1}{2}}\psi\left(\frac{t-b}{a}\right)$。

式(5-19)定义了基小波 $\psi(t)$ 的容许性条件，据此得到 $\hat{\psi}$ 是一个连续函数，所以，由式(5-19)中 C_ψ 的有限性推出 $\hat{\psi}(0) = 0$，或者等价地有

$$\int_{-\infty}^{\infty} \psi(t)\mathrm{d}t = 0 \tag{5-23}$$

又因为 $\psi(t)$ 为平方可积函数，所以小波函数必然是个振荡且快速衰减的短小波，不可能是周期函数，这就是它被称为"小波"的原因。

式(5-21)定义的连续小波变换 $(W_\psi x)(b,a)$ 依赖于两个参数 a 和 b，a 称为尺度因子，b 称为平移因子。变动 a 可使基小波函数在横坐标轴上伸展或压缩，变动 b 则使函数波形在横坐标轴上平移。假设基小波 $\psi(t)$ 的时窗中心和时窗宽度半径分别为 t^* 和 Δ_ψ，那么函数 $\psi_{b,a}$ 是中心在 $b + at^*$ 且半径等于 $a\Delta_\psi$ 的一个窗函数。因此，由式(5-20)表示的连续小波变换给出了

一个模拟信号 $x(t)$ 在时间窗 $[b + at^* - a\Delta_\psi, b + at^* + a\Delta_\psi]$ 中的局部信息,这个窗对于小的 a 值变窄,而对于大的 a 值变宽。

若考虑

$$\frac{1}{2\pi}\hat{\psi}_{b,a}(\omega) = \frac{|a|^{-\frac{1}{2}}}{2\pi}\int_{-\infty}^{\infty}\mathrm{e}^{-\mathrm{j}\omega t}\psi\left(\frac{t-b}{a}\right)\mathrm{d}t = \frac{a|a|^{-\frac{1}{2}}}{2\pi}\mathrm{e}^{-\mathrm{j}bt}\hat{\psi}(a\omega) \tag{5-24}$$

并且假定窗函数 $\hat{\psi}$ 的中心与半径分别用 ω^* 与 $\Delta_{\hat{\psi}}$ 给出,然后,令

$$\eta(\omega) = \hat{\psi}(\omega + \omega^*) \tag{5-25}$$

就得到中心在原点且半径等于 $\Delta_{\hat{\psi}}$ 的一个窗函数。由式(5-22)和式(5-24),并且应用 Parseval 恒等式,有

$$(W_\psi x)(b,a) = \frac{a|a|^{-\frac{1}{2}}}{2\pi}\int_{-\infty}^{\infty}\hat{x}(\omega)\mathrm{e}^{\mathrm{j}b\omega}\overline{\eta\left[a\left(\omega - \frac{\omega^*}{a}\right)\right]}\mathrm{d}\omega \tag{5-26}$$

因为窗函数 $\eta\left[a\left(\omega - \dfrac{\omega^*}{a}\right)\right] = \eta(a\omega - \omega^*) = \hat{\psi}(a\omega)$ 具有由 $\dfrac{1}{a}\Delta_{\hat{\psi}}$ 给出的半径,所以式(5-26)说明,除了具有一个倍数 $a|a|^{-1/2}/2\pi$ 与一个线性相位位移 $\mathrm{e}^{\mathrm{j}b\omega}$ 以外,连续小波变换还可给出信号在频率窗 $\left[\dfrac{\omega^*}{a} - \dfrac{1}{a}\Delta_{\hat{\psi}}, \dfrac{\omega^*}{a} + \dfrac{1}{a}\Delta_{\hat{\psi}}\right]$ 中的局部信息。

如果把 ω^*/a 作为频率变量 ω,那么就可以把 t-ω 平面作为时间-频率平面。t-ω 平面上的矩形时间-频率窗为

$$\left[b + at^* - a\Delta_\psi, b + at^* + a\Delta_\psi\right] \times \left[\frac{\omega^*}{a} - \frac{1}{a}\Delta_{\hat{\psi}}, \frac{\omega^*}{a} + \frac{1}{a}\Delta_{\hat{\psi}}\right]$$

其宽度为 $2a\Delta_\psi$(由时间窗的宽度决定)。在这个时间-频率窗中,当 $|a|$ 变大时,时间窗变宽、频率窗变窄;当 $|a|$ 变小时,时间窗变窄,频率窗变宽。时间窗与频率窗之积为一定值,与 a 或 b 无关,并满足不确定性原理。这表明,小波变换对低频信号(此时 $|a|$ 相对较大)在频率内有很好的分辨率,对高频信号(此时 $|a|$ 相对较小)在时域内又有很好的分辨率。因此小波变换是具有变焦功能的时频分析方法,从而优于短时傅里叶变换。

对于任一有限能量信号的连续小波变换的值,要重构出原信号,即连续小波变换的逆变换,可用如下定义:

$$x(t) = \frac{1}{C_\psi}\int_{-\infty}^{\infty}\int_{-\infty}^{\infty}\left[(W_\psi x)(b,a)\right]\psi_{b,a}(t)\frac{\mathrm{d}a}{a^2}\mathrm{d}b \tag{5-27}$$

对任何 $x \in L^2(\mathbf{R})$ 和 x 连续的点,$t \in \mathbf{R}$。

在信号分析中,若只考虑正频率 ω,又频率变量 ω 是参数 a 的倒数的一个正常数倍,如 $\omega = \omega^*/a$(其中 $\hat{\psi}$ 的中心 ω^* 总是假定为正的),则必须只考虑 a 的正值。所以,由 x 的小波变换重构 x 时,只允许使用值 $(W_\psi x)(b,a)$,$a > 0$。基小波 ψ 对此可能必须有一点限制。附加在 ψ 上的条件:

$$\int_0^{\infty}\frac{|\hat{\psi}(\omega)|^2}{\omega}\mathrm{d}\omega = \int_0^{\infty}\frac{|\hat{\psi}(-\omega)|^2}{\omega}\mathrm{d}\omega = \frac{1}{2}C_\psi < \infty \tag{5-28}$$

例 5-3 采用 MATLAB 实现连续小波变换。相关代码如下:

```
Fs = 3000;   dt=1.0/Fs;
N=1000;    T=dt*N;
t=linspace(0,T,N);
x1 = sin(2*pi*100*t);
```

```
x2 = sin(2*pi*200*t);
x3 = sin(2*pi*800*t);
x=[x1 x2 x3];
N2=length(x);
T2=dt*N2;
t2= linspace(0,T2,N2);
plot(t2,x,'linewidth',1);
figure;
sc=2:64;
cfs=cwt(x,sc,'morl','plot');
figure;
pfreq= scal2frq(sc,'morl',1/Fs);
contour(t2,pfreq,abs(cfs));
```

5-WTversSTFT

运行结果如图 5-12 所示。

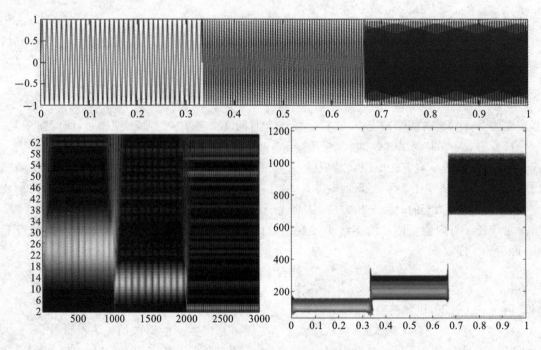

图 5-12　采用 MATLAB 实现连续小波变换

5.3.3　小波分析的应用领域

　　小波分析是当前数学中一个迅速发展的新领域,它同时具有理论深刻和应用十分广泛的双重意义。事实上小波分析的应用领域十分广泛,包括:数学领域的许多学科;信号分析、图像处理;量子力学、理论物理;军事电子对抗与武器的智能化;计算机分类与识别;音乐与语言的人工合成;医学成像与诊断;地震勘探数据处理;大型机械的故障诊断等方面。例如,在数学方面,它已用于数值分析、构造快速数值方法、曲线曲面构造、微分方程求解、控制论等;在信号分析方面,用于滤波、去噪声、压缩、传递等;在图像处理方面,用于图像压缩、分类、识别与诊断、去污等;在医学成像方面,用于减少 B 超、CT、核磁共振成像的时间,提高分辨率等。

(1) 小波分析用于信号与图像压缩是小波分析应用的一个重要方面。它的特点是压缩比高，压缩速度快，压缩后能保持信号与图像的特征不变，且在传递中可以抗干扰。基于小波分析的压缩方法很多，比较成功的有小波包最优基压缩方法、小波域图像纹理压缩方法、小波零树压缩方法、小波变换矢量量化压缩方法等。

(2) 小波分析在信号分析中的应用也十分广泛。它可以用于边界的处理与滤波、时频分析、信噪分离与提取弱信号、求分形指数、信号的识别与诊断，以及多尺度边缘检测等。

(3) 小波分析在工程技术等方面的应用也不少，包括计算机视觉、计算机图形学、曲线设计、湍流、远程宇宙的研究与生物医学方面。

小波分析的应用前景如下：

(1) 瞬态信号或图像的突变点常包含很重要的故障信息，例如，机械故障，电力系统故障，脑电图、心电图中的异常，地下目标的位置及形状等，都对应于测试信号的突变点。虽然这些问题发生的背景不同，但都可以归结为如何提取信号中突变点的位置及判定其奇异性（或光滑性）的问题。对图像来说，急剧变化的点通常对应于图像结构的边缘部位，也就是图像信息的主要部分。掌握了它，也就掌握了图像的基本特征，因此，小波分析在故障检测和信号的多尺度边缘特征提取方面具有广泛的应用前景。

(2) 神经网络与小波分析相结合、分形几何与小波分析相结合是国际上研究的热点之一。基于神经网络的智能处理技术，模糊计算、进化计算与神经网络结合的研究，没有小波理论的嵌入很难取得突破。非线性科学的研究正呼唤小波分析，也许非线性小波分析是解决非线性科学问题的理想工具。

(3) 小波分析用于数据或图像的压缩，绝大多数是对静止图像进行研究的。面向网络的活动图像压缩，长期以来主要是采用离散余弦变换（DCT）加运动补偿（MC）作为编码技术，然而，该方法存在两个主要的问题：方块效应和蚊式噪声。利用小波分析的多尺度分析不但可以克服上述问题，而且可首先得到粗尺度上图像轮廓，然后决定是否需要传输精细图像，以提高图像传输速度。因此，研究面向网络的低速率图像压缩的小波分析并行算法，具有较高探索性和新颖性，同时也具有较高的应用价值和广泛的应用前景。

(4) 目前使用的二维及高维小波基主要是可分离的，关于不可分离二维及高维小波基的构造、性质及其应用研究，由于理论较为复杂，成果甚少。未来向量小波基及高维小波基的研究能够为小波分析的应用开创一个新天地。

习　　题

5-1　稳定信号与时变信号之间的区别是什么？

5-2　联合时频分析的优点是什么？

5-3　设计一个 GUI 程序来做 MP3 文件或 MIC（media interface connector，媒体接口连接器）音频信号的时频分析。

5-4　设计一个 GUI 程序，对啁啾信号或多正弦信号进行时频分析。

第 6 章

数字信号的滤波

6.1　滤波的概念

信号中总会包含某些人们不希望存在的干扰成分,例如听歌时外面的噪声杂音、上课时教室外面的杂音、自然环境中的昆虫叫声、信号中包含的电磁干扰、背景噪声,等等。这就需要设法削弱或消除信号中的干扰、提高信号的信噪比、改善信号质量,即滤波(又叫选频),使信号中特定的频率成分通过,而使其他不需要的频率成分极大地衰减,从而得到一个相对"干净、清洁"的信号。如图 6-1 所示,从时域看,信号较为复杂,不容易辨析;从频域看,信号有 3 个频率成分,其中包含某个不需要的干扰成分。通过消除该干扰成分,就可以改善信号质量。

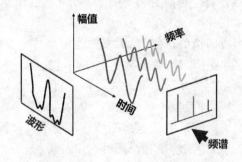

图 6-1　复杂信号分解

具体在测试装置中,利用滤波器可以提取有用信号,抑制或消除干扰信号和噪声。滤波器是一种选频装置,可以使信号中特定频率成分通过,而极大地衰减其他频率成分。事实上,滤波器是一个系统,系统的结构不同,它的输入、输出特性也将不同。按所处理的信号不同,滤波器可以分为模拟滤波器和数字滤波器两种;按所通过信号的频段,主要分为低通、高通、带通、带阻滤波器;按所采用的元器件,分为无源和有源滤波器两种。

例 6-1　信号

$$x(t) = 10\sin(2\pi \cdot 50t) + \frac{10}{2}\sin(2\pi \cdot 100t) + \frac{10}{3}\sin(2\pi \cdot 150t) + \frac{10}{4}\sin(2\pi \cdot 200t)$$

的时域波形和频谱如图 6-2 所示。分别采用低通、高通、带通、带阻滤波器滤波后的信号时域和频域如图 6-3 所示。

图 6-4 所示为常见的峰值滤波器、陷波器、梳状峰值滤波器、梳状陷波器。

低通滤波器和高通滤波器是滤波器的两种最基本的形式,其他滤波器都可以分解为这两种类型的滤波器。例如,带通滤波器是低通滤波器和高通滤波器的串联(见图 6-5),满足低通滤波器的截止频率 f_{Lowpass} 与高通滤波器的截止频率 f_{Highpass} 的关系式:$f_{\text{Lowpass}} > f_{\text{Highpass}}$。

　　带阻滤波器是低通滤波器和高通滤波器的并联(见图 6-6),满足低通滤波器的截止频率 f_{Lowpass} 与高通滤波器的截止频率 f_{Highpass} 的关系式:$f_{\text{Lowpass}} < f_{\text{Highpass}}$。

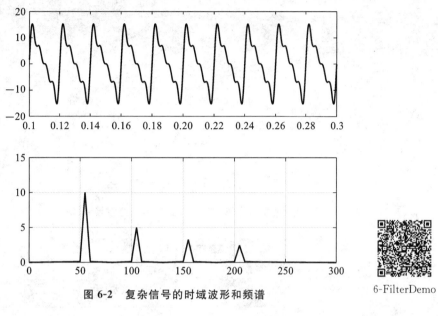

图 6-2　复杂信号的时域波形和频谱

6-FilterDemo

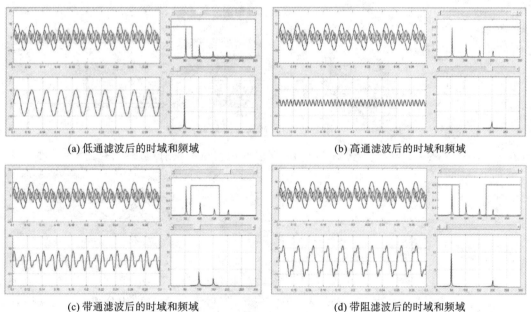

(a) 低通滤波后的时域和频域　　　　　　　　(b) 高通滤波后的时域和频域

(c) 带通滤波后的时域和频域　　　　　　　　(d) 带阻滤波后的时域和频域

图 6-3　分别采用四种滤波器滤波后的信号时域和频域

6.1.1　理想滤波器

1. 模型

　　理想滤波器是一个理想化模型,根据滤波网络的某些特性而定义,是一种物理上不可实现的滤波器,但对它的研究有助于理解滤波器的传输特性,并由此导出的一些结论,可作为实际滤波器传输特性分析的基础。

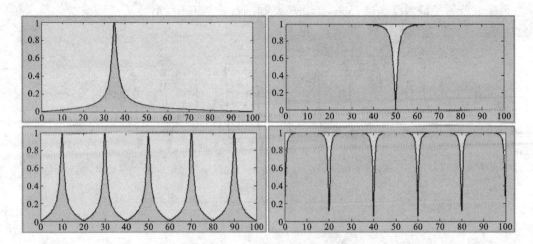

图 6-4　峰值滤波器、陷波器、梳状峰值滤波器和梳状陷波器

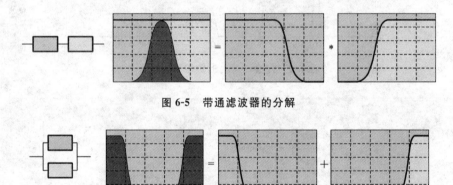

图 6-5　带通滤波器的分解

图 6-6　带阻滤波器的分解

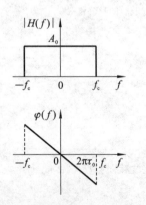

图 6-7　理想低通滤波器的幅、相频特性

在频域上,理想低通滤波器具有矩形幅频特性和线性相移特性,如图 6-7 所示,其频率响应函数、幅频特性、相频特性分别为

$$H(f) = A_0 e^{-j2\pi f \tau_0} \tag{6-1}$$

$$|H(f)| = \begin{cases} A_0, & -f_c < f < f_c \\ 0, & 其他 \end{cases} \tag{6-2}$$

$$\varphi(f) = -2\pi f \tau_0 \tag{6-3}$$

这种理想低通滤波器,将信号中低于截止频率 f_c 的频率成分予以传输,而无任何失真;将高于 f_c 的频率成分则完全衰减掉。

2. 脉冲响应

根据线性系统的传输特性,当 δ 函数通过理想低通滤波器时,其脉冲响应函数 $h(t)$ 应是频率响应函数 $H(f)$ 的逆傅里叶变换,由此有

$$h(t) = \int_{-\infty}^{\infty} H(f) e^{j2\pi ft} \, \mathrm{d}f = \int_{-f_c}^{f_c} A_0 e^{-j2\pi f \tau_0} e^{j2\pi ft} \, \mathrm{d}f \tag{6-4}$$

$$= 2A_0 f_c \frac{\sin 2\pi f_c(t-\tau_0)}{2\pi f_c(t-\tau_0)} = 2A_0 f_c \mathrm{Sinc} 2\pi f_c(t-\tau_0)$$

脉冲响应函数 $h(t)$ 的波形如图 6-8 所示。

图 6-8　理想低通滤波器的脉冲响应

这是一个峰值位于 τ_0 时刻的 $\text{Sinc}(t)$ 型函数。分析可知：

（1）当 $t = \tau_0$ 时，$h(t) = 2A_0 f_c$，τ_0 称为相时延，表明了信号通过系统时的时间滞后性，即响应时间滞后于激励时间。

（2）当 $t = \tau_0 \pm \dfrac{n}{2} f_c (n = 1, 2, \cdots)$ 时，$h(t) = 0$，表明了函数的周期性。

（3）当 $t \leqslant 0$ 时，$h(t) \neq 0$，表明当激励信号 $\delta(t)$ 在 $t = 0$ 时刻加入，而响应却在 t 为负值时已经出现。

以上分析表明，这种理想滤波器是不可能实现的。因为 $h(t)$ 的波形表明，在输入 $\delta(t)$ 到来之前，滤波器就应该有与该输入相对应的输出，显然，任何滤波器都不可能有这种"先知"功能。可以推论，理想高通、带通、带阻滤波器都是不存在的。实际滤波器的频域图形不可能出现直角锐变，也不会在有限频率上完全截止。原则上，实际滤波器的频域图形将延伸到 $|f| \to \infty$，所以一个滤波器只能使信号中通带以外的频率成分极大地衰减，却不能完全阻止。

3. 阶跃响应

讨论理想低通滤波器的阶跃响应，是为了进一步了解滤波器的传输特性，确立关于滤波器响应的上升时间与滤波器通频带宽之间的关系。如果给予滤波器单位阶跃输入 $u(t)$，即

$$u(t) = \begin{cases} 1, & t > 0 \\ \dfrac{1}{2}, & t = 0 \\ 0, & t < 0 \end{cases} \tag{6-5}$$

则滤波器的输出 $y_u(t)$ 将是该输入与脉冲响应函数的卷积：

$$\begin{aligned}
y_u(t) &= h(t) * u(t) \\
&= 2A_0 f_c \text{Sinc}[2\pi f_c(t - \tau_0)] * u(t) \\
&= 2A_0 f_c \int_{-\infty}^{\infty} \text{Sinc}[2\pi f_c(t - \tau_0)] u(t - \tau) \mathrm{d}\tau \\
&= 2A_0 f_c \int_{-\infty}^{t} \text{Sinc}[2\pi f_c(t - \tau_0)] \mathrm{d}\tau \\
&= A_0 \left(\dfrac{1}{2} + \dfrac{1}{\pi} \text{si}[y] \right)
\end{aligned} \tag{6-6}$$

式中：$\text{si}[y]$ 表示正弦积分，其表达式为

$$\text{si}[y] = \int_0^y \dfrac{\sin x}{x} \mathrm{d}x \tag{6-7}$$

其中，

$$\begin{aligned}
y &= 2\pi f_c(t - \tau_0) \\
x &= 2\pi f_c(\tau - \tau_0)
\end{aligned} \tag{6-8}$$

正弦积分值可查数学手册求得。对式（6-6）进行求解后，可以得到理想低通滤波器对单位

阶跃输入的响应,如图 6-9 所示。

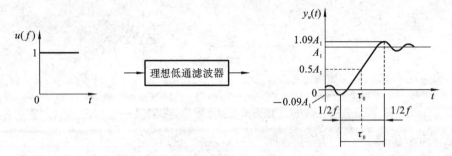

图 6-9　理想低通滤波器对单位阶跃输入的响应

进一步分析可知:

(1) 当 $t = \tau_0$ 时,$y_u(t) = 0.5A_0$,τ_0 是阶跃信号通过理想低通滤波器的延迟时间,或称相时延。

(2) 当 $t = \tau_0 + \dfrac{1}{2f_c}$ 时,$y_u(t) \approx 1.09A_0$;当 $t = \tau_0 - \dfrac{1}{2f_c}$ 时,$y_u(t) \approx -0.09A_0$。

从时刻 $\tau_0 - \dfrac{1}{2f_c}$ 至时刻 $\tau_0 + \dfrac{1}{2f_c}$ 是滤波器对阶跃响应的时间历程 τ_d,$\tau_d = 1/f_c$。如果定义 τ_d 为阶跃响应的上升时间,滤波器带宽为 $B = f_c$,则有

$$\tau_d = \frac{1}{B} \quad 或 \quad \tau_d B = 1 \tag{6-9}$$

此式表明,低通滤波器中阶跃响应的上升时间 τ_d 与通频带宽 B 成反比,或者说,上升时间与带宽之乘积为一常数。对其物理含义可做如下解释:输入信号突变处(间断点)必然含有丰富的高频分量,低通滤波器阻衰了高频分量,其结果是把信号波形变"圆滑"了。通带越宽,阻衰的高频分量越少,这样可使信号能量更多、更快地通过滤波器,所以阶跃响应上升时间就短;反之,则阶跃响应上升时间就长。

带宽反映了滤波器的频率分辨力,通带越窄则滤波器分辨力越高。因此,上述这一结论具有重要意义。它提示我们,滤波器的高分辨能力和测量时快速响应的要求是互相矛盾的。如果要用滤波的方法从信号中选取某一很窄的频率成分(例如希望高分辨力的频谱分析),就需要有足够的时间,如果时间不够,必然会产生谬误和假象。

6.1.2　实际滤波器

对于理想滤波器,只需规定截止频率就可以说明它的性能,因为在截止频率 f_{c1}、f_{c2} 之间的幅频特性为常数 A_0,截止频率以外则为零,如图 6-10 虚线所示。对于实际滤波器(图中实线),由于它的特性曲线没有明显的转折点,通频带中幅频特性也并非常数,因此需要用更多的参数来描述实际滤波器的性能,主要参数有纹波幅度、截止频率、带宽、品质因数、倍频程选择性等。

1. 纹波幅度 d

在一定频率范围内,实际滤波器的幅频特性曲线可能呈波纹状。幅频的波动幅度 d 与幅频特性的平均值 A_0 相比,越小越好,一般应远小于 -3 dB,即 $d \ll A_0 / \sqrt{2}$。

2. 截止频率 f_c

以 A_0 为参考值,幅频特性值等于 $A_0 / \sqrt{2}$ 时滤波器的频率称为滤波器的截止频率 f_c,又可

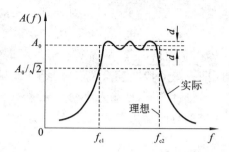

图 6-10　理想带通滤波器与实际带通滤波器的幅频特性

称为－3 dB 点,即相对于 A_0 衰减 3 dB。若以信号的幅值平方表示信号功率,则 f_c 所对应的点正好是半功率点。

3. 带宽 B 和品质因数 Q 值

上下两截止频率之间的频率范围称为滤波器带宽,或－3 dB 带宽,单位为 Hz。带宽决定了滤波器分离信号中相邻频率成分的能力,即频率分辨力。

在电工学中,通常用 Q 代表谐振回路的品质因数。在二阶振荡环节中,Q 值相当于谐振点的幅值增益系数,$Q = 1/2\xi$(ξ 为阻尼率)。对于带通滤波器,通常把中心频率 f_0 和带宽 B 之比 Q 称为滤波器的品质因数。例如一个中心频率为 500 Hz 的滤波器,若其－3 dB 带宽为 10 Hz,则其 Q 值为 50。Q 值越大,表明滤波器分辨力越高。

4. 倍频程选择性 W

在两截止频率外侧,实际滤波器有一个过渡带,这个过渡带的幅频曲线倾斜程度表明了幅频特性衰减的快慢,它决定着滤波器对带宽外频率成分阻衰的能力,通常用倍频程选择性 W 来表征。所谓倍频程选择性,是指在上截止频率 f_{c2} 与 $2f_{c2}$ 之间,或者在下截止频率 f_{c1} 与 $f_{c1}/2$ 之间幅频特性的衰减值,即频率变化一个倍频程时的衰减量:

$$W = -20\lg \frac{A(2f_{c2})}{A(f_{c2})} \tag{6-10}$$

或

$$W = -20\lg \frac{A\left(\dfrac{f_{c1}}{2}\right)}{A(f_{c1})} \tag{6-11}$$

倍频程衰减量以 dB/oct 表示(octave,倍频程)。显然,衰减越快(即 W 值越大),滤波器选择性越好。对于远离截止频率的衰减率,也可用 10 倍频程衰减数表示,即 dB/10 oct。

5. 滤波器因数(或矩形系数)λ

滤波器选择性的另一种表示方法是用滤波器幅频特性－60 dB 带宽与－3 dB 带宽的比值

$$\lambda = \frac{B_{-60\ dB}}{B_{-3\ dB}} \tag{6-12}$$

来表示。理想滤波器 $\lambda=1$,通常使用的滤波器 $\lambda=1\sim5$。有些滤波器因器件影响(例如电容漏阻等),阻带衰减倍数达不到－60 dB,则以标明的衰减倍数(如－40 dB 或－30 dB)带宽与－3 dB 带宽之比来表示其选择性。

6.1.3　数字滤波器

数字滤波器是与模拟滤波器相对应的,是离散系统中常用的滤波器。它的主要作用是利用离散时间系统的特性(在这里时间就是一个变量),对外部输入的信号进行处理。这里的输入信号一般都是广义上的波形信号,可以是电压、电流、功率等。实际操作中,我们也可以把输入的信号变成输出,也就是将输入和输出倒置,从而实现信号频谱修改的目的。可以说,数字滤波器的作用就是利用离散时间系统的特性对输入信号波形(或频谱)进行加工处理,或者说利用数字方法按预定要求对信号进行变换,把输入序列 $x(n)$ 变换成一定的输出序列 $y(n)$(见图 6-11),从而达到改变信号频谱的目的。从广义上讲,数字滤波是由计算机程序来实现的,是具有某种算法的数字处理过程。

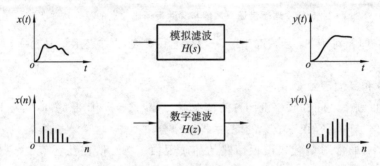

图 6-11　数字滤波系统

由于是离散时间系统,其时域输入-输出数学模型可用差分方程描述:

$$a_0 y(n) + a_1 y(n-1) + \cdots + a_{N-1} y(n-N+1) + a_N y(n-N)$$
$$= b_0 x(n) + b_1 x(n-1) + \cdots + b_{M-1} x(n-M+1) + b_M x(n-M) \tag{6-13}$$

若利用取和符号,则式(6-13)可表示为

$$\sum_{k=0}^{N} a_k y(n-k) = \sum_{r=0}^{M} b_r x(n-r) \tag{6-14}$$

式(6-13)、式(6-14)中:$y(n)$ 是响应,$x(n)$ 是激励;$a_0, a_1, \cdots, a_{N-1}, a_N$ 和 $b_0, b_1, \cdots, b_{M-1}, b_M$ 均是常数,N、M 分别是 $y(n)$、$x(n)$ 的最高位移阶次。

设数字滤波器的脉冲响应序列为 $\{h(0), h(1), h(2), \cdots\}$,则系统输入-输出关系可写成离散卷积形式:

$$y(n) = h(n) * x(n) = \sum_{m=0}^{\infty} h(m) x(n-m) \tag{6-15}$$

式中:$h(n)$ 是系统的单位采样响应或单位脉冲响应,其频谱响应即式(6-15)的卷积经离散傅里叶变换:

$$Y(e^{j\omega}) = H(e^{j\omega}) X(e^{j\omega}) \tag{6-16}$$

其中,$Y(e^{j\omega})$ 是输出序列的傅里叶变换:

$$Y(e^{j\omega}) = \sum_{n=-\infty}^{\infty} y(n) e^{-jn\omega} \tag{6-17}$$

$X(e^{j\omega})$ 是输入序列的傅里叶变换:

$$X(e^{j\omega}) = \sum_{n=-\infty}^{\infty} x(n) e^{-jn\omega} \tag{6-18}$$

$H(e^{j\omega})$ 是单位采样响应 $h(n)$ 的离散傅里叶变换:

$$H(e^{j\omega}) = \sum_{n=-\infty}^{\infty} h(n) e^{-jn\omega} \tag{6-19}$$

$H(e^{j\omega})$ 又称为系统的频率响应,表示输出序列的幅值和相位相对于输入序列的变化,一般是 ω

的连续函数。通常 $H(e^{j\omega})$ 是复数,所以可以写成

$$H(e^{j\omega}) = |H(e^{j\omega})| e^{j\varphi(\omega)} \tag{6-20}$$

其中, $|H(e^{j\omega})|$ 称为离散信号的幅值响应,$e^{j\varphi(\omega)}$ 称为相位响应。可以看出,数字滤波器的频率响应 $H(e^{j\omega})$ 能对输入序列的频谱进行加权改造,这就是滤波器的工作原理。图 6-12 反映了滤波过程中信号的变化,其中,图(a)所示为输入信号(典型的矩形序列)的时域波形和幅值特性曲线,图(b)所示为系统(理想低通滤波器)的时域波形和幅值特性曲线,输出结果是输入信号与系统的时域卷积或频域乘积,如图(c)所示。显然,从幅频特性曲线上看,$|\omega| \leqslant \omega_c$ 的频带信号能够通过,其他频带($\omega_c \leqslant |\omega| \leqslant \pi$)信号衰减(截止);从输出波形 $y(n)$ 上看,原信号 $x(n)$ 波形中的尖点处(跳变处)平滑了许多,即系统对输入信号进行了有效滤波。

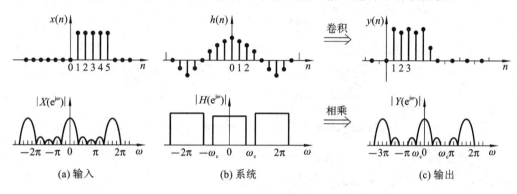

图 6-12　数字滤波器信号处理过程

6.2　频　域　滤　波

从广义上讲,任何一种信息传输通道(媒质)都可视为一种滤波器,其响应特性都是激励频率的函数,都可用频域函数描述其传输特性,即传递函数。设输入信号为 $x(t)$,传输装置的传递函数为 $h(t)$,输出信号为 $y(t)$,则有

$$y(t) = h(t) * x(t) \tag{6-21}$$

这即是时域滤波公式,滤波结果即输出信号等于输入信号 $x(t)$ 与装置的脉冲响应函数即传递函数 $h(t)$ 的卷积。根据时域卷积理论,相应地,在频域上则体现为乘积(滤波)关系:

$$Y(f) = X(f)H(f) \tag{6-22}$$

这就是频域滤波公式,滤波输出信号的频谱等于输入信号频谱 $X(f)$ 与系统脉冲响应函数傅里叶变换值 $H(f)$ 的乘积。进一步,做傅里叶逆变换,则得到

$$y(t) = F^{-1}[Y(f)] \tag{6-23}$$

所以,频域滤波结果为

$$y(t) = F^{-1}[X(f) \cdot H(f)] = F^{-1}[F(x(t)) \cdot H(f)] \tag{6-24}$$

此式即针对输入 $x(t)$ 采用频域滤波函数 $H(f)$ 进行滤波的计算公式,过程如图 6-13 所示。

图 6-14 所示为低通、高通、带通、带阻滤波器的幅频特性。

图 6-14(a)所示是低通滤波器,

$$H(f) = \begin{cases} 1, & f < f_H \\ 0, & \text{其他} \end{cases} \tag{6-25}$$

它允许信号中的低频或直流分量通过,抑制高频分量或干扰、噪声,即 $0 \sim f_H$ 之间的频率成分

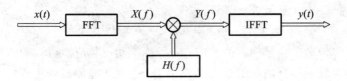

图 6-13　频域滤波过程

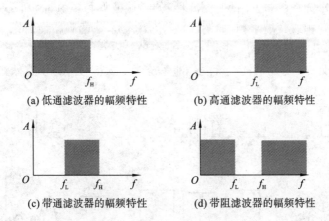

(a) 低通滤波器的幅频特性　　　　(b) 高通滤波器的幅频特性

(c) 带通滤波器的幅频特性　　　　(d) 带阻滤波器的幅频特性

图 6-14　四种滤波器的幅频特性

无衰减地通过,其余频率成分则全部衰减。

图 6-14(b)所示是高通滤波器,

$$H(f) = \begin{cases} 1, & f > f_{\mathrm{L}} \\ 0, & 其他 \end{cases} \tag{6-26}$$

它允许信号中的高频分量通过,抑制低频或直流分量。与低通滤波相反,它使信号中高于 f_{L} 的频率成分无衰减地通过,而低于 f_{L} 的频率成分全部衰减。

图 6-14(c)所示是带通滤波器,

$$H(f) = \begin{cases} 1, & f_{\mathrm{L}} < f < f_{\mathrm{H}} \\ 0, & 其他 \end{cases} \tag{6-27}$$

它允许一定频段的信号通过,抑制低于或高于该频段的信号、干扰和噪声。它的通频带在 f_{L} ~f_{H} 内,使信号中高于 f_{L} 而低于 f_{H} 的频率成分可以无衰减地通过,而其他频率成分则全部衰减。

图 6-14(d)所示是带阻滤波器,

$$H(f) = \begin{cases} 1, & f < f_{\mathrm{L}} \ 或 \ f > f_{\mathrm{H}} \\ 0, & f_{\mathrm{L}} \leqslant f \leqslant f_{\mathrm{H}} \end{cases} \tag{6-28}$$

它抑制一定频段内的信号,允许该频段以外的信号通过,又称陷波滤波器。与带通滤波相反,它使信号中高于 f_{H} 而低于 f_{L} 的频率成分无衰减地通过,其余频率成分则全部受到衰减。

前面谈到,低通滤波器和高通滤波器是滤波器的两种最基本的形式,带通滤波器是低通滤波器和高通滤波器的串联:

$$H(f) = H_1(f) H_2(f)$$

带阻滤波器是低通滤波器和高通滤波器的并联:

$$H(f) = H_1(f) + H_2(f)$$

实际滤波器中,在通带与阻带之间存在一个过渡带,在此带内,信号会有不同程度的衰减。

这个过渡带是滤波器所不希望的,但也是不可避免的。

例 6-2 某信号有 3 个谐波成分,分别为 50 Hz、300 Hz、500 Hz,即

$$x(t) = \sin(2\pi \cdot 50t) + \sin(2\pi \cdot 300t) + \sin(2\pi \cdot 500t)$$

其时域波形和频域结果分别如图 6-15(a)、(b)所示。设计截止频率为 150 Hz 的低通滤波器 $H(f)$,对该信号做傅里叶变化得 $X(f)$,再将该信号做频域滤波即 $H(f)X(f)$,然后将频域滤波结果求傅里叶逆变换,即可得到滤波信号如图 6-15(c)所示。如果设计工作频率在 200～400 Hz 内的带通滤波器 $H(f)$,对该信号做傅里叶变化,再进行频域滤波,然后求傅里叶逆变换,即可得滤波信号如图 6-15(d)所示。

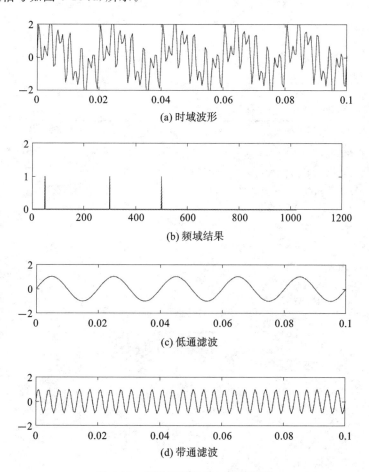

(a) 时域波形

(b) 频域结果

(c) 低通滤波

(d) 带通滤波

图 6-15 谐波信号低通与带通滤波

低通滤波器代码如下:

```
Fs =2048; dt=1.0/Fs; T =1;
N=T/dt; t=[0:N- 1]/N;
x =sin(2*pi*50*t)+sin(2*pi*300*t)+sin(2*pi*500*t);
subplot(3,1,1); plot(t,x);
axis([0, 0.1, -2,2]);
X=fft(x,N);
P =2*abs(X)/N;
```

```
f=linspace(0,Fs/2,N/2);
subplot(3,1,2);plot(f,P(1:N/2));
df=Fs/N;
Fh=150;kh=floor(Fh/df);
H=ones(1,N);
for k=kh:N-kh+1
   H(k)=0;
end
Y=X.*H;
y=ifft(Y);
subplot(4,1,4);plot(t,y);
axis([0, 0.1, -2,2]);
```

带通滤波器代码如下：

```
Fs=2048; dt=1.0/Fs; T=1;
N=T/dt; t=[0:N-1]/N;
x=sin(2*pi*50*t)+sin(2*pi*300*t)+sin(2*pi*500*t);
subplot(3,1,1); plot(t,x);axis([0, 0.1, -2,2]);
X=fft(x,N);   P=2*abs(X)/N;
f=linspace(0,Fs/2,N/2); subplot(3,1,2);
plot(f,P(1:N/2)); df=Fs/N;
Fl=200;  kl=floor(Fl/df);
Fh=400; kh=floor(Fh/df);
H=ones(1,N);
for k=1:kl
   H(k)=0;
end
for k=N-kl+1:N
   H(k)=0;
end
for k=kh:N-kh+1
   H(k)=0;
end
Y=X.*H; y=ifft(Y);
subplot(4,1,4);plot(t,y);
axis([0, 0.1, -2,2]);
```

例 6-3　在有稳定背景噪声条件下,可以采用频谱滤波或相减的方法,消除信号中的背景噪声。首先获取到纯粹的背景噪声,做傅里叶变换求得其频谱,并乘以修正系数 α,再对噪声污染信号做傅里叶变换求得其频谱,两者相减,即得频域滤波消除了背景噪声的信号,最后做傅里叶逆变换即可得到加强的信号。其流程如图 6-16 所示。

如图 6-17 所示,通过上述处理,可以得到消除背景噪声后的鸟鸣声。

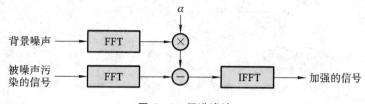

图 6-16 频谱滤波

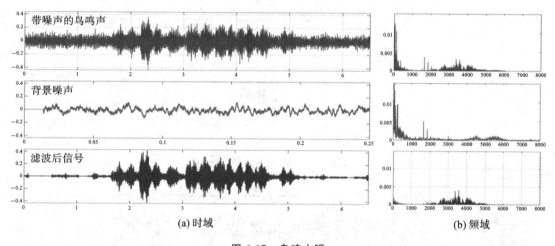

(a) 时域   (b) 频域

图 6-17 鸟鸣去噪

6-BirdNoise

6.3 时域滤波和 Z 变换

6.3.1 时域滤波

如果我们把滤波器看作一个测试系统,其传递函数 $h(t)$ 的傅里叶变换或频率响应为 $H(f)$,噪声污染的输入信号为 $x(t)$,而消除噪声后的输出信号为 $y(t)$,即有 $y(t) = x(t) * h(t)$,输出信号等于输入信号与滤波器脉冲响应函数的卷积。

例 6-4 输入信号是一个多谐波成分

$$x(t) = \sin(2\pi \cdot 20t) + \sin(2\pi \cdot 60t) + \sin(2\pi \cdot 120t) + \sin(2\pi \cdot 200t)$$

这里我们使用 Morlet 小波定义带通滤波器,如图 6-18 所示。其传递函数为

$$H(f) = e^{-(cf)^2} \delta(f - f_c)$$

其时域表达式为

$$h(t) = e^{-\left(\frac{t}{c}\right)^2} \cos(2\pi f_c t)$$

得到滤波器的时域表达式后,则滤波信号为 $x(t) * h(t)$。我们选择 60 Hz Morlet 小波定义的带通滤波器进行时域滤波,滤波后的时域波形和相应的频谱如图 6-19 所示。

具体代码如下:

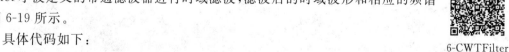

6-CWTFilter

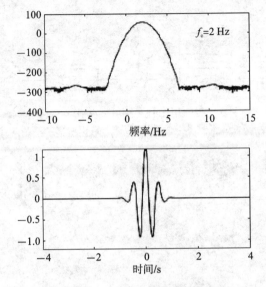

图 6-18　Morlet 小波带通滤波器

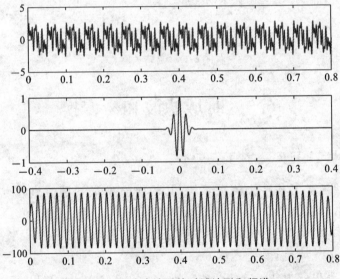

图 6-19　小波滤波后的时域波形和频谱

```
Fs=5120;  dt=1.0/Fs;
N=4096; T=dt*N; t0=linspace(0,T,N);
x=sin(2*pi*20*t0)+sin(2*pi*60*t0)+sin(2*pi*120*t0)+sin(2*pi*200*t0);
subplot(3,1,1);
plot(t0,x,'linewidth',1);
%Morlet Wavelet Filter
Fc=60;
t1=linspace(-T/2,T/2,N);
f0=5/(2*pi); nn=Fc/f0;
x1=cos(2*pi*nn*f0*t1);
```

```
x2=exp(-nn*nn*t1.*t1/2);
wt=x1.*x2;
subplot(3,1,2);
plot(t1,wt,'r','linewidth',1);
y=conv(x,wt);
N1=length(y);
y=y(N/2:N+N/2-1);
subplot(3,1,3);
plot(t0,y,'r','linewidth',1);
```

6.3.2　Z 变换

Z 变换(Z-transform)可以看作离散化的 Laplace 变换和傅里叶变换,是对离散序列进行的一种数学变换,常用于求线性时不变差分方程的解。Z 变换可将时域信号(即离散时间序列)变换到复频域(Z 域)中。它在离散时间信号处理中的地位,如同拉普拉斯变换在连续时间信号处理中的地位。离散时间信号的 Z 变换是分析线性时不变离散时间系统问题的重要工具,它把线性时不变离散系统的时域数学模型(差分方程)转换为 Z 域的代数方程,使离散系统的分析得以简化,还可以利用系统函数来分析系统的时域特性、频率响应及稳定性等,在数字信号处理、计算机控制系统等领域有着广泛的应用。

Z 变换具有许多重要的特性,如线性、时移性、微分性、卷积特性,等等。这些性质在解决信号处理问题时都具有重要的作用。其中,最具有典型意义的是卷积特性。由于信号处理的任务是将输入信号序列经过某个(或一系列各种)系统的处理后输出所需要的信号序列,因此,首先要解决的问题是如何由输入信号和所使用的系统的特性求得输出信号。通过理论分析可知,若直接在时域中求解,则由于输出信号序列等于输入信号序列与所用系统的单位抽样响应序列的卷积和,因此为求输出信号,必须进行烦琐的求卷积和的运算。而利用 Z 变换的卷积特性则可将这一过程大大简化。只要先分别求出输入信号序列及系统的单位抽样响应序列的 Z 变换,然后再求出二者乘积的反变换即可得到输出信号序列。这里的反变换即逆 Z 变换,是由信号序列的 Z 变换反求原信号序列的变换方式。

当前,已有现成的与拉氏变换表类似的 Z 变换表。对于一般的信号序列,均可以由 Z 变换表直接查出其 Z 变换。相应地,当然也可由信号序列的 Z 变换查出原信号序列,从而使得求取信号序列的 Z 变换较为简便易行。

在变换理论的研究方面,霍尔维兹(W. Hurewicz)于 1947 年迈出了第一步,他首先引进了一个变换用于对离散序列进行处理。在此基础上,崔普金于 1949 年、拉格兹尼(J. R. Ragazzini)和扎德(L. A. Zadeh)于 1952 年分别提出和定义了 Z 变换方法,大大简化了 Z 变换运算步骤,并在此基础上发展起脉冲控制系统理论。由于 Z 变换只能反映脉冲系统在采样点的运动规律,崔普金·巴克尔(R. H. Barker)和朱利(E. I. Jury)又分别于 1950 年、1951 年和 1956 年提出了广义 Z 变换和修正 Z 变换(modified Z-transform)方法。

对于离散数字序列,Z 变换操作实际上就是一个移位操作。例如:

对于传递函数为
$$H(z) = z^{-1}$$
的 Z 变换,输入 $x(n)$ 的 Z 变换结果 $y(n)$,实际上就是 $y(n)=x(n-1)$。

对于传递函数为

$$H(z) = z^2$$

的 Z 变换,输入 $x(n)$ 的 Z 变换结果 $y(n)$,就是 $y(n)=x(n+2)$。因此,如果有一个滤波器设计形式为 $H(z)$,则能很容易直接得到其时域的滤波方程。例如,对于半边带滤波器(half-band filter),如图 6-20 所示,其传递函数为

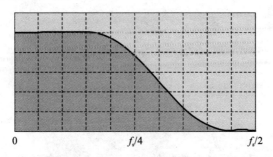

图 6-20　半边带滤波器

$$H(z) = 0.006614 + 0.004007z^{-1} - 0.077517z^{-2} + 0.068953z^{-3} + 0.496251z^{-4}$$
$$+ 0.496251z^{-5} + 0.068953z^{-6} - 0.077517z^{-7} + 0.004007z^{-8} + 0.006614z^{-9}$$

其时域滤波方程为

$$y(k) = 0.006614x(k) + 0.004007x(k-1) - 0.077517x(k-2)$$
$$+ 0.068953x(k-3) + 0.496251x(k-4) + 0.496251x(k-5)$$
$$+ 0.068953x(k-6) - 0.077517x(k-7) + 0.004007x(k-8) + 0.006614x(k-9)$$

例 6-5　用 MATLAB 实现 Z 变换。相关代码如下:

```
Fs =5120;   dt=1.0/Fs;
N= 4096; T=dt* N; t0= linspace(0,T,N);
x= sin(2* pi* 20* t0)+ sin(2* pi* 2000* t0);
subplot(2,1,1); plot(t0,x,'linewidth',1);
y(1)=0;y(2)=0;y(3)=0;
y(4)=0;y(5)=0;y(6)=0;
y(7)=0;y(8)=0;y(9)=0;
for k=10:N
y(k)=0.006614+0.004007* x(k- 1)- 0.077517* x(k- 2)+0.068953* x(k- 3)+0.496251* x(k-
4)+0.496251* x(k- 5)+0.068953* x(k- 6)- 0.077517* x(k- 7)+0.004007* x(k- 8)+0.006614
* x(k- 9);
end
subplot(2,1,2);
plot(t0,y,'linewidth',1);
```

运行结果如图 6-21 所示。

6.3.3　双边 Z 变换

双边 Z 变换定义如下:

$$X(Z) = Z\{x[n]\} = \sum_{n=-\infty}^{\infty} x[n]Z^{-n}, \quad Z \in R(x) \tag{6-29}$$

其中,$R(x)$ 称为 $X(z)$ 的收敛域。

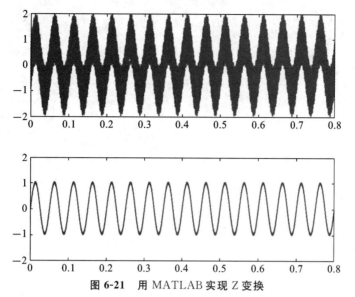

图 6-21　用 MATLAB 实现 Z 变换

单边 Z 变换定义如下：

$$X(Z) = Z\{x[n]\} = \sum_{n=0}^{\infty} x[n]Z^{-n}, \quad Z \in R(x) \tag{6-30}$$

其中，$R(x)$ 称为 $X(z)$ 的收敛域。

6.4　有限冲激响应滤波器

若滤波器处于零状态（无惯性），利用 Z 变换可将式（6-22）的卷积变换为

$$Y(z) = X(z)H(z) \tag{6-31}$$

式中：$Y(z)$ 是系统零状态响应 $y(n)$ 的 Z 变换；$X(z)$ 是激励信号 $x(n)$ 的 Z 变换；$H(z)$ 是单位采样响应 $h(n)$ 的 Z 变换，称为系统函数。由式（6-30）可推出

$$H(z) = \frac{Y(z)}{X(z)} = \frac{\displaystyle\sum_{r=0}^{M} b_r z^{-r}}{\displaystyle\sum_{k=0}^{N} a_k z^{-k}} \tag{6-32}$$

如果系统函数 $H(z)$ 是有理函数，那么式（6-32）的分子、分母都可分解为因子形式：

$$H(z) = G \cdot \frac{\displaystyle\prod_{r=1}^{M} (1 - z_r z^{-1})}{\displaystyle\prod_{k=0}^{N} (1 - p_k z^{-1})} \tag{6-33}$$

式中：$z_r(r=1,2,\cdots,M)$ 称为系统的零点；$p_k(k=1,2,\cdots,N)$ 称为系统的极点。显然，零点和极点由 $H(z)$ 的分子、分母决定，而零点、极点的分布能确定系统的性质和单位采样响应的性质。

数字滤波器是线性时不变离散系统，其系统函数 $H(z)$ 是 z^{-1} 的有理函数，因此，式（6-32）可写成

$$H(z) = \frac{\displaystyle\sum_{r=0}^{M} b_r z^{-r}}{1 + \displaystyle\sum_{k=1}^{N} a_k z^{-k}} \tag{6-34}$$

可以看出,若 $a_k = 0 (k=1,2,\cdots,N)$,则 $H(z)$ 是 z^{-1} 的多项式, $H(z) = \displaystyle\sum_{r=0}^{M} b_r z^{-r}$,即相应的单位采样响应 $h(n)$ 是有限长的,对应的滤波器称为有限冲击响应(FIR)滤波器。

例 6-6　用 MATLAB 实现 FIR 滤波器。相关代码如下:

```
Fs = 2048; dt=1.0/Fs;
T-1; N-T/dt; t-[0:N-1]/N;
x1 = sin(2*pi*50*t)+sin(2*pi*300*t)+sin(2*pi*500*t);
subplot(3,1,1); plot(t,x1);
axis([0, 0.1, -2,2]);P=fft(x1,N);
Pyy = 2*sqrt(P.*conj(P))/N;
f=linspace(0,Fs/2,N/2);
subplot(3,1,2); plot(f,Pyy(1:N/2));
b = fir1(48,0.1);
x2=filter(b,1,x1);
subplot(3,1,3); plot(t,x2);
axis([0, 0.1, -2,2]);
```

运行结果如图 6-22 所示。

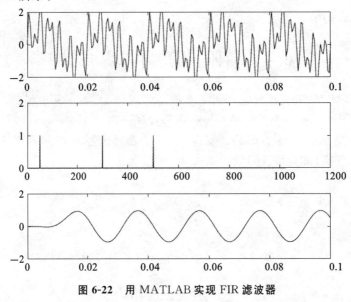

图 6-22　用 MATLAB 实现 FIR 滤波器

6.5　无限冲激响应滤波器

若 $a_k \neq 0$,则响应的单位采样值响应 $h(n)$ 是无限长的,对应的滤波器称为无限冲激响应(infinite impulse response,简称 IIR)滤波器。

按数字滤波器系统函数,可以用数字卷积分公式对数字化后的测量信号 $x(n)$ 进行滤波:

$$y(n) - a_1 y(n-1) - \cdots - a_{N_1} y(n-N_1) = b_0 x(n) - b_1 x(n-1) - \cdots - b_{N_2} x(n-N_2)$$

$$(n = 0,1,2,\cdots,M)$$

式中：$y(n)$ 为滤波后的信号；M 为采样信号的长度。

无论是 FIR 还是 IIR 滤波器，滤波的过程都很简单。采用一个两重的循环语句结构，用加、减、乘运算和几条程序语句就可以实现式（6-35）的数字滤波过程。难点是如何按照应用需要快速构造数字滤波器的系统函数 $H(z)$，求取滤波器系数。

FIR 滤波器的设计方法有窗函数法、频率取样法、优化法等；IIR 滤波器的设计方法有双线性变换法、数字巴特沃斯滤波器、数字切比雪夫滤波器等。数字滤波器的设计涉及较多的数学知识，在此难以阐述。但目前有许多软件工具包已提供了一些常用滤波器的设计子程序或滤波子程序，测试工作者应该学会调用这些子程序。

例 6-7 用 MATLAB 实现 IIR 滤波器。相关代码如下：

```
Fs =2048; dt=1.0/Fs;
T =1; N=T/dt; t=[0:N-1]/N;
x1 =sin(2*pi*50*t)+sin(2*pi*300*t)
+sin(2*pi*500*t);
subplot(3,1,1);plot(t,x1,'linewidth',3);
axis([0, 0.1, -2,2]);
P=fft(x1,N);
Pyy =2*sqrt(P.*conj(P))/N;
f=linspace(0,Fs/2,N/2);
subplot(3,1,2);plot(f,Pyy(1:N/2),'linewidth',3);
axis([0,1024, 0,1.5]);
[b,a]=butter(8,0.1,'low');
% [b,a]=ellip(8,1,60,0.1,'low');
x2=filter(b,a,x1);
subplot(3,1,3);plot(t,x2,'linewidth',3);
axis([0, 0.1, -1.5,1.5]);
```

运行结果如图 6-23 所示。

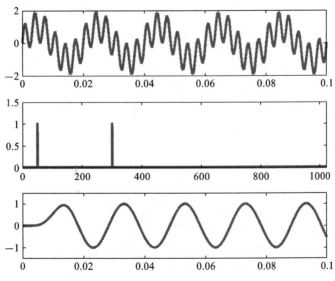

图 6-23 用 MATLAB 实现 IIR 滤波器

习　题

6-1　什么是信号滤波,在什么条件下滤波器能很好地工作?

6-2　如果你有一个手机,打开和关闭噪声消除功能,和你的朋友在嘈杂的环境中电话交谈,然后比较他们的不同。

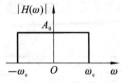

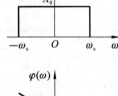

题图 6-1

6-3　已知理想低通滤波器(见题图 6-1):

$$H(\omega) = \begin{cases} A_0 e^{-j\omega\tau_0}, & -\omega_c < \omega < \omega_c \\ 0, & \text{其他} \end{cases}$$

试求,当 δ 函数通过此滤波器以后:

(1) 时域波形;

(2) 频谱;

(3) 该滤波器是非因果系统的理由。

6-4　已知理想低通滤波器:

$$H(\omega) = \begin{cases} A_0 e^{-j\omega\tau_0}, & -\omega_c < \omega < \omega_c \\ 0, & \text{其他} \end{cases}$$

试求,当阶跃信号通过此滤波器以后:

(1) 时域波形;

(2) 频谱;

(3) 滤波器带宽($B_f = \omega_c/2\pi$)与滤波上升时间之间的关系;

(4) 吉布斯现象的产生原因。

6-5　已知理想滤波器的传递函数 $H(\omega)$ 和阶跃响应 $y_M(t)$:

$$H(\omega) = e^{-j\omega\tau_0}, \quad -\omega_c < \omega < \omega_c$$

$$y_M(t) = \frac{1}{2} + \frac{1}{\pi}\text{si}[\omega_c(t - t_0)]$$

试求,当矩形脉冲信号

$$x_r(t) = u(t) - u(t - \tau)$$

通过后,时域、频域波形,以及当改变滤波器带宽 ω_c 时的波形变化。

6-6　试求调幅信号

$$x_A(t) = (1 + \cos t)\cos 100t$$

通过带通滤波器时的输出信号 $y_A(t)$ 及其频谱 $y_A(\omega)$。带通滤波器的传输特性为

$$H(\omega) = \frac{1}{1 + j(\omega - 100)}$$

6-7　已知一理想低通滤波器,其 $|H(\omega)| = 1$,$\varphi(\omega) = 4 \times 10^{-6}\omega$,截止角频率 $\omega_c = 6 \times 10^5$ rad/s,如果在输入端加一个 12 V 的阶跃信号作为激励,试求:

(1) 激励信号加入后 $t = 6$ μs 时此滤波器输出信号的幅度;

(2) 滤波器输出信号上升到 6 V 时所需要的时间。

6-8　什么是 Z 变换? 为什么我们需要在时域滤波中使用它?

6-9　利用 Z 变换计算一阶系统的阶跃响应。

下篇
传感器技术与测试系统

第7章

传感器技术

7.1 传感器技术概述

7.1.1 传感器的定义

传感器是接收一种形式信息(如物理的、化学的、生物的等),并根据一定的规则将其转换成另一种信息(通常是指电信息和光信息)的装置。如今,电信号可以很容易地处理和传输。因此,传感器可以狭义地定义为将非电信号转换为电信号的装置。

传感器是测控系统的第一个单元,用来感知环境的刺激和变化。传感器的作用与人体感觉器官的作用非常相似。测控系统与人体的比较如图 7-1 所示。五官(眼、耳、鼻、舌、皮)是人体上帮助我们感知周围世界的感觉器官,五官能感知光、声、热等刺激,并通过神经系统向大脑发送电信号。然后,我们的四肢可以根据大脑分析后的刺激做出反应。在测控系统中,计算机起着类似大脑的作用,对传感器采集到的信号进行分析,并发出信号来控制执行器。

图 7-1 测控系统与人体的比较

传感器的作用类似于感觉器官的作用,我们可以在表 7-1 中对它们进行类比。一些传感器的功能已经超过了我们的感觉器官,如 CCD 比眼睛有更好的灵敏度,红外传感器可以扩展探测的频率范围。然而,仍有一些传感器不如人的感觉器官好,如离子传感器等。

表 7-1 传感器和感觉器官之间的类比

感 觉	感 觉 器 官	传 感 器
视觉	眼睛	CCD、CMOS、红外传感器
听觉	耳朵	声传感器、超声传感器
嗅觉	鼻子	气体传感器
味觉	舌头	离子传感器
触觉	皮肤	压力传感器、温度传感器、湿度传感器

正如我们将在下面几节中看到的,传感器已广泛应用于我们的日常生活和许多工业领域,以从外界获取准确的信息。传感器技术与通信技术和计算机技术一起被视为现代信息产业的

三大支柱。

7.1.2　传感器的组成

通常,传感器由转换单元和传感单元组成,如图 7-2 所示。当待测物理量难以直接转换为电信号时,使用转换单元将物理量转换为另一中间物理量。然后,传感单元将中间物理量转换为电信号。

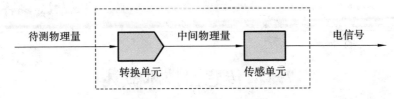

图 7-2　传感器的组成部分

例 7-1　数字吊秤。数字吊秤是传感器的一个简单例子,如图 7-3 所示。秤要测量的物理量是质量。由于质量很难直接转换成电信号,因此采用弹簧作为转换单元,根据胡克定律将质量转换成位移。然后,弹簧的移动端与变阻器相连。变阻器作为传感元件,将位移转换为电量(电压、电流)的变化。

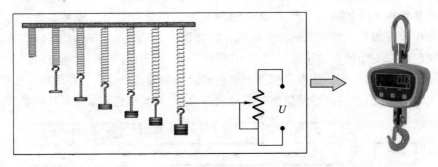

图 7-3　数字吊秤示意图

例 7-2　数字厨房秤。数字厨房秤也是传感器的一个例子。要测量的物理量仍然是质量。厨房秤的转换单元是悬臂梁,它将质量转换为悬臂梁的应变,然后采用电阻应变片作为传感元件,将应变转换为电信号。

7.1.3　传感器的分类

各种传感器可用于测量不同的物理量,如长度、面积、体积、位移、速度、加速度、流速、振动、压力、力、扭矩、质量、温度、湿度、亮度、磁场强度、声压、颗粒浓度等,它们基于不同的工作原理,如电磁感应、压电效应、光电效应、热电效应等,因此传感器的种类繁多,分类方法也多种多样。本书只介绍一些常用的分类方法。

1. 按待测物理量分类

对传感器进行分类和命名的最简单的方法是依据要测量的物理量进行。例如,如果用一个传感器来测量位移,我们称之为位移传感器。表 7-2 列出了一些以待测物理量命名的典型传感器。

表 7-2　根据待测物理量分类的传感器

传感器类别	待测物理量
机械式	长度、厚度、位移、速度、加速度、角度、转速、质量、重量、推力、压力、扭矩
声学	声压
磁学	磁通量、磁场强度
热学	温度、热量、比热容
光学	亮度、颜色

2. 按工作原理分类

传感器根据不同的原理将物理量转换成电信号。我们还利用工作原理对传感器进行分类和命名。例如,如果传感器是基于霍尔效应的,我们称之为霍尔传感器;如果一个传感器要把测量的物理量转换成电感,我们称之为电感传感器。

3. 按能量供应类型分类

根据能量供应的类型,传感器可分为能量转换型和能量控制型。对于能量转换型,能量是自供的,传感器能量直接来自测量的物理量。例如,热电偶直接将热能转化为电能,压电传感器将力或压力转化为电能。而对于能量控制型,能量由外部电源提供,测量仅控制输出能量。例如,当我们使用电阻应变计作为传感器时,必须连接一个电源,以便将应变转换为电阻后输出一个电压信号。

4. 按传感元件特性分类

根据传感元件的特性,传感器可分为物理型和结构型。如果信号转换是通过物理特性的变化来实现的,则传感器被归类为物理传感器。例如:水银温度计是物理型的,因为温度会改变水银的体积,这是水银的物理特性;磁电阻也属于物理型,因为磁场改变了传感元件的电阻。结构型传感器通过改变结构参数进行信号转换。例如,当我们使用电容式传感器来测量声强时,声音(机械波)会改变电容器的结构特性(两个极板之间的距离)。

7.2　电阻式传感器

电阻式传感器是将测量的量转换为电阻变化的传感器。它按工作原理可分为电位器、电阻应变片和敏感型(热敏、光敏、气敏、磁敏等)电阻式传感器。电阻式传感器是最简单的电子元件,电阻的测量简单、准确、动态范围大,因此有着广泛的应用。万用表可以测量大小为 10 $\Omega \sim 10$ MΩ 的电阻,电阻的变化很容易用欧姆定律 $U = IR$ 转换成电压或电流的变化。

7.2.1　电位器

电位器是一个三端电阻器,带有滑动或旋转触点,形成可调分压器。它被广泛应用于位移和角度的测量。导线的电阻可以表示为

$$R = \rho \frac{l}{S} \tag{7-1}$$

式中:ρ 是电阻率;l 是导线的长度;S 是导线的横截面积。当导线由相同的材料制成,并且整个导线的横截面积保持不变时,导线的电阻与其长度成正比。

电位器的等效电路如图 7-4 所示。端子 A 和 B 之间的电阻与端子 B 和 C 之间的电阻分

别为

$$R_{AB} = kL \tag{7-2}$$

$$R_{BC} = kx \tag{7-3}$$

其中:k 是单位长度的电阻;L 是电位器的总长度;x 是端子 C 的位移。端子 A 和 B 连接到直流电源,端子 B 和 C 之间的电压用作输出。由于 R_{AB} 和 R_{BC} 形成分压器,因此可以容易地获得以下表达式:

$$U_{out} = \frac{R_{BC}}{R_{AB}}U = \frac{U}{L}x \tag{7-4}$$

其中:U 是电源的电压。从式(7-4)可以看出,电位器的输出电压与移动终端的位移成正比。

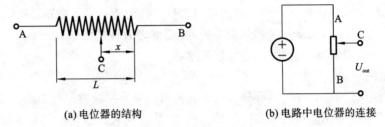

(a) 电位器的结构　　　　　　　　　(b) 电路中电位器的连接

图 7-4　电位器的等效电路

如果电位器的输出进一步连接到其他仪器或用于驱动致动器,则必须考虑负载电阻,电路如图 7-5 所示。施加在负载上的电压为

$$U_{L} = \frac{R_{BC} \parallel R_{L}}{R_{BC} \parallel R_{L} + R_{AC}}U = \frac{U}{\dfrac{L}{x} + \dfrac{R_{AB}}{R_{L}}\left(1 - \dfrac{x}{L}\right)} \tag{7-5}$$

式中:R_{L} 是负载电阻。由式(7-5)可知,输出电压不再与位移成正比。图 7-6 比较了开路和带负载时电位器的输出电压。非线性关系在测量过程中会产生误差。可以注意到,如果式(7-5)中的负载电阻变为无穷大,输出电压将再次与位移成比例。因此,在使用电位器时,测量仪器应具有较大的内阻。

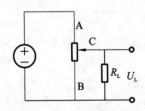

图 7-5　带负载电位器的电路

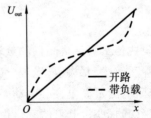

图 7-6　开路和带负载时电位器的输出电压

在为应用选择电位器时,通常需要考虑六个参数:

(1) 线性度,描述输出电压与输入位移或角度之间线性关系;

(2) 分辨率,描述位移或角度的最小可测量间隔;

(3) 总电阻偏差;

(4) 测量范围,描述可测量的位移或角度的最大值;

(5) 温度系数,描述电位器的电阻是否随温度变化;

(6) 寿命。

例 7-3 储气检测。在工厂里,液化气是重要的燃料来源,有必要知道气罐里还有多少气体。如果液化气不够,工人应该及时补充。由于罐内压力高,气体呈液态。图 7-7 显示了用电位器检测气体储备的示意图。浮标浮在液面上,其垂直位置随液面变化而变化。浮标通过钢丝与轴相连,这样浮标移动就会使轴旋转。上述轴进一步连接到电位器的移动端,因此轴转动会改变电位器的电阻。如果我们把电位器连接在一个电路中,则输出电压会随着罐内液位的变化而变化。

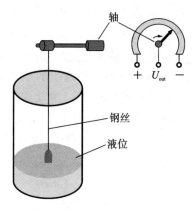

图 7-7 用电位器检测气体储备

例 7-4 电阻式触摸屏。触摸屏是现代仪器直观的输入和输出设备。几十年前,电阻式触摸屏被用于许多智能手机,如诺基亚 N97 和三星 Omnia。目前,智能手机大多采用电容式触摸屏,而电阻式触摸屏由于其对液体的耐受性,主要应用于医院和工厂的仪器。典型的电阻式触摸屏由两个独立的层组成,如图 7-8(a)所示,它们分别在 x 轴和 y 轴上有电极。每一层都由图 7-8(b)所示的电阻栅极构成,两层不接触,形成两个独立的电路,如图 7-8(d)所示。如果我们的手指接触到屏幕,压力将使两层在接触点处连接,从而使两层中的电路连通,如图 7-8(c)所示。为了得到接触点的坐标,我们需要逐个读取 x 和 y 坐标。为了读取 x 坐标,我们需要在 $x+$ 端子上施加一个驱动电压 U_d,并将 $x-$ 端子接地,然后读取 $y+$ 或 $y-$ 端子上的电压,如图 7-8(e)所示。由于电路是一个分压器,$y+$ 端子上的电压为 $U_{y+} = U_d x/W$,其中 x 是触摸点的坐标,W 是触摸屏的总宽度。类似地,我们可以在 $y+$ 和 $y-$ 端子上施加直流电压,并从 $x+$ 端子读取,如图 7-8(f)所示,输出电压将与 y 坐标成比例:$U_{x+} = U_d y/H$,其中 H 是触摸屏的高度。

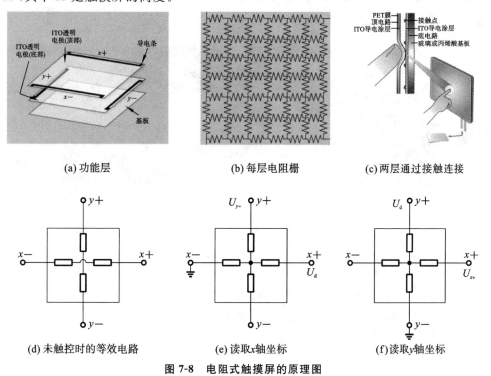

(a) 功能层   (b) 每层电阻栅   (c) 两层通过接触连接

(d) 未触控时的等效电路   (e) 读取x轴坐标   (f) 读取y轴坐标

图 7-8 电阻式触摸屏的原理图

DIY 实验 7.1 使用电位器和 Arduino 板控制 LED 灯的亮度。

为了更直观地理解电位器，建议学生们用 Arduino 板做一个实验，如图 7-9 所示。Arduino 是一个微控制器开发板，它封装了许多有用的功能，初学者不需要太多的微控制器知识就可以容易使用。在这个实验中，电位器由 Arduino Uno 板供电。电位器的输出电压由 Arduino 板的模拟输入引脚获取。然后，采集的电压通过 Arduino 板的 PWM（pulse width modulation，脉宽调制）引脚为 LED 灯供电。需要注意的是，LED 灯必须串联到电阻上，以避免在大电流下烧毁 LED 灯。当我们旋转电位器时，施加在 LED 灯上的电压会发生变化，我们可以观察到亮度的变化。参考代码如下：

```
const int analogInPin =A0;
const int analogOutPin =9;
int sensorValue =0;
int outputValue =0;
void setup(){
  Serial.begin(9600);
}

void loop(){
  sensorValue =analogRead(analogInPin); // read the analog in value:
  outputValue = map (sensorValue, 0, 1023, 0, 255); // map it to the range of the
analog out:
  analogWrite(analogOutPin, outputValue); // change the analog out value:
  delay(100);
}
```

要使用此代码，电位器的输出应连接到引脚 A0，引脚 9 应用于为 LED 灯供电。

图 7-9 电位器和 LED 的电路连接

7.2.2 电阻应变片

电阻应变片是由金属或半导体导线制成的。应变片的电阻在变形引起的外应变作用下发生变化。应变片可用于测量应变、力、速度、加速度、扭矩等，具有体积小、动态响应快、精度高等优点，已广泛应用于航空航天、船舶、机械、建筑等行业。

1. 金属应变片

金属线的电阻已在式(7-5)中给出,取电阻的导数,可得

$$dR = \frac{\partial R}{\partial l}dl + \frac{\partial R}{\partial S}dS + \frac{\partial R}{\partial \rho}d\rho$$

$$= \frac{\rho}{S}dl - \frac{\rho l}{S^2}dS + \frac{l}{S}d\rho$$

$$= R\left(\frac{dl}{l} - \frac{dS}{S} + \frac{d\rho}{\rho}\right) \tag{7-6}$$

式中:S 是横截面积。将 $S = \pi r^2$ 代入式(7-6),得到:

$$\frac{dR}{R} = \frac{dl}{l} - \frac{2dr}{r} + \frac{d\rho}{\rho} \tag{7-7}$$

式中:r 是导线的半径。金属线变形时,其体积保持不变,因此,当金属丝沿轴向伸长时,半径应相应减小。长度和半径的变化与泊松比 ν 有关,如下所示:

$$\frac{dr}{r} = -\nu\frac{dl}{l} \tag{7-8}$$

根据定义,长度变化与原始长度之比 $\frac{dl}{l}$ 为应变,通常用 ε 表示。此外,电阻率的变化与轴向应力有关:

$$\frac{d\rho}{\rho} = K_\pi\sigma = K_\pi E\varepsilon \tag{7-9}$$

式中:K_π 是压阻系数;E 是杨氏模量;σ 是应力;ε 是应变。将式(7-8)和式(7-9)代入式(7-7),最终可以将电阻与应变的变化联系起来:

$$\frac{dR}{R} = \varepsilon + 2\nu\varepsilon + K_\pi E\varepsilon = (1 + 2\nu + K_\pi E)\varepsilon \tag{7-10}$$

金属的压阻系数通常很小,在应力作用下,金属的电阻率被认为是一个常数。因此,式(7-10)可简化为

$$\frac{dR}{R} \approx (1 + 2\nu)\varepsilon \tag{7-11}$$

式(7-11)表明,电阻的相对变化与应变成正比,且呈线性关系。应变片灵敏度系数可从式(7-11)中获得:

$$K_{MS} = 1 + 2\nu \tag{7-12}$$

式中:K_{MS} 是灵敏度系数。大多数金属的泊松比在 0.33 左右,因此,金属应变片的近似灵敏度系数为 1.66。

典型的金属应变片由金属箔(或金属丝)组成,呈平行线之字形,如图 7-10 所示。金属箔由绝缘材料制成的柔性衬垫支撑。通常,金属箔上面还有一层覆盖层,以保护其免受磨损、腐蚀和潮湿环境的影响。采用平行线的目的是增加同一应变下的电阻变化。虽然并联结构不改变灵敏度系数,但它增加了式(7-11)中的总电阻 R。因此,在相同应变 ε 下,电阻 dR 的变化增大。

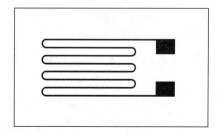

图 7-10　金属应变片结构

图 7-10 所示的应变片在水平方向上的灵敏度比在垂直方向上的灵敏度大得多。为了测

量不同方向的应变,我们可以使用图 7-11 所示的结构。

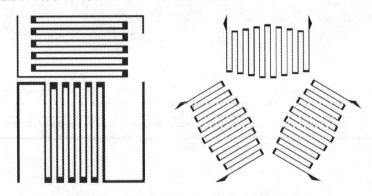

图 7-11　测量不同方向应变的金属应变片结构

2. 半导体应变片

对于半导体应变片,电阻的变化也由式(7-10)决定。不同的是半导体的压阻系数要大得多,一般在 $4 \times 10^{-10} \sim 8 \times 10^{-10}$ m²/N 内,如果杨氏模量取 1.5×10^{11} N/m²,则 $K_\pi E$ 为 $60 \sim 120$,远大于 $1 + 2\nu$。因此,半导体应变片的电阻变化近似表示为

$$\frac{\mathrm{d}R}{R} = K_\pi E \varepsilon \tag{7-13}$$

则灵敏度系数为

$$K_{SS} = K_\pi E \tag{7-14}$$

半导体应变片的主要优点是灵敏度高,通常是金属应变片的 100 倍左右。另外,它响应速度快,体积小。但在测量大应变时也存在温度漂移和线性度差的缺点。

由于半导体应变片的灵敏度系数较大,因此它通常只由单晶片或单丝组成,如图 7-12 所示。单晶片或单丝黏结在绝缘底座上。金属导线用于将半导体连接到电极和外部电路。

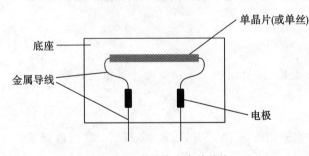

图 7-12　半导体应变片结构

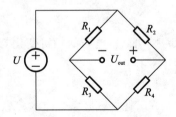

图 7-13　惠斯通电桥

3. 应变片测量电路

从式(7-11)和式(7-13)可以看出,应变片可以把应变转换成电阻的变化。然而,电阻的变化通常很小,很难直接测量。因此,需要测量电路将电阻变化进一步转化为电压变化。

惠斯通电桥对电阻的微小变化具有很高的灵敏度,是应变片最常用的电路。直流惠斯通电桥由四个电阻器组成,如图 7-13 所示。电桥的输出电压为

$$U_{out} = \frac{R_4}{R_2 + R_4} U - \frac{R_3}{R_1 + R_3} U = \frac{R_1 R_4 - R_2 R_3}{(R_1 + R_3)(R_2 + R_4)} U \tag{7-15}$$

惠斯通电桥的平衡条件为

$$\frac{R_1}{R_3} = \frac{R_2}{R_4} \tag{7-16}$$

在平衡条件下,输出电压为零。当其中一个电阻改变时,输出电压也随之改变。

当使用惠斯通电桥作为应变片时,我们可以用应变片替换电桥中的一个电阻,以建立四分之一电桥(通常称为单臂电桥),如图 7-14 所示。为了提高电路的灵敏度和线性度,我们需要将初始条件设置为 $R_1 = R_2 = R_3 = R_4 = R$。如果没有应变,输出电压将为零。当应变片的电阻在应变作用下由 R 变为 $R + \mathrm{d}R$ 时,输出电压为

$$U_{\mathrm{out}} = \frac{R_1(R_4 + \mathrm{d}R) - R_2 R_3}{(R_1 + R_3)(R_2 + R_4 + \mathrm{d}R)} U = \frac{\mathrm{d}R}{4R + 2\mathrm{d}R} U \approx \frac{U}{4} \cdot \frac{\mathrm{d}R}{R} \tag{7-17}$$

结合此式与式(7-11)式(7-13),我们可以发现输出电压与应变成正比:

$$U_{\mathrm{out}} = \frac{U}{4} K_{\mathrm{GF}} \varepsilon \tag{7-18}$$

式中:K_{GF} 是金属或半导体应变片的灵敏度系数。

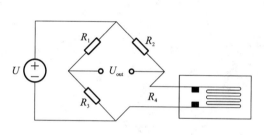

图 7-14　应变片的单臂电桥

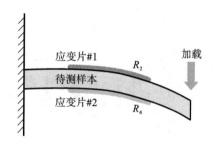

图 7-15　用两个应变片测量应变

当待测应变较小时,可同时使用多个应变片来提高灵敏度,如图 7-15 所示。在该图中,应变片 1#(R_2)处于拉伸状态,应变片 2#(R_4)处于压缩状态。我们可以将它们连接到惠斯通电桥上,形成如图 7-16(a)所示的半桥。输出电压很容易计算:

$$U_{\mathrm{out}} = \frac{U}{2} \cdot \frac{\mathrm{d}R}{R} \tag{7-19}$$

将此式与式(7-17)中四分之一电桥的输出电压进行比较,我们可以发现半桥的灵敏度提高了一倍。如图 7-16(b)所示,通过用应变片替换电桥中所有电阻,可以进一步提高灵敏度。

4. 应变片的应用

通常,应变片用胶水粘在梁状结构上,以检测其应变。采用不同的转换结构,可以将位移、加速度等物理量转换为梁内的应变。因此,应变片有着广泛的应用。

例 7-5　振动探测器。振动探测器可以探测物体或地面的振动。它已被用作监测设备,用于探测仓库、银行和古建筑中的破坏行为,如挖墙、钻孔和爆破,其结构如图 7-17 所示。当地面振动时,支架也会随之振动。由于质量的惯性,梁将经历应变。在测量电路中连接应变片,就可以检测到振动。

例 7-6　自动加载传感器。在现代饮料厂,瓶子是自动灌装的。当瓶子装满液体时,需要一个传感器来停止液体的填充。如图 7-18 所示,应变片可与横梁一起使用,实现自动加载。灌装时,瓶子的质量不断增加,导致横梁弯曲。梁中的应变可以用应变片测量,并用来推断瓶子的质量。当质量达到工厂设定值时,PLC(programmable logical controller,可编程控制器)可发出停止灌装的信号。

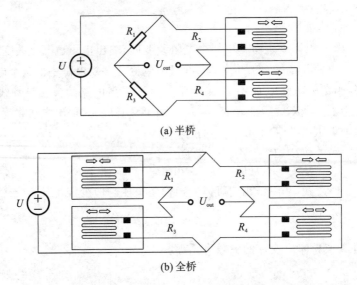

(a) 半桥

(b) 全桥

图 7-16　应变片用半桥和全桥电路

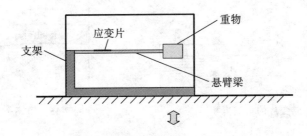

图 7-17　振动探测器

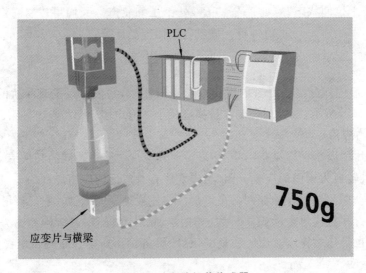

图 7-18　自动加载传感器

DIY 实验 7.2　电子秤。为了建立一个电子秤,梁与粘贴式应变片是必要的。从图 7-19 可以看出,如果在磅秤上放一个砝码,它会使横梁弯曲,而弯曲产生的应变会被应变片感知。应变片的输出电压被放大,然后由 Arduino 板获取。在用它来测量一个质量之前,我们需要通过在秤上放置不同的质量来校准系统,找出质量和输出电压之间的关系。

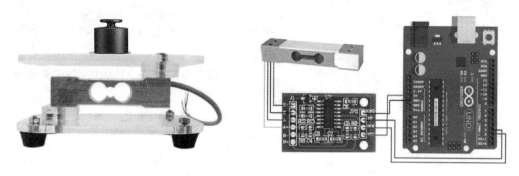

图 7-19 基于 Arduino 开发的电子秤

7.2.3 其他电阻式传感器

1. 电阻温度计

电阻温度计也称为电阻温度检测器(RTD)。这是基于这样一个事实:金属电阻与环境温度有直接关系。它们之间的关系可通过以下方程式进行建模:

$$R_t = \begin{cases} R_0(1 + At + Bt^2), & 0\ ℃ < t \leqslant 640\ ℃ \\ R_0[1 + At + Bt^2 + C(t-100)t^3], & -240\ ℃ < t \leqslant 0\ ℃ \end{cases} \tag{7-20}$$

式中:t 是摄氏温度;R_t 和 R_0 分别是 t ℃ 和 0 ℃ 下的电阻;A、B 和 C 均是温度系数,对于铜它们的值分别为 $3.968 \times 10^{-3}/℃$、$-5.847 \times 10^{-7}/℃$ 和 $-4.220 \times 10^{-12}/℃$。

对于大多数由金属制成的传感器,例如电阻应变片,我们希望温度置信度尽可能小,以避免测量过程中温度变化引起的误差。然而,如果传感器是专门用来测量温度的,则温度的变化通过电阻的变化来反映。因此,优先使用铂、铜、镍等温度系数大的材料来制作电阻温度计。其中,铂具有很高的物理化学稳定性,是应用最广泛的材料;铜在温度高于 100 ℃ 时容易氧化,因此主要用于温度较低、无腐蚀性介质的环境;镍的提纯难度大,线性度差,这限制了其应用。近年来也有一些新材料被用于测量超低温。例如:铟用于测量 $-269 \sim -258$ ℃ 的温度,其灵敏度是铂的 10 倍,但重复性较差;锰用于测量 $-271 \sim -210$ ℃ 内的温度,采用锰制作的电阻温度计也有很高的灵敏度,但非常易碎。

电阻温度计有两种主要结构,如图 7-20 所示。对于薄膜型,在绝缘衬底上沉积一薄层金属材料;对于绕线式,金属线绕在绝缘芯上。

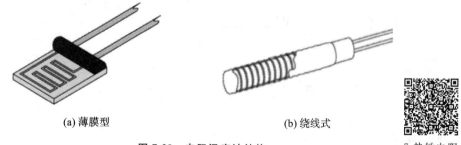

(a) 薄膜型   (b) 绕线式

图 7-20 电阻温度计结构

7-热敏电阻

2. 热敏电阻

热敏电阻也是一种传感器,其电阻随温度而变化。电阻温度计和热敏电阻的区别在于,电阻温度计是由金属制成的,而热敏电阻是由金属氧化物、陶瓷或聚合物制成的。根据图 7-21

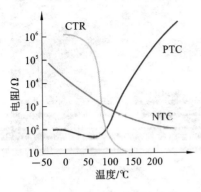

图 7-21　热敏电阻的温度特性

所示的温度特性,热敏电阻可分为三类:

(1) 负温度系数(NTC)热敏电阻,电阻随温度升高而减小。

(2) 正温度系数(PTC)热敏电阻,电阻随着温度的升高而增大。

(3) 临界温度热敏电阻(CTR),电阻在临界温度下突然下降。CTR 通常用作开关。

与电阻温度计相比,热敏电阻具有以下优点:

(1) 灵敏度较大,一般是电阻温度计灵敏度的 10 倍;

(2) 尺寸较小,可以测量单点温度;

(3) 响应速度快,更适用于动态测量;

(4) 具有较高的稳定性,在 0.01 ℃的测量范围内,稳定性可达 0.0002 ℃;

(5) 功耗较低。

热敏电阻在我们的日常生活中有着非常广泛的用途。例如,空调的工作状态是由热敏电阻测量的温度来控制的。当温度达到我们设定的值时,空调会暂时停止工作,以降低功耗。热敏电阻也被用于冰箱、电饭锅、电烤箱的温度测量和控制。

DIY 实验 7.3　温控风扇。在这个实验中,我们要设计一个温控风扇,测控系统原理电路如图 7-22 所示。NTC 热敏电阻和电阻器构成分压器。当温度升高时,Arduino 板获得的模拟电压降低。继电器用于控制与风扇相连的电动机的通断。其中,继电器模块是低电平触发,当输入引脚接收到低电平电压时,COM 和 NO 触点闭合。采集到的电压值低于预设值(即温度值高于特定值)时,Arduino 板将输出低电平以激活继电器并打开风扇。一个类似的系统已被用于笔记本计算机,当计算机过热时系统工作以降低 CPU(central processing unit,中央处理器)温度。参考代码如下:

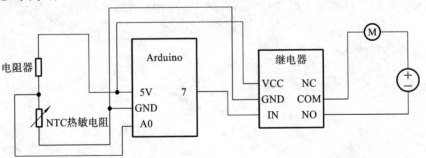

图 7-22　温控风扇测控系统原理电路

```
void setup(){
  pinMode(7,OUTPUT);
  pinMode(A0, INPUT);
  digitalWrite(7,HIGH);
}

void loop(){
```

```
    int val = analogRead(A0);
    if (val<120){
      digitalWrite(7,LOW);
      delay(2000);
    }
    else {
    digitalWrite(7,HIGH);
    delay(2000);
  }
    }
```

要使用此代码,if 语句中使用的值应根据选择的热敏电阻和电阻器进行调整。

3. 光敏电阻

光敏电阻是由特殊的半导体制成的。当材料暴露于光量子中时,它吸收能量并释放电子,从而增加载流子密度和迁移率,并导致导电性增强。光照强度越强,材料的电阻越小,电阻随光照的变化如图 7-23 所示。

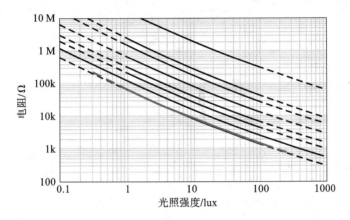

图 7-23　电阻随光照强度的变化

每种材料都有一个特殊的敏感频段。硫化镉(CdS)和硒化镉(CdSe)适用于测量可见光强度,氧化锌(ZnO)和硫化锌(ZnS)适用于测量紫外光强度,硫化铅(PbS)、硒化铅(PbSe)和碲化铅(PbTe)适用于测量红外光强度。图 7-24 显示了一个典型的光敏电阻,其中光敏 CdS 材料以某种周期方波形式涂覆在陶瓷基底上。

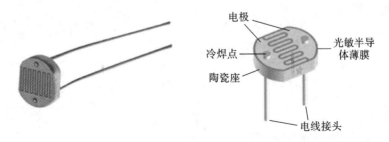

图 7-24　基于 CdS 的光敏电阻

例 7-7　光敏电阻计数系统。计数系统在工业中非常重要,例如,我们可以用它来计算已生产的产品总数。计数系统的设计如图 7-25(a)所示。激光指向光敏电阻。当一个物体经过光敏电阻时,它会阻挡一部分光线,并改变光敏电阻的阻值。获得的信号将具有如图 7-25(b)所示的波形。通过一定的算法计算脉冲个数,可以很容易知道通过的产品个数。

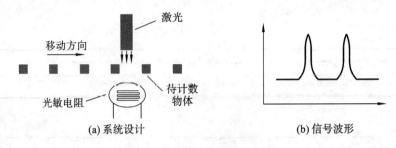

(a) 系统设计　　　　　　　　　　(b) 信号波形

图 7-25　光敏电阻计数系统示意图

DIY **实验 7.4**　通过光敏电阻控制发光 LED。在这个实验中,打开 LED 灯的数量可以通过室内光线的强度来控制,如图 7-26 所示。光敏电阻与 10 kΩ 电阻串联形成分压器。分压器的输出电压受光照强度的影响,并连接到 Arduino 板的模拟输入引脚。将采集的信号与预设值进行比较,如果光照强度降低,则会打开更多的 LED 灯。参考代码如下:

```
int val = 0;
void setup(){
  pinMode(11,OUTPUT);
  pinMode(12,OUTPUT);
  pinMode(13,OUTPUT);
  }
void loop(){
    val = analogRead(A0);
    if (val <= 220){
        digitalWrite(11,LOW);
        digitalWrite(12,LOW);
        digitalWrite(13,LOW);
    }
    else if (val > 220 && val <= 350){
        digitalWrite(11,HIGH);
        digitalWrite(12,LOW);
        digitalWrite(13,LOW);
        }
    else if (val > 350 && val <= 500){
        digitalWrite(11,HIGH);
        digitalWrite(12,HIGH);
        digitalWrite(13,LOW);
        }
    else {
        digitalWrite(11,HIGH);
        digitalWrite(12,HIGH);
```

```
    digitalWrite(13,HIGH);
    }
  delay(200);
}
```

要使用此代码,分压器的输出电压接口应连接到引脚 A0。引脚 11、12 和 13 应用于为 LED 灯供电。if 语句中使用的值应根据光敏电阻和房间的亮度进行调整。

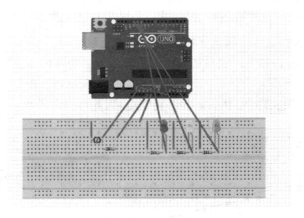

图 7-26 通过光敏电阻控制发光 LED

4. 磁敏电阻

某些半导体的电阻,如 InSb 或 InAs,在受到外部磁场作用时会发生变化。InSb-NiSb 磁电阻的电阻值随磁场的变化如图 7-27 所示。这种现象称为磁阻效应。在磁场的作用下,载流子的运动方向发生变化,从而减小了外电场方向的电流。这种效应相当于电阻的增加。要获得可检测的磁阻效应,材料的电阻率和载流子迁移率必须足够大。

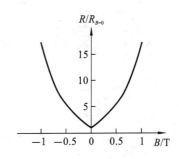

图 7-27 InSb-NiSb 磁电阻特性曲线

例 7-8 数字罗盘。现在,大多数智能手机都有一个数字指南针来导航。磁电阻用来测量各个方向的磁场。磁场最大的方向是地球磁场的方向。该方向可由微控制器进一步读取并显示在屏幕上。

例 7-9 用磁电阻测量自行车速度。为了测量自行车的速度,在自行车辐条上安装一块磁铁,在自行车后车架上安装一个磁敏电阻。当自行车向前行驶时,轮子转动。因此,磁铁将周期性地经过磁敏电阻,磁敏电阻将输出周期性脉冲,如图 7-28 所示。后续通过电子计数器进行自行车速度的换算。

5. 气敏传感器

我们生活在一个充满气体的世界。空气的成分和浓度严重影响我们的健康。例如,如果一氧化碳浓度达到 0.8～1.15 mL/L,人体可能会出现呼吸急促、脉搏加快的情况,甚至晕厥。气体传感器是一种气敏电阻器,可用于测量各种气体的浓度。

7-大作业

气体传感器由 SnO_2、ZnO、MnO_2 等金属氧化物制成。当吸收易燃气体,如氢、一氧化碳、

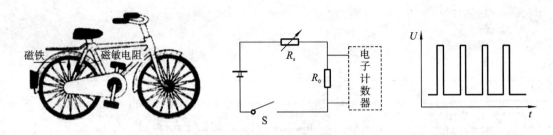

图 7-28　通过磁敏电阻测量自行车速度

烷烃、醚、醇和天然气时,这些金属氧化物会与之发生化学反应,释放热量且温度升高,从而导致元件的电阻改变。有许多不同类型的气体传感器对不同的气体敏感,如图 7-29 所示。从图中可以看出,MQ-5 传感器对甲烷(CH_4)、液化石油气(LPG)更敏感,因此可以用来测量厨房的气体泄漏。MQ-3 传感器对酒精(alcohol)更敏感,因此可以用于酒后驾驶的检测。

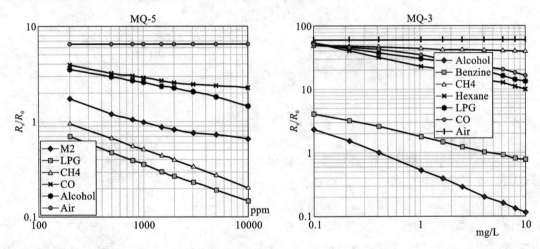

图 7-29　电阻随气体浓度的变化

7.3　电感式传感器

　　电感式传感器基于电磁感应原理。它们用来将被测量转化为自感或互感的变化。电感式传感器主要用于测量位移,以及其他一些可以转换成位移的量,如速度、加速度、压力和质量。

7.3.1　自感式传感器

1. 可变气隙型自感式传感器

　　可变气隙型自感式传感器的基本结构如图 7-30 所示。它由电枢(又称为衔铁)、线圈及其缠绕的铁芯组成。电枢与被测结构相连,可垂直移动。随着电枢的运动,电枢与铁芯之间的气隙 δ 发生变化,从而进一步改变磁路的磁阻和线圈的电感。

　　上述磁回路中,当线圈通过电流 I 时,产生磁通量 Φ,其大小与电流成正比,即

$$N\Phi = LI$$

式中:N 为线圈匝数;L 为比例系数,也称为自感。根据磁路欧姆定律,磁通量等于磁动势除以磁阻:

$$\Phi = \frac{E_m}{R_m} = \frac{NI}{R_m} \tag{7-21}$$

式中：E_m 是磁动势；R_m 是磁阻。结合电感的定义，我们得到：

$$L = \frac{N\Phi}{I} = \frac{N^2}{R_m} \tag{7-22}$$

磁路中，电枢、铁芯、气隙串联，总磁阻为

$$R_m = \frac{l_1}{\mu_1 S_1} + \frac{l_2}{\mu_2 S_2} + \frac{2\delta}{\mu_0 S} \tag{7-23}$$

式中：l_1、l_2 和 δ 分别是铁芯、电枢和气隙的长度；S_1、S_2 和 S 分别是铁芯、电枢和气隙的导磁截面积；μ_1、μ_2 和 μ_0 分别是铁芯、电枢和空气的磁导率。铁芯和电枢通常由磁导率很高（是真空磁导率的几百倍或一千倍）的铁磁性材料制成，因此它们的磁阻很小，可以忽略不计，则式（7-23）中的磁阻近似为

$$R_m \approx \frac{2\delta}{\mu_0 S} \tag{7-24}$$

将式（7-24）代入式（7-22），最终得到电感与气隙长度的关系：

$$L = \frac{N^2 \mu_0 S}{2\delta} \tag{7-25}$$

由式（7-25）可知，电感 L 与气隙长度 δ 成反比，而与气隙导磁截面积 S 成正比。当电枢随着被测对象移动时，气隙和相应的电感也会随之变化。电感随气隙的变化如图 7-31 所示。可以看出，电感随气隙呈非线性变化，这是可变气隙式自感传感器的一个主要缺点。

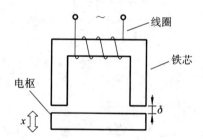

图 7-30　可变气隙型自感式传感器

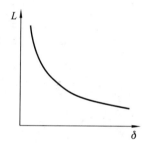

图 7-31　电感随气隙的变化

当电枢向下移动，气隙由 δ_0 变为 $\delta_0 + \Delta\delta$ 时，相应的电感变化为

$$\Delta L = \frac{N^2 \mu_0 S}{2(\delta_0 + \Delta\delta)} - \frac{N^2 \mu_0 S}{2\delta_0} = -L_0 \frac{\Delta\delta}{\delta_0} \cdot \frac{1}{1 + \Delta\delta/\delta_0} \tag{7-26}$$

式中：L_0 表示气隙为 δ_0 时的原始电感。可用泰勒级数将公式（7-26）展开为

$$\Delta L = -L_0 \frac{\Delta\delta}{\delta_0} \left[1 - \frac{\Delta\delta}{\delta_0} + \left(\frac{\Delta\delta}{\delta_0}\right)^2 - \left(\frac{\Delta\delta}{\delta_0}\right)^3 + \cdots \right] \tag{7-27}$$

可以注意到电感随气隙呈非线性变化。为了获得更好的线性度，公式（7-27）中的高阶项必须忽略。要忽略这些项，气隙的变化应该比原来的气隙小得多，即

$$\Delta\delta \ll \delta_0 \tag{7-28}$$

在此条件下，式（7-27）可近似为线性关系式：

$$\Delta L = -\frac{L_0}{\delta_0} \Delta\delta \tag{7-29}$$

可以进一步获得传感器的灵敏度：

$$K_\delta = \frac{\Delta L}{\Delta\delta} = -\frac{N^2 \mu_0 S}{2\delta_0^2} \tag{7-30}$$

考虑公式(7-28)和公式(7-30)，在选择初始气隙 δ_0 时存在一个折中。为满足式(7-28)，初始气隙应足够大以确保电感随气隙呈线性变化，而较大的初始气隙将降低传感器的灵敏度（见式(7-30)）。初始气隙的常用取值范围为 $0.1\sim0.5$ mm。

2. 可变面积型自感式传感器

可变气隙型自感式传感器虽然可以用于位移测量，但存在非线性的缺点。从式(7-25)可以看出，电感不仅与气隙长度有关，而且与气隙的横截面积也存在线性关系。图 7-32 所示为可变面积型自感式传感器结构，电枢水平移动，改变电枢与铁芯的重叠面积（即气隙的导磁截面积）。为了得到电感随面积的变化，公式(7-25)可以改写为以下形式：

$$L = \frac{N^2 \mu_0}{2\delta}S = K_\text{S}S \tag{7-31}$$

式中：K_S 是灵敏度。

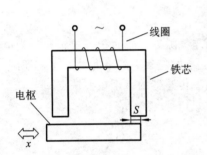

图 7-32　可变面积型自感式传感器结构示意图

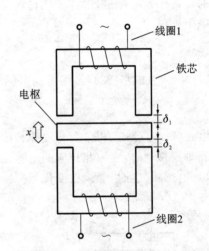

图 7-33　差分自感式传感器结构示意图

3. 差分自感式传感器

减小可变气隙型自感式传感器中的非线性的另一种方法是使用如图 7-33 所示的差分结构。两个线圈的电感之差作为输出。两个磁路是相同的，因此在初始平衡状态下输出电感为零。

当电枢向上移动时，一个线圈的电感增大，而另一个线圈的电感减小。电感的差别是

$$\begin{aligned}
\Delta L &= L_1 - L_2 \\
&= \frac{N^2 \mu_0 S}{2(\delta_0 - \Delta\delta)} - \frac{N^2 \mu_0 S}{2(\delta_0 + \Delta\delta)} \\
&= 2L_0 \frac{\Delta\delta}{\delta_0}\left[1 + \left(\frac{\Delta\delta}{\delta_0}\right)^2 + \left(\frac{\Delta\delta}{\delta_0}\right)^4 + \left(\frac{\Delta\delta}{\delta_0}\right)^6 + \cdots\right] \\
&\approx 2L_0 \frac{\Delta\delta}{\delta_0}
\end{aligned} \tag{7-32}$$

式中：L_1、L_2 分别是线圈 1 和线圈 2 的电感；δ_0 是初始气隙长度；$\Delta\delta$ 是电枢的位移；L_0 是一个线圈在初始状态下的电感。式(7-32)中的泰勒级数展开项比式(7-27)中的项具有更高的阶数，更容易被忽略。因此，与可变气隙型自感式传感器相比，差分自感式传感器具有更好的线性；此外，差分自感式传感器的灵敏度也提高了一倍；差分结构也有助于抵抗温度漂移和电源电压波动带来的干扰。

4. 螺线管型自感式传感器

图 7-34(a)所示为单螺管线圈型自感式传感器的结构。当电枢在螺线管内移动时，线圈的

电感会改变。其电感可用磁路欧姆定律计算，其结果为

$$L = N^2 \left[\frac{\pi R_{SL}^2 \mu_0}{l_{SL} - l_{AM}} + \frac{2\pi\mu_0}{\ln(R_{SL}/R_{AM})} \cdot \frac{l_{AM}^3}{3l_{SL}^2} \right] \tag{7-33}$$

式中：L 是螺线管的电感；R_{SL}、l_{SL} 分别是螺线管的半径和长度；R_{AM} 是电枢的半径；l_{AM} 是线圈中电枢部分的长度。如图 7-34(b)所示，螺线管型自感式传感器也可采用差动结构（双螺管线圈差动型）。

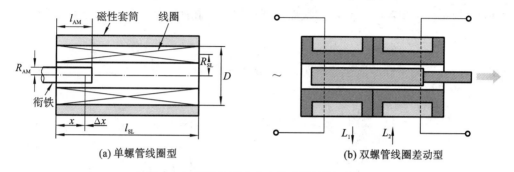

(a) 单螺管线圈型　　　　　　　　　　　　　(b) 双螺管线圈差动型

图 7-34　螺线管型自感式传感器结构示意图

5. 自感式传感器测量电路

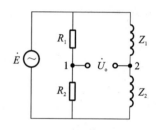

图 7-35　交流惠斯通电桥

以前对各种自感式传感器的分析都把电感和位移联系起来了。为了观察电感的变化，需要测量电路，以将电感的变化转化为电压的变化。最常用的电路是如图 7-35 所示的交流惠斯通电桥，其中 Z_1 和 Z_2 是图 7-33 中两个线圈的阻抗，R_1 和 R_2 是两个电阻相同的电阻器，$R_1 = R_2 = R$。当电枢处于初始平衡位置时，两个线圈的阻抗相同，因此输出电压为零。

当电枢向上移动时，线圈 1 的电感增大 ΔL，线圈 2 的电感减小 ΔL，则输出电压为

$$\dot{U}_o = \dot{U}_1 - \dot{U}_2 = \frac{\dot{E}}{2} - \dot{E} \frac{Z_2}{Z_1 + Z_2} = \frac{\dot{E}}{2} \cdot \frac{\Delta Z}{Z} \tag{7-34}$$

式中：$\dot{U}_o$ 为输出电压；$\dot{U}_1$ 和 $\dot{U}_2$ 分别为节点 1 和 2 处的电压；$\dot{E}$ 为交流励磁；Z 为电枢处于初始位置时线圈的阻抗，表示为

$$Z = r_0 + j\omega L_0 \tag{7-35}$$

其中，r_0 和 L_0 分别是电枢处于初始位置时线圈的电阻和电感。对于自感式传感器，阻抗的变化主要是由电感的变化引起的，则式(7-34)可以写成

$$\dot{U}_o = \frac{\dot{E}}{2} \cdot \frac{j\omega\Delta L}{r_0 + j\omega L_0} = \frac{\dot{E}}{2} \cdot \frac{\omega\Delta L}{r_0^2 + \omega^2 L_0^2}(\omega L_0 + j r_0) \tag{7-36}$$

从式(7-36)可以看出，输出电压是一个复数。虚部导致输出电压和励磁之间的相移，这使得分析更加困难。因此，在设计传感器时，应保证线圈的品质因数远大于 1：

$$Q = \frac{\omega L_0}{r_0} \gg 1 \tag{7-37}$$

在这种情况下，式(7-36)中的虚部可以忽略。进一步结合式(7-29)，可以得到输出电压与位移的关系：

$$\dot{U}_o = -\frac{1}{2\delta_0}\Delta\delta\dot{E} \tag{7-38}$$

例 7-10　基于自感传感器的接近开关。接近开关是一种检测物体接近或存在的装置，通

常用于工业中的自动控制。例如,在自动分拣系统中,接近开关用于感应工件的到达,然后使用机械臂拾取工件。对于感应式接近开关,传感器仅由一个线圈和一个铁芯组成,工件充当电枢。当工件接近开关时,线圈的电感会发生变化,电感的变化可以通过测量电路检测到。因为工件起到电枢的作用,所以要检测的工件必须是铁磁性材料,如钢。

　　例 7-11　　测量齿轮的转速。为了监测机器的运行状态,需要测量齿轮的转速。如图 7-36 所示,可以使用自感式传感器来完成这项任务。在本例中,每个齿都充当电枢。当每个齿经过时,电枢和铁芯之间的距离发生变化,从而得到周期性的脉冲信号。齿轮的转速可计算为

$$n_r = \frac{1}{T_{pulse} N_{tooth}}$$

式中:n_r是转速;T_{pulse}是脉冲信号的周期;N_{tooth}是齿轮中的齿数。

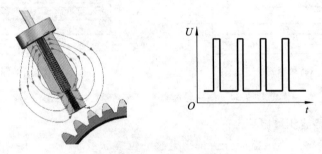

图 7-36　采用自感式传感器测量齿轮转速

　　DIY 实验 7.5　　用感应式接近开关测量重力加速度。单摆的周期与重力加速度 g 和与质量相连弦的长度 L_s 有关:

$$T_{pend} = 2\pi \sqrt{\frac{L_s}{g}}$$

　　故给定一个已知的弦长,只需要测量一个钟摆的周期就可以计算出重力加速度。图 7-37 中的实验装置可用于测量周期。当铁磁球周期性接近感应式接近开关时,Arduino 板可获得周期性输出电压,并可计算重力加速度:

$$g = \frac{4\pi^2}{T_{pend}^2} L_s$$

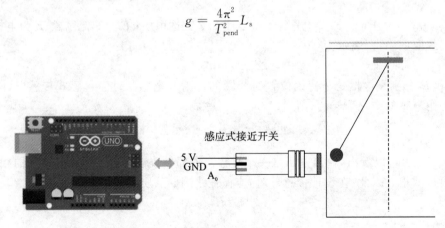

感应式接近开关

5 V
GND
A₀

图 7-37　重力加速度测量实验装置

7.3.2　涡流式传感器

　　根据法拉第电磁感应定律,当导体放置在具有时变磁场的空间中时,导体内部会产生电动

势和相应的电流。由于电流是以封闭的涡流形式流动的,因此称为涡流,这种现象称为涡流效应。涡流式传感器为线圈,其工作原理如图 7-38 所示。携带交流电的线圈产生变化的磁场,在导电样品中感应出涡流,涡流产生与主磁场相反的磁场,并改变通过线圈的磁通量。因此,由于涡流的存在,线圈的阻抗将发生变化。

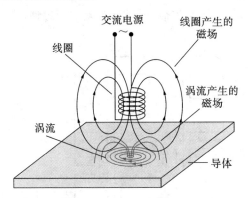

图 7-38 涡流式传感器工作原理

涡流强度受线圈与导体之间的距离、导体的电导率和磁导率,以及激励信号的频率等诸多因素的影响。涡流式传感器可以通过改变其中一个因素来完成不同的任务。例如,涡流式传感器可用作类似于自感式传感器的位移传感器。但由于工作原理的不同,自感式传感器和涡流式传感器的导体应分别采用铁磁材料和导电材料。涡流式传感器的另一个典型应用是探伤。材料内部的裂纹和腐蚀等缺陷改变了材料的电导率和磁导率,进而改变了涡流式传感器的阻抗。通过测量电路,我们可以观察到阻抗随输出电压的变化。

例 7-12 测量轴中心线轨道。轴是许多机械的重要部件。轴的故障,如不对中,会使机器产生严重损坏并带来经济损失。旋转轴的工作状态可用一对涡流式传感器监测,如图 7-39 所示。两个传感器分别测量轴的 x 方向(水平)和 y 方向(竖直)的振动。水平和竖直方向的位移可作为绘制轴心轨迹的横坐标 x 和纵坐标 y。通过观察轴心轨迹,可以诊断出故障类型。

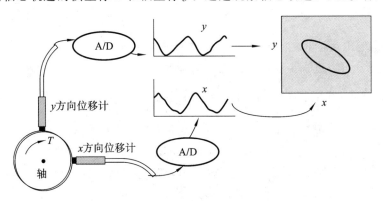

图 7-39 采用涡流式传感器测量轴心轨迹

7.3.3 互感式传感器

当两个线圈靠近时,一个线圈中的电流变化将使另一个线圈中产生电动势:

$$e_2 = -M \frac{\mathrm{d}i_1(t)}{\mathrm{d}t} \tag{7-39}$$

式中：e_2 是线圈 2 中的感应电动势；M 是互感；i_1 是线圈 1 中的电流。这种现象称为互感，互感与两线圈的相对位置和周围介质的磁导率有关。

典型的互感式传感器为双螺线管型互感式传感器，如图 7-40 所示。中间线圈（初级线圈）与交流电源相连。另外两个线圈（次级线圈♯1、♯2）的感应电压之差为输出。互感式传感器具有差动输出，其工作原理与变压器相似，故又称为差动变压器。

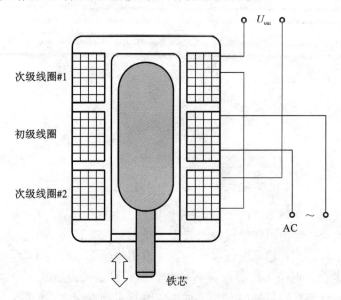

图 7-40　双螺线管型互感式传感器

双螺线管型互感式传感器的等效电路如图 7-41 所示。流过初级线圈的电流为

$$\dot{i}_1 = \frac{\dot{e}_1}{R_1 + j\omega L_1} \tag{7-40}$$

式中：$\dot{e}_1$ 为励磁电压；R_1 和 L_1 分别为初级线圈的电阻和电感。则输出电压为

$$\dot{e}_2 = \dot{e}_{21} - \dot{e}_{22} = -j\omega(M_1 - M_2)\frac{\dot{e}_1}{R_1 + j\omega L_1} \tag{7-41}$$

式中：$\dot{e}_2$ 是输出电压；$\dot{e}_{21}$ 和 $\dot{e}_{22}$ 分别是两个次级线圈的电压；M_1 和 M_2 分别是初级线圈和次级线圈之间的互感。可以进一步获得输出电压的幅度：

$$e_2 = |\dot{e}_2| = \frac{\omega|M_1 - M_2|}{\sqrt{R_1^2 + \omega^2 L_1^2}}e_1 \tag{7-42}$$

当铁芯处于初始位置时，两个次级线圈与铁芯对称，$M_1 = M_2$，输出电压为零。当铁芯移动时，一个互感增加而另一个减小。输出电压幅值随铁芯位移的变化如图 7-42 所示，幅值大小与铁芯的运动方向无关。从式(7-41)可以看出，移动方向将输出电压的相位改变 180°。因此，为了找到移动方向，需要一个相位检测器。

例 7-13　用差动变压器测量表面粗糙度。表面粗糙度的测量是保证产品精度的重要环节。图 7-43(a)所示结构可用于通过测量位移来测量表面粗糙度。差动变压器的铁芯通过支撑杆与探针连接。粗糙表面将探针推到内部后，用弹簧使铁芯和探针回到原来的位置。当差动变压器在粗糙表面上方移动时，铁芯相对于表面移动，差动变压器的输出电压可用于指示表面粗糙度，如图 7-43(b)所示。

例 7-14　用差动变压器测量压力。对于一些储气罐和输气管道，压力测量非常重要，以确

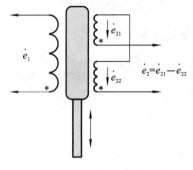

图 7-41　双螺线管型互感式传感器的等效电路

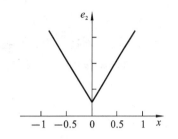

图 7-42　双螺线管型互感式传感器的输出
电压幅值随铁芯位移的变化

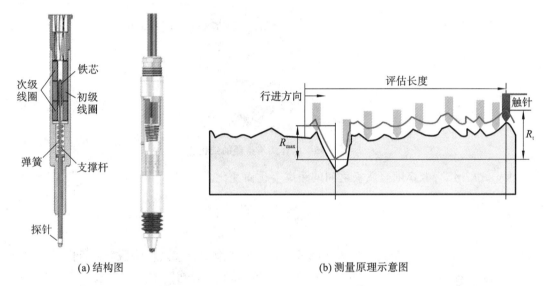

(a) 结构图　　　　　　　　　　　(b) 测量原理示意图

图 7-43　用差动变压器测量表面粗糙度示意图

保没有泄漏。在汽车里,也有压力计来监测轮胎压力。差动变压器可用于压力测量,如图 7-44
所示。薄膜根据两腔室间压差移动。由于薄膜通过连杆与差动变压器的铁芯相连,因此其运
动会改变差动变压器的输出。

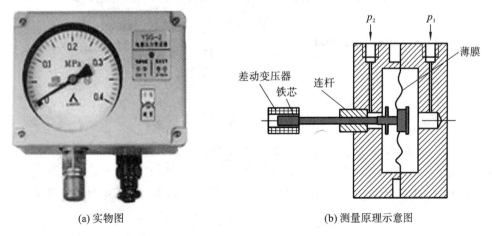

(a) 实物图　　　　　　　　　　　(b) 测量原理示意图

图 7-44　用差动变压器测量压力示意图

7.4　电容式传感器

电容式传感器是将被测物理量转换为电容变化的装置。一个典型的平行板电容式传感器由两个电绝缘的金属板组成,如图 7-45 所示。电容器的电容为

$$C = \frac{\varepsilon_0 \varepsilon_r S}{\delta} \tag{7-43}$$

式中:C 是电容;ε_0 和 ε_r 分别是绝缘介质的真空介电常数和相对介电常数;δ 是金属板之间的距离;S 是金属板的面积。式(7-43)表明,ε_r、δ 和 S 的任何变化都会引起电容的变化。通过保持两个参数不变,改变另一个参数,可以利用电容式传感器测量不同的物理量。

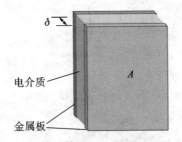

图 7-45　电容式传感器的结构

根据式(7-43),电容随金属板之间的距离变化而变化。电容与距离呈非线性关系,灵敏度随距离变化:

$$K_\delta = \frac{\mathrm{d}C}{\mathrm{d}\delta} = -\varepsilon_0 \varepsilon_r S \frac{1}{\delta^2} \tag{7-44}$$

可以看出,灵敏度随距离的增加而降低。与可变气隙型电感式传感器类似,可变距离型电容式传感器用于测量小距离,如图 7-46(a)所示。但由于电容与距离呈非线性关系,移动板与固定板之间的距离的变化应该很小,通常是 $\Delta\delta/\delta_0 \approx 0.1$。在实际应用中,常采用差分结构来提高线性度,以抵抗温度漂移和电压波动,如图 7-46(b)所示。

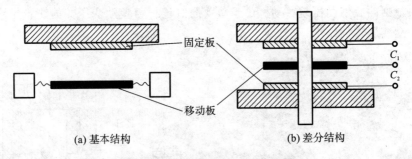

(a) 基本结构　　　　　　　　　　(b) 差分结构

图 7-46　可变距离型电容式传感器

电容大小也与金属板的面积有关。如图 7-47 所示,通过改变两块板的重叠面积,我们可以制作可变面积型电容式传感器。图 7-47(a)显示了一个线性位移传感器的结构,它有一个固定板和一个活动板。随着活动板在 x 轴上的移动,重叠区域和相应的电容发生变化:

$$C = \frac{\varepsilon_0 \varepsilon_r b}{\delta} x \tag{7-45}$$

式中:x 是重叠区域的长度;b 是板的宽度。图 7-47(b)显示了同轴圆柱形金属线性位移传感

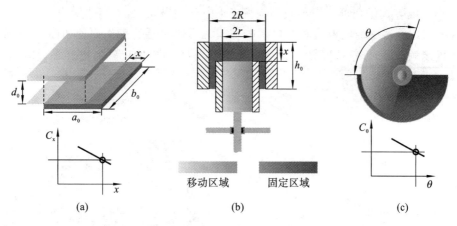

图 7-47 可变面积型电容式传感器

器的结构。其电容为

$$C = \frac{2\pi\varepsilon_0\varepsilon_r}{\ln(D/d)}x \tag{7-46}$$

式中: D 和 d 分别是外筒和内筒的直径。图 7-47(c)所示为角位移传感器,其电容随重叠角度变化:

$$C = \frac{\varepsilon_0\varepsilon_r r^2}{2\delta}\theta \tag{7-47}$$

式中: θ 是重叠角。

从式(7-45)到式(7-47)可以看出,可变面积型电容式传感器的优点是输入和输出之间呈线性关系。然而,它的灵敏度低于可变距离型电容式传感器,故适用于大位移测量。

电容对绝缘介质的介电常数也很敏感。因此,我们可以使用电容式传感器来测量两块板之间材料性质的变化。表 7-3 列出了一些常用材料的相对介电常数。基于这种效应,它可以用来测量湿度、温度和液位等物理量。

表 7-3 常用材料的相对介电常数

材 料		相对介电常数
空气		1.0006
水	0 ℃	87.9
	20 ℃	80.2
	100 ℃	55.5
橡胶		7
聚四氟乙烯		2.1
混凝土		4.5
玻璃		3.7~10

例 7-15 电容式液位计。在例 7-3 中,电阻传感器用于通过测量液位来检测液体储备。在本例中,我们将通过使用电容式传感器来展示一种不同的方法来测量液位——电容式液位计,其原理如图 7-48 所示。当液位上升时,两块金属板之间的空气逐渐被液体取代,从而改变绝缘介质的介电常数和电容式传感器的电容。

例 7-16　电容式触摸屏。正如我们在例 7-4 中已经提到的,电容式触摸屏正在取代智能手机和许多家用电器中的电阻式触摸屏。电容式触摸传感器的工作原理如图 7-49 所示。当我们的手指接触屏幕时,它就像另一个导电板,引入一个与原始传感器电容平行的电容,并改变总电容。

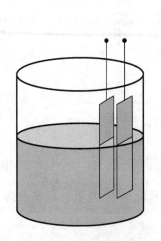

图 7-48　电容式液位计

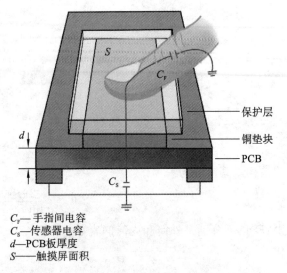

C_f——手指间电容
C_s——传感器电容
d——PCB板厚度
S——触摸屏面积

图 7-49　电容式触摸传感器的工作原理

例 7-17　电容式接近开关。从前面的分析中我们知道,当其他参数一定时,电容取决于两个电极之间介质的介电常数。基于这种效应,可以制作电容式接近开关来检测物体的存在,其结构如图 7-50 所示。为了更容易探测到附近的物体,电容式传感器的电极放在同一平面上。电容式传感器进一步连接到电感式传感器以形成 L-C 振荡器。输出信号的频率随电容的变化而变化,由频率检测器测量。电容式接近开关可用于非金属材料(如水、油、纸、木材、玻璃等)和金属(如铜、铝、钢等)的检测。当非金属材料靠近时,它改变电极间介质的介电常数,从而改变电容;当一个金属靠近时,它作为另一个电极,引入一个并联电容来改变总电容。

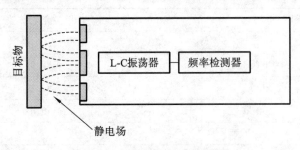

图 7-50　电容式接近开关的结构

例 7-18　电容式麦克风。电容式麦克风的结构如图 7-51 所示。其中的可变距离型电容式传感器具有固定的背板和在声波冲击下移动的膜片,电容器与直流电压源和电阻串联。电容器上的电荷为

$$Q_C = CU \tag{7-48}$$

式中:C 是电容;U 是电容上的电动势。当膜片在声压下靠近背板时,电容增大,电容式传感器被充电。在充电过程中,电流流过电阻产生电信号。当膜片离开背板时,电容式传感器放电,使电路中产生电流。

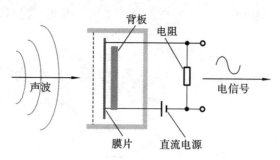

图 7-51 电容式麦克风的结构示意图

DIY 实验 7.6 汽车自动雨刮器模拟研究。挡风玻璃雨刮器是汽车中不可缺少的装置，它可以清除汽车前窗上的雨水、冰和灰尘。现在，大多数汽车都有自动雨刮器，当汽车检测到挡风玻璃上有水时，雨刮器会自动打开。我们可以尝试用电容式湿度传感器、伺服装置、塑料棒和 Arduino 板来模拟自动挡风玻璃雨刮器。当湿度传感器上有水时，介电常数的变化引起电容的变化。在检测到水的存在后，伺服装置开始旋转并带动塑料棒运动。

7.5 磁电传感器

磁电传感器是将被测物理量转换为电动势的装置。根据法拉第电磁感应定律，在任意闭合回路中，感应电动势的大小等于通过该回路的磁通量的变化率：

$$e = -N \frac{\mathrm{d}\Phi}{\mathrm{d}t} \tag{7-49}$$

式中：e 是感应电动势；N 是线圈的匝数；Φ 是通过线圈的磁通量；t 是时间。

7.5.1 动圈式磁电传感器

线圈与磁体之间的相对运动会引起线圈内磁通量的变化。如图 7-52 所示，动圈式磁电传感器可用于测量平移速度和角速度。

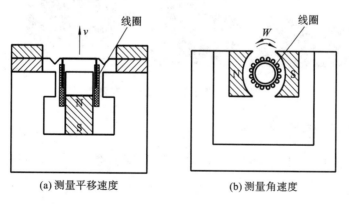

(a) 测量平移速度　　　　(b) 测量角速度

图 7-52 动圈式磁电传感器

对于图 7-52(a)所示的磁电传感器，气隙中存在恒定的磁场。当线圈垂直移动时，会产生一个运动电动势：

$$e = NBlv \tag{7-50}$$

式中：B 是气隙中的磁通密度；l 是线圈一匝的长度；N 是气隙中线圈的匝数；v 是线圈和磁场

之间的相对速度。可以看出,感应电动势与速度成正比。因此,我们可以用它来测量速度或振动。

例 **7-19**   动圈式麦克风。动圈麦克风的结构如图 7-53 所示。一个线圈连接在一个柔性软膜上。当声波到达并撞击软膜时,线圈将随着振膜振动。线圈和磁铁之间的相对运动将产生电信号。

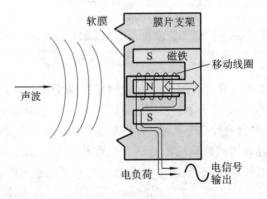

图 7-53   动圈式麦克风

例 **7-20**   动圈式转速计。转速计是测量轴或圆盘转速的仪器。图 7-52(b)所示的磁电传感器可用于制造转速计,如图 7-54 所示,其工作原理与发电机相似。当轴连接到两个磁极之间的线圈时,线圈随轴旋转时产生电动势:

$$e = BS\omega\sin(\omega t) \tag{7-51}$$

式中:S 是线圈的面积;ω 是转速。感应电动势与轴的转速成正比。

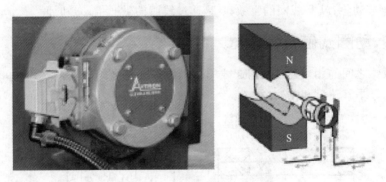

图 7-54   基于磁电传感器的转速计

7.5.2   可变磁阻式

通过线圈的磁通量也取决于磁路的磁阻。因此,除了直接移动线圈外,图 7-55 中的结构还可以通过改变磁阻来测量平移速度和旋转速度。图 7-55 中磁路的磁阻可近似为气隙的磁阻:

$$R_{\mathrm{m}} = \frac{2\delta}{\mu_0 S} \tag{7-52}$$

式中:R_{m} 是磁路的磁阻;δ 是气隙;S 是横截面积。磁通量可通过磁路的欧姆定律计算:

$$\Phi = \frac{E_{\mathrm{m}}}{R_{\mathrm{m}}} = \frac{E_{\mathrm{m}}\mu_0 S}{2\delta} \tag{7-53}$$

式中：E_m是磁动势。那么，感应电动势为

$$e = - N\frac{\mathrm{d}\Phi}{\mathrm{d}t} = - N\frac{\mathrm{d}\Phi}{\mathrm{d}\delta} \cdot \frac{\mathrm{d}\delta}{\mathrm{d}t} = \frac{NE_m\mu_0 S}{2\delta^2}v \tag{7-54}$$

式中：v是电枢的速度。从式(7-54)可以看出，感应电动势与电枢速度成正比。

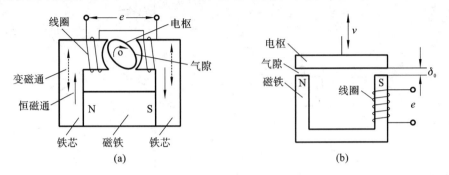

图 7-55 可变磁阻式磁电传感器

乍一看，图 7-55(b)中的可变磁阻式磁电传感器与图 7-30 中的可变气隙型自感式传感器非常相似，但是它们之间有一些主要的区别。首先，磁电传感器是一种能量转换型传感器，感应电动势的能量直接来自电枢的动能；而电感式传感器是一种能量控制型传感器，气隙距离只改变线圈的电感，需要另一个电源将电感的变化转化为电压的变化。其次，磁电传感器只能测量动态位移，由式(7-54)可知，当气隙 δ 为常数速度为零时，感应电动势为零；电感式传感器可用于静态和动态测量，其电感与气隙 δ 有关，如式(7-25)所示，因此，可以通过测量电路的电感来计算静态位移。

例 7-21 用磁电传感器测量转矩。如图 7-56 所示，致动器有时通过轴与负载相连。为了测量轴中的扭矩，可以使用两个磁电传感器来监测轴两侧两个齿轮的旋转。磁电传感器由永磁体和铁氧体磁芯线圈组成。当一个齿经过时，磁阻改变，线圈中产生电动势。当轴中有扭矩

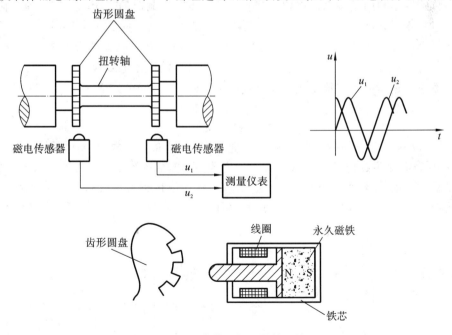

图 7-56 用磁电传感器测量转矩的原理

时,两个磁电传感器获取的信号将具有与扭矩成比例的相移。通过图 7-57(a)所示的电路可以检测到相移。磁电传感器采集的信号被送入二极管限压器。然后,通过电压比较器对信号进行数字化。最后,用异或门得到它们的相位差。信号处理过程如图 7-57(b)所示。

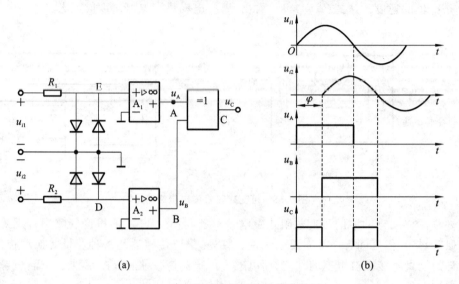

图 7-57　磁电传感器信号的相位检测

7.6　压电传感器

7.6.1　压电元件

压电传感器是利用某些固体材料(如晶体)的压电效应制成的。压电效应是指电荷在某些固体材料中积累,以响应外部施加的机械应力。它是由雅克·保罗·居里(Jacques Curie)和皮埃尔·居里(Pierre Curie)发现的。一旦外部应力消除,电荷就会消失。相反,当电场作用于压电材料时,材料的尺寸也会相应地改变,这就是所谓的逆压电效应。

压电效应与逆压电效应数学上可通过式(7-55)和式(7-56)分别表示:

$$\boldsymbol{D}=\boldsymbol{d}\boldsymbol{T}+\boldsymbol{\varepsilon}^{\mathrm{T}}\boldsymbol{E} \tag{7-55}$$

$$\boldsymbol{S}=\boldsymbol{s}^{\mathrm{E}}\boldsymbol{T}+\boldsymbol{d}^{\mathrm{T}}\boldsymbol{E} \tag{7-56}$$

式中:$\boldsymbol{D}$ 是电位移;$\boldsymbol{d}$ 是压电效应常数矩阵;$\boldsymbol{T}$ 是应力;$\boldsymbol{\varepsilon}^{\mathrm{T}}$ 是介电常数;$\boldsymbol{E}$ 是电场强度;$\boldsymbol{S}$ 是应变;$\boldsymbol{s}^{\mathrm{E}}$ 是柔度矩阵;$\boldsymbol{d}^{\mathrm{T}}$ 是逆压电效应常数矩阵。一方面,压电传感器可以作为换能器,利用压电效应将应力转化为电信号;另一方面,基于逆压电效应,压电传感器也可以作为执行器,将电信号转换为机械应变,产生声波。对于一个典型的压电元件,式(7-56)所示的矩阵元素可明确地表示为

$$\begin{bmatrix} S_{11} \\ S_{22} \\ S_{33} \\ S_{23} \\ S_{13} \\ S_{12} \end{bmatrix} = \begin{bmatrix} s_{11} & s_{12} & s_{13} & 0 & 0 & 0 \\ s_{21} & s_{22} & s_{23} & 0 & 0 & 0 \\ s_{31} & s_{32} & s_{33} & 0 & 0 & 0 \\ 0 & 0 & 0 & s_{44} & 0 & 0 \\ 0 & 0 & 0 & 0 & s_{55} & 0 \\ 0 & 0 & 0 & 0 & 0 & s_{66} \end{bmatrix} \begin{bmatrix} T_{11} \\ T_{22} \\ T_{33} \\ T_{23} \\ T_{13} \\ T_{12} \end{bmatrix} + \begin{bmatrix} 0 & 0 & d_{31} \\ 0 & 0 & d_{32} \\ 0 & 0 & d_{33} \\ 0 & d_{24} & 0 \\ d_{15} & 0 & 0 \\ 0 & 0 & 0 \end{bmatrix} \begin{bmatrix} E_{11} \\ E_{22} \\ E_{33} \end{bmatrix} \tag{7-57}$$

压电元件是一种力敏感元件,其电极(金属膜)涂覆在压电材料上,如图 7-58 所示。压电元件具有平行板电容器的形状,因此其电容为 $C = \varepsilon_0 \varepsilon_r S / \delta$。当压电元件作为传感器时,感应电荷和感应电压满足方程 $Q_c = CU$。因此,压电元件可以等效为电路中带电荷源的电容器或带电压源的电容器。相应地,电荷放大器和电压放大器可用于压电元件,如图 7-59 所示。

如图 7-60 所示,多个压电元件可以通过串联或并联方式相互连接在一起使用。并联时电容更大,因此会产生更多的电荷。并联方式适用于压电元件输

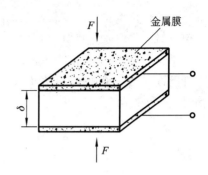

图 7-58　压电元件

出电荷的场合。此外,它具有较大的时间常数,适用于低频测量。串联时电容很小,感应电压较大,感应电荷较小。串联方式适用于压电元件输出电压的场合。

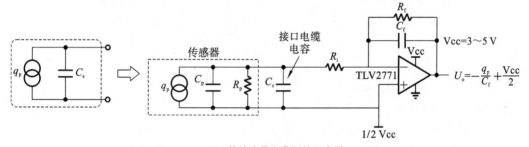

(a) 等效为带电荷源的电容器

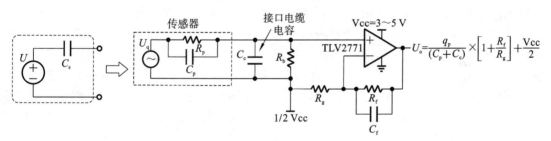

(b) 等效为带电压源的电容器

图 7-59　压电元件放大电路

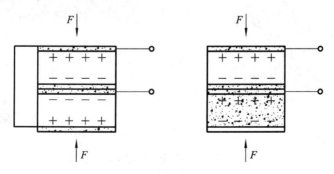

图 7-60　压电元件的并联和串联

压电传感器的电压信号是由电荷产生的。如果电荷流入测量电路,电压就会消失。因此,

压电元件的测量电路应具有较高的输入阻抗。

例 7-22　压电加速度计。压电加速度计是一种将加速度转换成电信号的装置,其结构如图 7-61 所示。两个压电元件并联且固定在支架上。弹簧也连接到支架上,并将质量块压在压电元件上方。当支承加速时,力 $F(F=ma)$ 作用在压电元件上,由于压电效应,它可以转换成电信号。

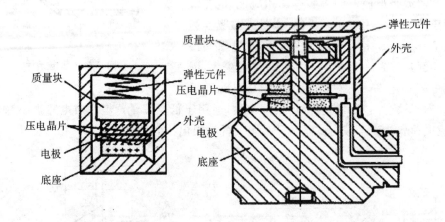

图 7-61　压电加速度计的结构

例 7-23　智能材料与结构健康监测。智能材料是具有嵌入式传感器的材料,可以监测结构的完整性,尤其应用在航空航天工业中。在飞行过程中,飞机在飞行间隙会受到鸟和小岩石的撞击。撞击会损坏飞机结构,造成飞机失事等灾难。航空航天领域的研究人员正在开发智能材料。其想法是在制造过程中在复合材料中嵌入压电元件网络。当撞击发生时,撞击力产生导波,机械波在板中传播,最后通过嵌入压电元件获得。导波信号的典型示例如图 7-62 所示。通过提取每个传感器中的导波到达时间,可以估计出撞击的位置。然后,可以应用无损检测技术检查冲击区域,以检查是否存在缺陷。压电元件本身也可以完成缺陷检测任务。其中一个压电元件需要作为执行器,在冲击后产生另一个单独的超声导波,其他元件则需要监听导波。如果导波路径中存在损伤,我们可以在获得的信号中看到扰动。

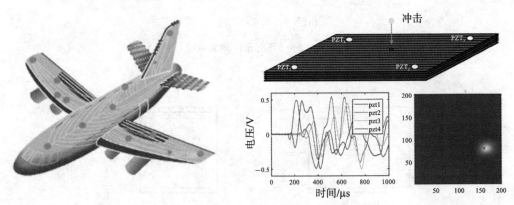

图 7-62　基于压电元件的结构健康监测

7.6.2　超声传感器

超声传感器是产生和接收超声波的装置。超声传感器按其工作原理分有三种:压电超声传感器、磁致伸缩超声传感器和电磁超声传感器。压电超声传感器是应用最广泛的超声传感器，它由压电材料制成，如图 7-63 所示。

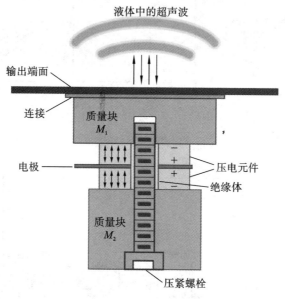

图 7-63　压电超声传感器

超声传感器产生的超声波是频率高于 20 kHz 的声音。它是根据通常人类耳朵可听声音的频率范围（20 Hz～20 kHz）定义的。波长 λ 与频率 f 具有如下关系：

$$\lambda = \frac{c}{f} \tag{7-58}$$

式中：c 是声速。与可听见的声音相比，超声波的波长更小。因此，超声波具有更好的方向性，可以在窄声束中传输。

超声传感器的主要应用是测厚，其原理如图 7-64(a)所示。超声传感器产生一个超声波，该超声波以恒定速度沿直线传播，直到它遇到两种介质的界面（例如背面）。当超声波与界面相遇时，一部分能量在界面上反射，另一部分能量通过界面传播，并在另一介质中继续传播。反射率取决于两种介质的声阻抗：

$$R = \left(\frac{Z_2 - Z_1}{Z_2 + Z_1}\right)^2 \tag{7-59}$$

声阻抗定义为

$$Z = \rho c \tag{7-60}$$

式中：ρ 是密度；c 是声速。反射波由超声波传感器采集，典型信号如图 7-64(b)所示。通过提取反射波的传播时间 Δt，可以计算厚度：

$$d = \Delta t \cdot c/2 \tag{7-61}$$

基于类似的效果，超声传感器也可用于缺陷检测。当材料中存在缺陷时，它会在材料内部引入另一个界面，进而产生新的回波，如图 7-65 所示。缺陷的深度可由传播时间（见式(7-61)）确定，尺寸可由裂纹回波的振幅估计。

例 7-24　采用超声传感器的驻车雷达。如今，大多数汽车都安装了停车雷达。它能够测量汽车与周围障碍物（墙壁、其他汽车等）之间的距离，并在汽车要撞到障碍物时发出警报。停车雷达的原理类似于超声波测厚，声波在空气中传播并在障碍物处反射，可使用公式(7-61)来

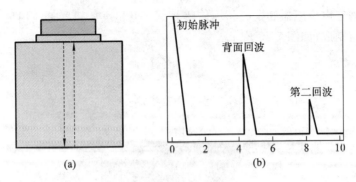

图 7-64　超声波测厚

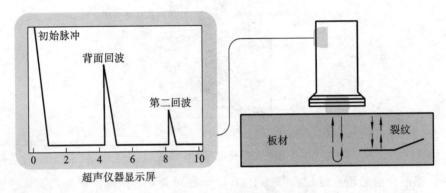

图 7-65　超声波探伤

计算距离。

例 7-25　超声波流量计。流量计是测量流体或气体流动速度的装置。它对地下管线的泄漏检测有很大的实用价值。管道在地下埋置数年后,可能发生腐蚀,造成漏油甚至爆炸等严重灾害。在正常的管道中,油在整个管道中以恒定的速度流动。当某一点出现泄漏时,经过泄漏点后油的流速降低。因此,我们可以使用流量计来检测泄漏点。超声波流量计原理如图 7-66 所示。一个超声传感器作为发射器发射超声波,另一个超声波传感器接收管壁反射的超声波。根据多普勒效应,接收到的超声波具有如下的频移现象:

$$\Delta f = \frac{2f_0 v\cos\theta}{c - v\cos\theta} \tag{7-62}$$

式中:Δf 为频移;f_0 为超声波的原始频率;v 为流体速度;c 为声速;θ 为超声波方向与流体方向之间的夹角。当声速远大于流体速度时,式(7-62)可简化为

$$\Delta f = 2f_0 v\cos\theta/c \tag{7-63}$$

由式(7-63)可知,流体的流动速度与频移成正比。通过测量超声波的频率,可以确定流体的流动速度。

DIY 实验 7.7　基于 Arduino 板的超声波测距装置。通过一个超声波测距模块(HC-SR04),我们可以建立自己的超声波测距装置。该模块具有引脚:Vcc、GND、TRIG、ECHO。触发引脚 TRIG 连接到 Arduino 板的引脚 8。当我们给出 2 μs 的低电平电压和 10 μs 的高电平电压时,该测距装置会发出超声波。ECHO 引脚连接到 Arduino 板的引脚 7,我们可以使用pulseIn 函数读取反射超声波的传播时间。然后我们可以根据公式(7-61)计算距离。Arduino板的 9 号引脚与一个 LED 相连,当超声波模块与被测物体之间的距离小于 5 cm 时,LED 会

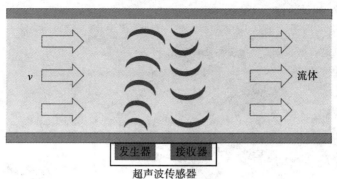

图 7-66 超声波流量计

发出警报。建议尝试添加一个 LCD(liquid crystal display, 液晶显示)屏幕来显示距离, 并使用电池为电路板供电, 这样就可以构建一个便携式设备, 如图 7-67 所示。参考代码如下:

```
float dis;

void setup(){
  Serial.begin(9600);
  pinMode(8,OUTPUT);
  pinMode(7,INPUT);
  pinMode(9,OUTPUT);
}

void loop(){
    digitalWrite(8,LOW);
    delayMicroseconds(2);
    digitalWrite(8,HIGH);
    delayMicroseconds(10);
    digitalWrite(8,LOW);

    dis =pulseIn(7, HIGH) / 58.0;
    dis = (int(dis*100.0))/100.0;
    Serial.print("Distance =");
    Serial.print(dis);
    Serial.println("cm");
    if(dis <5){
      digitalWrite(9,HIGH);
      delay(200);
    }
    else{
      digitalWrite(9,LOW);
      delay(200);
    }
    delay(500);
}
```

图 7-67　基于 Arduino 板的便携式超声波测距仪

7.6.3　QCM 湿度传感器

QCM(quartz crystal microbalance,石英晶体微天平)是一种将电极表面质量变化转换为频率变化的质量检测仪器,并且可以实现纳克级别检测,是目前应用最为广泛的一种压电谐振传感器。QCM 可产生逆压电效应,当在 QCM 两端施加一个交变电场时,QCM 会产生机械振动。当激励信号频率与晶片固有频率相同时,会发生共振现象,QCM 机械振幅剧增,即会产生压电谐振。QCM 凭借体积小、结构简单、能耗低、检测精度高、成本低、灵敏度高、可在线跟踪等优势,在化学、物理、生物、材料等各个领域中有着广泛应用,特别是在气体传感器和湿度传感器领域中备受关注。QCM 本身并不具有湿敏性能,对液体和湿度也没有敏感性,故需要在 QCM 电极表面涂覆一层湿敏薄膜,湿敏薄膜会吸附水分子从而引起 QCM 表面质量变化,进而使 QCM 谐振频率发生改变,再通过一定的技术手段获取频率变化信号。编者所在团队基于 QCM 换能器与仿草状超亲水氢氧化铜微纳结构,制备了具有沾水自恢复特性的高灵敏湿度传感器(见图 7-68),其灵敏度高达 85.9 Hz/％RH,响应恢复时间可达 30 s(上升时间)、1.9 s(下降时间),能有效应用于人体手指滑/移动、嘴鼻呼吸检测等应用场景。

图 7-68　基于仿草状超亲水氢氧化铜微纳结构的 QCM 湿度传感器

7.7　霍尔传感器

通有电流的半导体暴露在磁场中时,其上会产生垂直于电流和磁场的电压差。这种现象被称为霍尔效应,由埃德温·霍尔于 1879 年发现。霍尔元件通常由 InSb、GaAs、InAs 和 InAsP 组成。如图 7-69 所示,由于磁场的存在,电子将在洛伦兹力的作用下在其中一极中聚集。相应地,由于缺乏电子,空穴会在另一极中聚集。由于电子和空穴的聚集,在元件内部将产生电场。最后,洛伦兹力和电力将达到平衡,电子停止聚集,元件中形成稳定的电压。在平衡条件下,洛伦兹力 $F_L(F_L = evB)$ 和电场力 $F_E(F_E = eE = eU_H/w)$ 相等。然后,我们可以得到霍尔电压:

$$U_H = vBw \tag{7-64}$$

式中:v 是电子的漂移速度;B 是磁场强度;w 是电场宽度。速度对我们来说是一个未知参数,但可以找到它与电流的关系:

$$I = \frac{\Delta Q}{\Delta t} = \frac{\Delta t \cdot vwdne}{\Delta t} = vwdne \tag{7-65}$$

式中:d 是厚度;n 是载流子浓度。将式(7-65)代入式(7-64),霍尔电压可表示为

$$U_H = \frac{1}{ne} \cdot \frac{IB}{d} = R_H \frac{IB}{d} \tag{7-66}$$

式中:R_H 是霍尔系数。

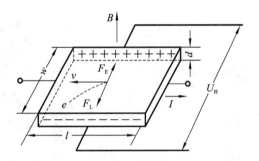

图 7-69　霍尔效应

　　霍尔电压与磁场成正比,因此可以用霍尔元件来测量磁场。然而,霍尔电压很小,实用的霍尔传感器是一种集成霍尔元件和放大器的集成芯片。霍尔传感器主要有两种,即模拟式和数字式,相应的电路分别如图 7-70(a)和(b)所示。模拟式霍尔传感器输出与磁场成比例的电压,主要用于测量磁场的精确值。数字式霍尔传感器与模拟式霍尔传感器相比增加了一个施密特触发器,可以用一个阈值对信号进行二值化处理,主要用于不关心磁场具体值的情况。模拟式和数字式霍尔传感器的输出分别如图 7-70(c)和(d)所示。

　　例 7-26　用霍尔开关传感器测量转速。在前面的章节中,我们已经展示了几个用传感器测量转速的例子。霍尔传感器也可以用来测量转速。其测量原理如图 7-71 所示。当一个齿经过时,铁磁性材料会增强霍尔传感器附近的磁场。通过霍尔开关,我们可以得到周期性脉冲信号。通过提取脉冲周期,可以计算出齿轮的转速。

　　例 7-27　基于线性霍尔传感器的电流钳。电流钳是一种无接触测量导线电流的装置。夹子可以打开,让电线进去,如图 7-72 所示。根据毕奥-萨伐尔定律,导线中的电流将在周围空间产生磁场:

$$B = \frac{\mu_0}{2\pi} \cdot \frac{I}{r}$$

式中:r 是周围空间点与导线的距离。理论上,可以通过测量单个点的磁通密度及该点到导线的距离来计算电流。然而,在实际应用中很难精确测量距离。电流钳通过考虑回路中的磁通

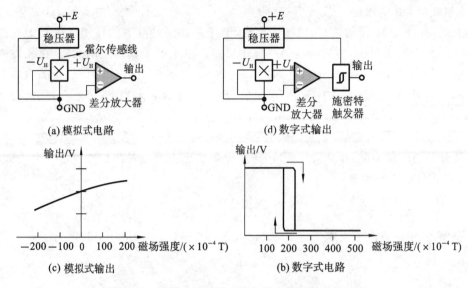

图 7-70　模拟式与数字式霍尔传感器的构成与输出

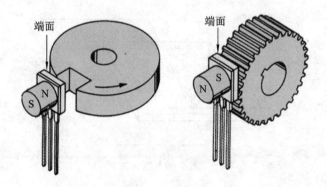

图 7-71　霍尔开关传感器测速原理

密度来解决这个问题。线夹由铁磁性材料(铁氧体或软铁)制成,因此导线周围的磁场集中在线夹的线圈中。根据安培定律,任何闭合回路(不论形状)中的磁通密度的积分均与环绕电流有关:

$$\oint B \cdot \mathrm{d}l = \mu_0 I_{\mathrm{encl}}$$

通过在夹具回路中插入一个线性霍尔传感器来测量磁通密度,可以推断出导线中的电流。

图 7-72　电流钳工作原理

7.8　光电传感器

光生伏特效应是指某些材料在光照下产生电压的现象。光生伏特效应与光电效应有关，表明电子通过吸收光子能量可被激发到更高的能量状态。然而，这两种效应之间有一些区别：光电效应通常用来描述电子从材料表面射出而进入真空的现象；光生伏特效应用来描述电子仍在材料内部的现象。

光电传感器是基于光生伏特效应制造的，通常由半导体 PN 结构成。常用的材料有硅（Si）、锗（Ge）和铟镓砷化物（InGaAs）。光电传感器的工作原理如图 7-73 所示。当光子撞击半导体时，电子和空穴被激发。由于耗尽层中的内建电场，电子向 N 型半导体移动，空穴向 P 型半导体移动。N 型和 P 型半导体之间因电子和空穴的各自聚集会产生电压降，因此，如果将光电传感器连接到负载上，光电传感器可以作为电池工作。

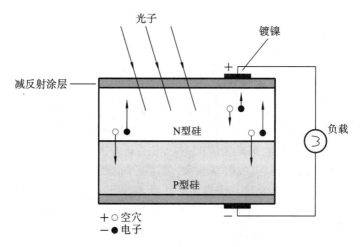

图 7-73　光电传感器工作原理

光电传感器主要应用有光伏电池（即太阳能电池）、光电二极管和光电晶体管。光伏电池和光电二极管均基于图 7-73 所示的光生伏特原理工作。但由于两者用途不同，在结构上有一些特殊的设计，以提高其相对应的性能。光伏电池被认为是一种提供电能的清洁能源，因此它被设计成具有较大的面积和敏感的带宽，以最大限度地转换能量。而光电二极管作为传感器，灵敏度和速度是其需要优化的主要性能。光电晶体管由 PNP 或 NPN 型半导体制成，为光电二极管提供了额外增益，从而产生更大的灵敏度。光电二极管与光电晶体管实物及其符号如图 7-74 所示。

光电二极管和光敏电阻都是光敏传感器，但它们是不同类型的传感器。光电二极管是一种能量转换型传感器，直接将光子能量转换为电能；而光敏电阻是一种能量控制型传感器，需要电源的帮助，将光强度的变化转换为电压的变化。

例 7-28　光电开关。在前面的章节中，我们介绍了接近开关的一些应用，以及如何基于电磁传感器制造接近开关。如果试件是非铁磁绝缘体，则光电开关更为合适。其工作原理如图 7-75 所示。发射器向由光电二极管或光电晶体管组成的接收器发送光（通常是红外线）。当一个物体从发射器和接收器之间经过时，它会阻挡一部分光线，并减少击中接收器的光子能量。通过检查光电二极管或光电晶体管的输出信号的变化，可以确定物体存在与否。

例 7-29　钙钛矿光电探测器。目前商业光电探测器主要是基于无机化合物的 Si、GaN 与

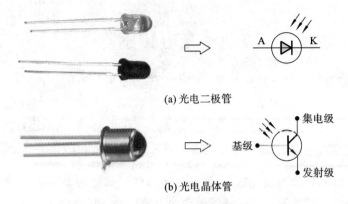

(a) 光电二极管

(b) 光电晶体管

图 7-74　光电二极管、光电晶体实物管及其符号

图 7-75　光电开关工作原理

InGaAs 半导体器件。该类器件需要高真空、高温制备工艺,价格昂贵。另外,器件使用过程中需额外偏压,以获得更优增益,而这增加了能量消耗。因此,探寻低成本、自驱动新型半导体材料来取代传统无机半导体是光电探测领域的一个重要研究方向。有机-无机杂化钙钛矿材料具有成本低、可用低温溶液制备、光吸收系数大、禁带可调、激子扩散长度长与电荷传输快等优点,在光电探测领域得到了极大发展。编者所在团队提出了一种基于钙钛矿材料的新型无空穴传输层自驱动光电探测器(见图 7-76),并将其成功应用于可见光通信系统,实现了文本准确传输与音频高保真转换。

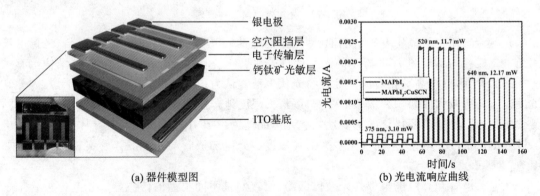

(a) 器件模型图　　　　　　　　　　(b) 光电流响应曲线

图 7-76　钙钛矿光电探测器

DIY 实验 7.8　自动巡线小车。这是一个具有挑战性的实验,不仅需要传感器和 Arduino 板的相关知识,而且还需要机械设计的知识。如图 7-77 所示,设计的机器人小车应该能够沿着白板上画的黑线追踪和移动。一个模块由四个 LED 光电二极管对组成。当 LED 光电二极管对位于黑线上方时,由于黑线对光的吸收,光电二极管不能接收反射光,因此,我们可以通过光电二极管的输出信号来确定和改变机器人小车的方向。例如,如果三个光电二极管都接收到反射光,而最右边的光电二极管没有接收到反射光,则表示机器人小车位于黑线的左侧,Arduino 板应发送控制信号以将机器人小车转向右侧。

图 7-77　自动巡线小车

7.9　图像传感器

图像传感器可将光学图像转换成电信号。有两种类型的图像传感器:CCD(电荷耦合器件)和CMOS(complementary metal oxide semiconductor,互补金属氧化物半导体)。CMOS具有功耗低、成本低、速度快等优点,而CCD技术成熟,图像噪声小,成像质量高。图像传感器可以看作一个具有位置信息的光学传感器阵列,已广泛应用在数码相机、扫描仪中,用于物体检测、缺陷检测和工业控制等领域。

CCD 由耦合的 P 掺杂 MOS(金属氧化物半导体)电容器阵列组成。P 掺杂 MOS 电容器是 CCD 的基本组成部分,它是通过在 P 型硅衬底上生长一层二氧化硅(SiO_2)并在其上沉积一层金属或多晶硅制成的。这种三层结构相当于一个平行板电容器,其中一个电极被半导体取代,如图 7-78(a)所示。

当对金属栅电极施加正偏压时,硅衬底中的大多数载流子(空穴)被推到衬底的底部,从而留下一层不可移动的受体离子。因此,在 Si/SiO_2 界面中形成耗尽层,如图 7-78(b)所示。随着偏置电压的增加,耗尽层厚度变得更大,另外,如果偏置电压高于阈值,则少数载流子(电子)被吸引到界面附近的区域并且产生具有高电子密度的非常薄的反型层,如图 7-78(c)所示。耗尽层越深,硅吸引电子的能力就越高。通常用势阱来描述 MOS 吸引电子的能力。我们可以把势阱看作一个桶,把电子看作雨滴,每个桶都有收集雨滴的极限。

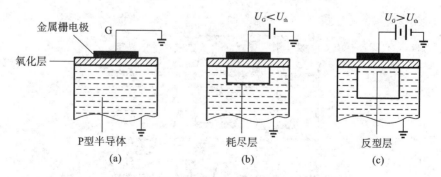

图 7-78　P 掺杂 MOS 电容器及其耗尽层的结构

MOS 对光也很敏感。前面提到,硅是制造光电二极管的合适材料。因此,当相机快门打开时,在 MOS 的硅衬底中产生自由电子。换句话说,MOS 在光照下既有产生电子的能力,又有收集电子的能力。

CCD 的最后一个任务是在曝光完成时(快门关闭后)读取每个像素中的光子感应电荷。

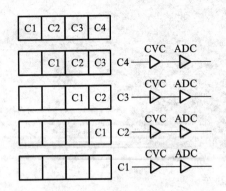

图 7-79　按顺序读取电荷的过程

CCD 使用类似于移位寄存器的技术来顺序读取感应电荷,过程如图 7-79 所示。该图显示了一个只有四个像素的一维 CCD。每次,最右边的像素上的电荷都使用电荷-电压转换器(CVC)和模数转换器(ADC)读取,而其他像素上的电荷不断转移到右边的相邻像素上。读取所有像素的电荷后,可以显示数字图像。

　　电荷转移是通过改变施加在每个 MOS 和相应的势阱上的电压来完成的。该过程如图 7-80 所示。其中,每个像素有三个 MOS 电容来收集电荷。将图 7-80(a)中的电压序列施加到图 7-80(b)中的电极上。如前所述,外加电压越大,耗尽层和势阱越深。因此,如果施加在相邻 MOS 上的电压较高,则相邻 MOS 中的电子会被其吸引。这个过程就像把一个桶里的水一个接一个地倒到相邻的桶里。图 7-80(c)显示了一些选定时间实例的电荷分布。

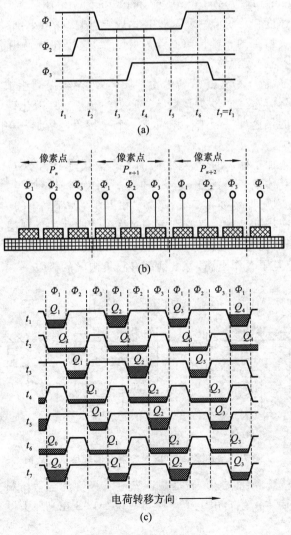

图 7-80　电荷转移原理

对于 CMOS 图像传感器,每个像素都有自己的光电探测器和放大器。因此,CMOS 传感器被视为有源像素传感器。通常,每个像素由一个固定光电二极管、一个浮动式扩散层和四个 CMOS 晶体管(转移门、复位门、选择门和源极跟随读出晶体管)组成。每个像素的输出由列驱动器和行驱动器读取。CCD 和 CMOS 的参数比较如表 7-4 所示。

表 7-4 CCD 和 CMOS 的参数比较

项 目	CCD	CMOS
成本	高	低
灵敏度	高	低
能耗	高	低
电压	12 V	5 V 或 3.3 V
尺寸	大	小

图像传感器,无论是 CCD 还是 CMOS,都只能感知光的强度而不能获取颜色信息。因此,照相机在早期发明时,只能拍摄黑白照片。为了获得彩色图像,可以在光电二极管前面放置滤波器,并且将感知单元设置为由四个像素构成的组。对于每个组,两个像素对绿色敏感,一个像素对红色敏感,一个像素对蓝色敏感。因此,可得到红(red)、绿(green)、蓝(blue)三种颜色的滤波图像。最后,将滤波后的图像进行叠加,即可重建出原始的彩色图像。由于我们在滤波和重建中使用了红、绿、蓝颜色,因此所获得的彩色图像也称为 RGB 图像。

例 7-30 条形码(见图 7-81(a))是一种用不同宽度和间距的平行线表示数据的图形编码。条形码已经印在书籍和许多词汇表上。书店和超市通常会为所有已储存的商品创建一个条形码数据库,收银员只需扫描条形码即可获得物品的价格,这就大大方便了付款过程。条形码扫描仪包含一个 CCD 线性阵列,用于检测条形码反射的光。然后,将信号转换成二进制数字,并与数据库进行比较,以找到项目。二维码(quick response code,简称 QR 码,见图 7-81(b))是一种二维图形编码,在我国的应用日益广泛。它已用于支付、网站登录、餐厅订购、机票显示、WiFi 连接等。我们可以用智能手机的摄像头直接扫描条形码和二维码。

(a)   (b)

图 7-81 条形码和二维码

例 7-31 基于机器视觉的轴承缺陷检测。机器视觉是一种模仿人类视觉的技术,利用 CCD 或 CMOS 获取数字图像,利用计算机进行图像分析。机器视觉在缺陷检测等领域正在取代人类视觉。传统上,轴承的缺陷由工人目测检查。然而,轴承通常是批量生产的,因此工人们需要每天检查许多轴承。检验结果对工人的经验依赖性强,易受工人身体状况的影响。利用机器视觉,通过软件分析图像,可以自动发现缺陷。

7.10 热 电 偶

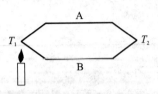

图 7-82 热电偶的结构示意图

热电偶是一种温度测量装置,由两接头连接的两个不同的电导体 A、B 组成,形成一个回路,如图 7-82 所示。由于热电效应,当两个接头处的温度不同时,回路中会产生电动势。这种现象最早是由德国物理学家托马斯·约翰·塞贝克在 1821 年发现的,被称为塞贝克效应。热电偶只测量两个接头之间的温差,因此它是一个相对温度测量传感器。测量绝对温度时,应将其中一个接头置于已知温度的环境中,如 0 ℃的冰水混合物或 100 ℃的沸水。用作参考的接头称为参考接头的冷接头,而另一个接头称为热接头或工作接头。

7.10.1 热电效应

1. 塞贝克效应

1821 年,塞贝克发现,当两种金属的连接处有温差时,附近的罗盘指针会发生偏转。他称这种现象为热磁效应。但后来他发现,感应磁场是由导体中的热电流产生的。他还测试了不同的金属组合,发现电流强度和方向与使用的金属有关。塞贝克效应在数学上表示为

$$E_S = \int_{T_2}^{T_1} (\alpha_A - \alpha_B) dT \tag{7-67}$$

式中:E_S 是因塞贝克效应产生的感应电压;α_A、α_B 分别是金属 A 和 B 的塞贝克系数;T_1 和 T_2 分别是两个接头处的温度。

2. 珀耳帖效应

珀耳帖效应是指电流在由两种金属构成的回路中流动时,热量在一个接头中被吸收,而在另一个接头中被释放的现象,如图 7-83 所示。它是 1834 年由法国物理学家让·查尔斯·阿萨纳斯·珀耳帖发现的。应该注意的是,尽管这种热也与电流有关,但它

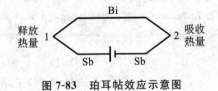

图 7-83 珀耳帖效应示意图

明显不同于焦耳热,因为它与电流的方向有关。当图 7-83 中的电源方向改变时,接头 1 吸收热量,接头 2 释放热量。

珀耳帖效应可用接触电势来解释。当两种不同的金属接触时,由于电子密度的不同,电子会从一种材料扩散到另一种材料。失去电子的金属在界面处带正电荷,而接受电子的金属在界面处带负电荷。带电的薄层会产生一个阻碍电子运动的电势,最后在一个固定的接触电势下达到平衡。接触电势与金属的电子密度和温度有关:

$$E_{AB}(T) = \frac{kT}{e} \ln \frac{N_A}{N_B} \tag{7-68}$$

式中:E_{AB} 是接触电势;k 是玻耳兹曼常数;e 是基本电荷;N_A 和 N_B 分别是金属 A 和 B 的电子密度。将接触电势源视为电池,则接头 1 处的电池处于充电状态,非静电力产生负功,并释放珀耳帖热;接头 2 中的电池处于放电状态并吸收热量。

由接触电势而产生的总电势为

$$E_P(T_1, T_2) = E_{AB}(T_1) - E_{AB}(T_2) \tag{7-69}$$

可以看出,如果两个接头处的温度相同,则回路中没有电动势。

3. 汤姆森效应

虽然接触电势将总电势与温度联系起来,但人们发现方程(7-69)与实验结果不符。而后,威廉·汤姆森发现,每种金属内部的温度梯度也会造成电势。高温区的电子具有较高的动能,并向低温区扩散。这个过程相当于对电子施加非静电力。非静电力的等效电场与温度梯度成正比,即 $\sigma \cdot \mathrm{d}T/\mathrm{d}l$,其中 σ 是汤姆森系数。某些材料如镉、锌、银、铜的汤姆森系数为正,而某些材料如铁、铂、钯的汤姆森系数为负。由于汤姆森效应,一种金属中的感应电动势为

$$E_{\mathrm{T}} = \int_{0}^{l} \sigma \frac{\mathrm{d}T}{\mathrm{d}l} \mathrm{d}l = \int_{T_2}^{T_1} \sigma \mathrm{d}T \tag{7-70}$$

联系珀耳帖效应和汤姆森效应,塞贝克的实验结果就得到了解释。图 7-82 所示热电偶中的总热电势为

$$E_{\mathrm{AB}}(T_1, T_2) = E_{\mathrm{AB}}(T_1) - E_{\mathrm{AB}}(T_2) + \int_{T_2}^{T_1} \sigma_{\mathrm{B}} \mathrm{d}T - \int_{T_2}^{T_1} \sigma_{\mathrm{A}} \mathrm{d}T \tag{7-71}$$

式(7-71)中的总电势 $E_{\mathrm{AB}}(T_1, T_2)$ 等于式(7-67)中的塞贝克电势。

7.10.2 热电定律

1. 定律一:非均匀物质定律

该定律规定热电偶必须由两种或两种以上不同的材料制成。如果热电偶是由均匀材料制成的,则从式(7-71)中可以很容易地看出,无论两个结之间的温差如何,热电势都为零。

2. 定律二:中温定律

如果已知温度对 (T, T_{n}) 和 (T_{n}, T_0) 下热电偶的热电势,则可以直接计算温度对 (T, T_0) 下热电偶的热电势:

$$E_{\mathrm{AB}}(T, T_0) = E_{\mathrm{AB}}(T, T_{\mathrm{n}}) + E_{\mathrm{AB}}(T_{\mathrm{n}}, T_0) \tag{7-72}$$

式中: T_{n} 是中间温度。方程(7-72)可以很容易地用公式(7-71)证明。这一定律表明,我们可以用相同的材料扩展由金属 A 和 B 制成的热电偶,热电势只取决于两端的温度,与中间温度无关,如图 7-84 所示。

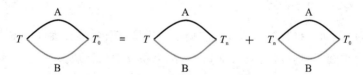

图 7-84　中温定律的论证

中温定律还允许使用不同的参考温度进行测量。当使用热电偶时,很难用公式(7-71)由测得的热电势计算温度。因此,热电偶在投入使用前要进行校准。在校准过程中,将冷接头置于固定温度(如 0 ℃)的环境中,将热接头置于不同温度下,测量热电势。标定后得到相应的温度和热电势表。在测量过程中,用该表求出温度与所测热电势的对应关系。尽管该表是在参考温度为 0 ℃的情况下获得的,但也可以通过将 0 ℃作为等式(7-72)中的中间温度来用于其他参考温度的相关测量。

3. 定律三:中间导体定律

在热电偶中插入第三种材料不会改变感生热电势,只要插入材料两端的温度相同。这个定律可以证明如下(见图 7-85)。

$$E_{\mathrm{ABC}}(T, T_0) = E_{\mathrm{AB}}(T) + E_{\mathrm{BC}}(T_0) + E_{\mathrm{CA}}(T_0) + \int_T^{T_0} \sigma_\mathrm{A} \mathrm{d}T + \int_{T_0}^{T_0} \sigma_\mathrm{C} \mathrm{d}T + \int_{T_0}^T \sigma_\mathrm{B} \mathrm{d}T$$

$$= \frac{kT}{e} \ln \frac{N_\mathrm{A}}{N_\mathrm{B}} + \frac{kT_0}{e} \ln \frac{N_\mathrm{B}}{N_\mathrm{C}} + \frac{kT_0}{e} \ln \frac{N_\mathrm{C}}{N_\mathrm{A}} + \int_T^{T_0} \sigma_\mathrm{A} \mathrm{d}T + \int_{T_0}^{T_0} \sigma_\mathrm{C} \mathrm{d}T + \int_{T_0}^T \sigma_\mathrm{B} \mathrm{d}T$$

$$= \frac{kT}{e} \ln \frac{N_\mathrm{A}}{N_\mathrm{B}} + \frac{kT_0}{e} \ln \frac{N_\mathrm{B}}{N_\mathrm{A}} + \int_T^{T_0} \sigma_\mathrm{A} \mathrm{d}T + \int_{T_0}^T \sigma_\mathrm{B} \mathrm{d}T$$

$$= \frac{kT}{e} \ln \frac{N_\mathrm{A}}{N_\mathrm{B}} - \frac{kT_0}{e} \ln \frac{N_\mathrm{A}}{N_\mathrm{B}} + \int_{T_0}^T \sigma_\mathrm{B} \mathrm{d}T - \int_{T_0}^T \sigma_\mathrm{A} \mathrm{d}T$$

$$= E_{\mathrm{AB}}(T, T_0) \tag{7-73}$$

中间导体定律使热电偶成为一种实用的传感器,它证明了向热电偶中插入测量电路来测量感应热电势的合理性(见图 7-86),同时也表明不需要将测量仪器放置在热电偶周围,可以在热电偶上接一根补偿线,使测量远离热电偶。值得一提的是,尽管中间导体定律表明任何材料都可以用来制作补偿线,并且不会改变感生热电势,但补偿线宜采用与热电偶性能相近的材料制作,以避免端部波动引起的误差。

图 7-85　中间导体定律的论证

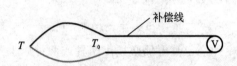

图 7-86　用补偿线测量热电势

4. 定律四:参比电极定律

如果热电偶是由两种不常用的材料制成的,则热电势在校准之前是未知的。然而,我们可以插入表 7-5 所示的常用材料(表示为 C),以形成两个热电偶。这样,可将原始热电偶的感应热电势表示成两个热电偶的感应热电势的总和:

$$E_{\mathrm{AB}}(T, T_0) = E_{\mathrm{AC}}(T, T_0) + E_{\mathrm{CB}}(T, T_0) \tag{7-74}$$

7.10.3　热电偶类型

热电偶可以由不同的材料组合而成。它们在灵敏度、范围、线性度和成本上都不同。需要根据应用场合,合理选择热电偶类型。表 7-5 列出了一些常用类型。

表 7-5　常用热电偶类型

类　　型		材　　料	温度范围/℃	
			长期工作	短期工作
镍合金	E 型	镍铬-镍铜	0～800	−40～900
	J 型	铁-镍铜	0～750	−180～800
	K 型	镍铬-镍铝	0～1100	−180～1370
	N 型	镍铬硅-镍硅镁	0～1100	−270～1300
	T 型	铜-镍铜	−185～300	−250～400

类　型		材　料	温度范围/℃	
			长期工作	短期工作
铂铑合金	B 型	70%Pt/30%Rh-94%Pt/6%Rh	200～1700	0～1820
	R 型	87%Pt/13%Rh-Pt	0～1600	−50～1700
	S 型	90%Pt/10%Rh-Pt	0～1600	−50～1750
钨铼合金	C 型	95%W/5%Re-74%W/26%Re	N/A	N/A
	D 型	97%W/3%Re-75%W/25%Re	N/A	N/A
	G 型	W-74%W/26%Re	N/A	N/A

一些选定热电偶的特性曲线如图 7-87 所示。

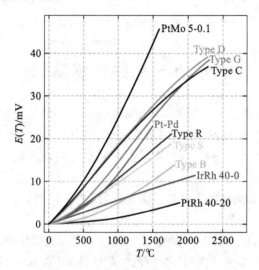

图 7-87　一些选定热电偶的特性曲线

7.10.4　热电偶的特点及应用

热电偶与热敏电阻和电阻温度计的区别如下：

（1）热电偶是一种无源传感器，它将热能直接转换为电能，而热敏电阻和电阻温度计是需要外部电源的有源传感器。

（2）热电偶是一种相对温度传感器，用于测量两个接头处的温差。为了测量绝对温度，热电偶需要一个已知值的参考温度。而热敏电阻和电阻温度计直接测量绝对温度。此外，热电偶相对热敏电阻和电阻温度计具有更大的测量范围，可适用于 1000 ℃以上温度的测量。因此，它常用于高温测量，如监测炉温。

例 7-32　基于薄膜热电偶的数控车刀温度传感器。在切削加工过程中，切削温度及其分布直接影响着工件的加工质量及刀具的使用寿命，但由于狭小的切削区域存在着恶劣的切削环境（大应变/应力、陡峭的温度梯度），现有测温器件很难接近切削区域并实现切削区域的原位温度测量。编者所在团队利用 MEMS（microelectromechanical system，微机电系统）工艺将薄膜热电偶温度传感器阵列制作在刀具基底上，结合改进的热压扩散焊工艺，将传感器阵列封装在刀体内，打磨刀尖点，实现了刀尖切削温度的原位测量，如图 7-88 所示。

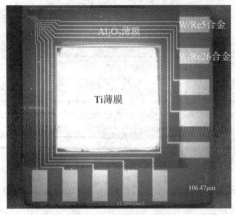

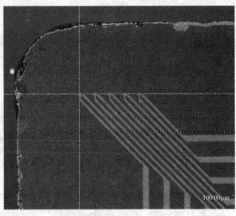

(a) 刀具传感器整体图　　　　　　　　　(b) 刀尖局部放大图

图 7-88　基于薄膜热电偶的刀具温度传感器

7.11　光纤传感器

　　光纤是由二氧化硅和塑料制成的柔软、透明的导线。它的直径和人的头发差不多。光纤传感器是一种基于光纤的传感器,可以用来检测与光纤中传输的光相互作用的任意物理量。光纤传感器的主要优点是可多路复用,即不同频率的信号可以在同一根光纤中同时传输。因此,一个光纤传感器可以同时测量多个物理量,如压力、应变和温度,为一个物理量分配一个带宽。另外,由于光纤传感器是利用光来传递信息的,因此它具有较好的抗电磁噪声能力,能够在恶劣的电磁干扰条件下工作。

　　光纤传感器的工作原理如图 7-89 所示。光源产生的光被引导到光纤中并在光纤中传输。被测物理量在某一点与光纤相互作用,改变光的某些性质(如强度、频率/波长、相位、偏振态等)。这种相互作用类似于信号的调制过程。调制信号继续在光纤中传输,并在光探测器处解调。

图 7-89　光纤传感器的工作原理

　　根据调制方式的不同,光纤传感器主要分为频率/波长型和光强型。

7.11.1　频率/波长型光纤传感器

　　频率/波长型光纤传感器是相对常用的光纤传感器类型,又名为光纤布拉格光栅。光纤布拉格光栅是一种折射率周期性变化的光纤,如图 7-90 所示。由于菲涅耳反射,当宽带光遇到光栅时,具有特定波长的光被反射,而其他波长的光则不受干涉地通过。反射波长(也称为布拉格波长)计算如下:

$$\lambda_B = 2n_e\Lambda \qquad\qquad (7-75)$$

式中:λ_B 是布拉格波长;n_e 是有效折射率;Λ 是光栅周期。

　　当光纤布拉格光栅受到应力作用时,光纤膨胀并引起光栅周期的变化,如图 7-91 所示。

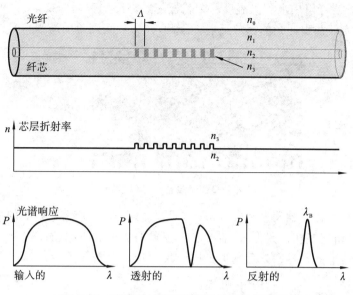

图 7-90　光纤布拉格光栅的结构与工作原理

光栅结构的改变进一步引起反射光谱和透射光谱的偏移。因此,通过测量反射或透射频谱的变化,可以推断出应力。同样,温度、加速度和位移等其他物理量也会通过光纤变形改变光栅周期,因此也可以通过光纤传感器进行测量。

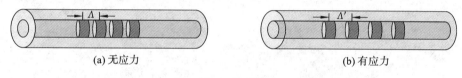

图 7-91　应力作用下光纤布拉格光栅的结构变化与工作原理

　　如图 7-92 所示,光纤布拉格光栅可以同时测量多种物理量和携带多种信息,它是通过在同一光纤中制作多个不同周期的光栅来实现的。由于同一根光纤中有多个光栅,因此反射或透射光谱有多个峰值,如图 7-92 所示。通常,被测物理量只在很小的间隔内改变布拉格波长。因此,即使同一光谱中有多个波峰,它们也不会相互干扰,我们可以通过光谱中相应波峰的移动来估计每个物理量的值。

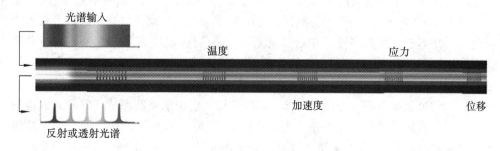

图 7-92　多路复用示意图

7.11.2　光强型光纤传感器

　　光强也可以与其他物理量相互作用,并用来携带信息。光强型光纤传感器的示例如图 7-

93 所示,这个传感器可以用来测量温度。金属板随着温度的升高而变形,并对夹具施加压力。夹具进一步弯曲光纤并引起光的部分反射。因此,在另一端测量的光强与温度有关。

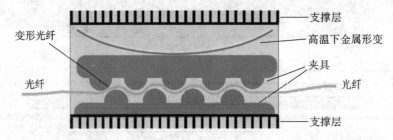

图 7-93　光强型光纤传感器

例 7-33　用光纤传感器测量机翼变形。当无人机飞行时,应监测机翼的变形以确保安全。传统上,应变片网络连接在机翼上,以监测多个位置的应变。机翼的面积很大,需要大量的应变片和具有大量通道的仪器来处理数据。应变片增加了机翼的重量。随着光纤技术的发展,光纤传感器正在取代应变片进行变形测量。如图 7-94 所示,一根光纤可以测量沿光纤路径的多个位置的应变。光纤传感器的使用减少了通道的数量,降低了仪器的成本,也减轻了无人机的重量。

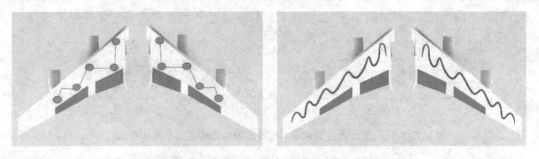

图 7-94　用应变片和光纤测量机翼变形程度

例 7-34　基于微探头多波段中红外光纤传感的切削温度在线监测。在金属切削加工中,切削温度直接影响零件表面完整性、加工精度和刀具寿命,然而受限于刀具-切屑接触区的强时变局部高温、狭小区域面积和大温度梯度等因素,以及切削液、油污和切屑等强干扰,切削刀具温度的原位在线测量面临着巨大挑战。借助光纤尺寸微小、耐高温、抗电磁干扰、化学稳定性强等特性,将其内置于刀具中,可实现刀具切削温度的非接触式原位在线测量。编者所在课题组开发了一种基于微探头多波段中红外光纤传感的切削温度在线监测系统,如图 7-95 所示,测温上限高达 1500 ℃,测温精度可达 1 ℃,除应用于常规切削工况外,还可实现对铁路列车轮对切削等重载切削场景的切削温度在线监测。

例 7-35　管道泄漏监测。在例 7-25 中,我们介绍了使用超声波流量计监测管道泄漏。管道用于在城市之间甚至国家之间输送天然气和石油,因此其长度可达数千千米。需要每隔一段距离安装超声波流量计,以监测整个管道。若采用光纤传感器,我们只需要一根光纤就可以解决问题。在管道中嵌入带有多个光栅的光纤,以监测泄漏引起的压力变化。同时,还可以对温度、振动等重要参数进行监测。

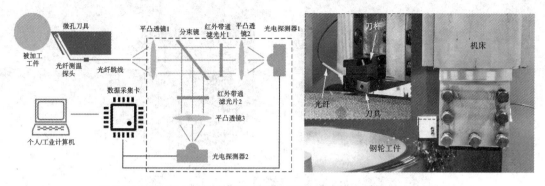

图 7-95 基于微探头多波段中红外光纤传感的切削温度在线监测系统

7.12 光栅传感器

光栅是由密集的等距平行狭缝构成的光学器件。光栅传感器由光源、光电探测器、光栅（一个标尺光栅和一个指示光栅）组成，如图 7-96 所示。通常，指示光栅较短，并且具有与标尺光栅相同的光栅周期（狭缝中心到相邻狭缝中心的距离）。在测量过程中，标尺光栅处于静止状态，指示光栅随被测物体移动。

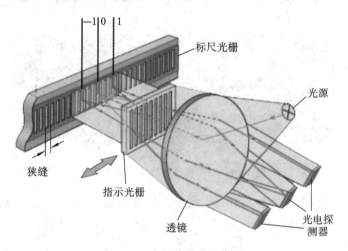

图 7-96 光栅传感器示意图

当两个光栅以一定角度重叠时，会形成莫尔条纹（莫尔图案），如图 7-97 所示。莫尔条纹是平行狭缝间干涉的视觉效果。莫尔条纹的宽度计算如下：

$$W_{\mathrm{M}} = \frac{\Lambda}{2\sin(\theta/2)} \approx \frac{\Lambda}{\theta} \tag{7-76}$$

式中：W_{M} 是莫尔条纹的宽度；Λ 是光栅周期；θ 是两个光栅之间的角度。当 θ 很小时，公式(7-76)中的近似关系成立。当两光栅间的夹角改变时，莫尔条纹的宽度也随之改变。如果将光栅连接到轴上，则可以通过测量条纹宽度的变化来检测轴的微小转动。

光栅传感器也可以用来测量线位移。如图 7-98 所示，顶部光栅的线性移动导致莫尔条纹的移动。根据式(7-76)，如果两个光栅之间的夹角很小，则条纹宽度远大于光栅周期。测量莫尔条纹的运动比测量光栅的微小运动容易得多。因此，光栅传感器的作用就像一个光放大器，可提高测量精度。这种效应可以在图 7-98 中观察到。可见，条纹的微小移动是可以检测到

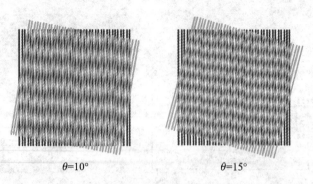

θ=10°　　　　　　　　　θ=15°

图 7-97　两个不同角度重叠光栅形成的莫尔条纹

的,而光栅的移动却很难观察到。

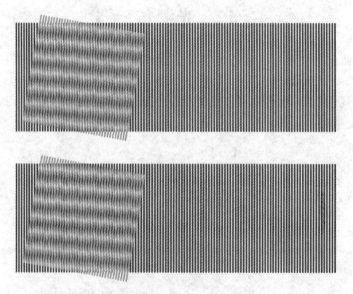

图 7-98　不同线位移形成的莫尔条纹

例 7-36　钻削机床的精密位移测量。为了保证加工精度,必须对钻头或刀具的运动进行精确监控。线性光栅尺可以用来测量钻头或刀具的位移。莫尔条纹效应可以放大微小的运动,因此可以实现精确位移测量。

7.13　生物传感器

生物传感器是将生物元件与传统的物理传感器相结合,将生物化学量转化为光、热等物理量,进而转化为电信号的装置。生物传感器发展迅速,目前已广泛应用于医学仪器,对人体的血糖、血氧、乳酸等多项指标进行监测。根据生物元件的相互作用原理,生物传感器可分为酶传感器、免疫传感器、微生物传感器等。

7.13.1　酶传感器

酶是生物体产生的具有催化能力的蛋白质,它们用于催化某些特定分子进行化学反应。催化过程中的一个基本步骤是将底物(被称为同化有机物)与酶结合,并将其转化为另一种化学物质。因此,酶具有分子识别和转化的双重功能。酶作为一种生物催化剂,与普通催化剂相比具有高度的特异性,只能作用于某种底物。酶具有很高的催化效率,每个酶分子每分钟转化 $10^3 \sim 10^6$ 个底物分子。由于酶是蛋白质,它们在高温和酸性环境中会失活,因此需要在合适的环境中进行催化。另外,酶是水溶性物质,不能直接用于传感器,需要合适的载体为酶形成水不溶性层。

例 7-37 血糖仪。血糖仪是测量血液中葡萄糖浓度的仪器。可用于糖尿病患者的血糖监测。典型的葡萄糖传感器由三层膜组成。内膜层是固定酶的底物,也是 H_2O_2/O_2 选择膜。中间层是发生化学反应的地方,它将葡萄糖转化为过氧化氢。外层用于控制葡萄糖的转移,使反应处于受控状态。葡萄糖氧化酶(GOD)催化的葡萄糖化学反应为

$$C_6H_{12}O_6 + O_2 \xrightarrow{\text{GOD}} C_6H_{10}O_6 + H_2O_2 \tag{7-77}$$

要测量葡萄糖的浓度,我们既可以测量耗氧量,也可以测量过氧化氢的产率。图 7-99 所示的配置用于测量过氧化氢的产率。样品中的葡萄糖和氧气通过聚碳酸酯膜渗透到固定的 GOD 膜中。然后,生成的 H_2O_2 通过选择膜,在铂电极上被氧化并产生电流。通过测量产生的电流,可以推断葡萄糖浓度。

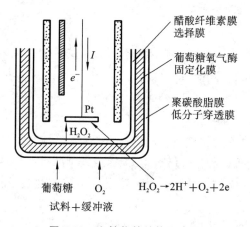

图 7-99 血糖仪的结构示意图

7.13.2 微生物传感器

为了解决酶源缺乏的问题,降低传感器的成本(酶价格高昂),人们开发了一些新的生物传感器,如微生物传感器。典型的微生物传感器与酶传感器的原理相似,二者的区别在于微生物的使用。微生物传感器可分为电流型和电位型。一般来说,电流型优于电位型,其输出信号与被测物质的浓度成正比,与读数误差相对应的浓度误差较小,灵敏度较高。

微生物传感器根据使用的微生物可分为两类:

(1) 对于需氧微生物,当与底物相互作用时,其细胞的呼吸活性增加,耗氧量增加。用氧电极或 CO 电极测定其呼吸活性,可计算出底物浓度。这种传感器是呼吸活动测量型。

(2) 对于厌氧微生物,微生物吸收被测有机物后,会产生各种代谢物,如 CO_2、H_2、H^+ 等。可通过测定代谢产物浓度来推断底物浓度。这种传感器是一种代谢物测量型传感器。

图 7-100 显示了这两种微生物传感器的结构。在图 7-100(a)中,需氧微生物膜安装在氧电极上。将电极插入含有可被吸收的有机物样品中,有机物扩散到微生物膜上,从而被微生物吸收。因此,在氧探针上扩散的氧的量减少,并且相应地氧电极的电流减小。被吸收的有机物

可以通过测量电流得到。在图 7-100(b)中,产生 H_2 的细菌固定在安装电池 Pt 电极的膜上。Ag_2O_2 用作阴极,磷酸盐用作电解液。当传感器被插入含有有机物的溶液中时,有机物被产氢细菌同化,产生氢气。产生的氢气扩散到 Pt 电极,在阳极上被氧化。产生的电流与产生的氢气量成正比。

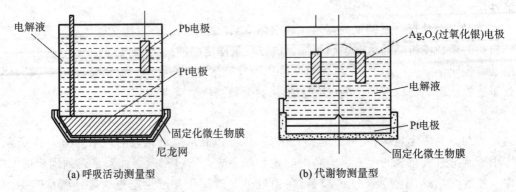

(a) 呼吸活动测量型　　　　　　　　　　(b) 代谢物测量型

图 7-100　微生物传感器的结构示意图

7.13.3　免疫传感器

酶传感器和微生物传感器主要检测低分子有机物浓度,对于高分子有机物检测效果较差。利用抗体对抗原的识别和结合功能,可以构建对蛋白质、多糖等聚合物具有高选择性的免疫传感器。免疫传感器以免疫应答为基础,一般可分为非标记免疫传感器和标记免疫传感器。

1. 非标记免疫传感器

非标记免疫传感器(也称为直接免疫电极)不使用任何标记。其原理是蛋白质分子(抗原或抗体)携带大量电荷,当抗原和抗体结合时,会发生若干电化学或电学变化。所涉及的参数包括:介电常数、电导率、膜电位、离子透过率、离子浓度等。免疫反应的发生可以通过测量这些参数的变化来检测。

非标记免疫传感器在受体表面形成抗原和抗体,并将产生的物理变化转化为电信号。根据测量方法分,有两种非标记免疫传感器:一种是将抗体(或抗原)固定在膜表面,使其成为受体,并测量免疫应答前后膜电位的变化,如图 7-101(a)所示;另一种是将抗体(或抗原)固定在金属电极表面,使其成为受体,然后测量免疫反应引起的电极电位变化,如图 7-101(b)所示。

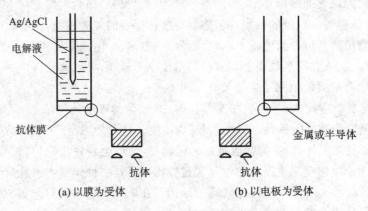

(a) 以膜为受体　　　　　　　　　　(b) 以电极为受体

图 7-101　非标记免疫传感器

非标记免疫传感器具有响应快、使用方便等优点。但由于其非特异性吸附特性,存在检测样品需求量大、灵敏度低、假阳性率高等缺点。

2. 标记免疫传感器

标记免疫传感器(也称为间接免疫传感器)使用酶、红细胞、放射性同位素、稳定的自由基、金属、脂质体和唾液细胞作为标记。其原理:让一定量的标记抗原和等量的抗体发生反应;所有的抗原与抗体结合形成复合物后,取与以前使用的相同量的标记抗原和抗体,再加入被测的非标记抗原,此时,由于标记抗原和非标记抗原与抗体竞争形成复合物,复合物中标记抗原的量改变(减少或增加);根据标记抗原的变化,可以推断出未标记抗原的原始数量。

与非标记免疫传感器相比,标记免疫传感器具有更广泛的应用前景。已有标记免疫传感器应用于临床检测 IgG(免疫球蛋白 G)和 HCG(human chorionic gonadotropin,人绒毛膜促性腺素)浓度,检测范围可达 $10^{-9} \sim 10^{-12}$ g · mL^{-1}。这种传感器只需少量样本,一般只有几微升到几十微升,灵敏度高,选择性好,但需要标记抗原,操作过程复杂。

7.14 传感器选型

如何根据测试目的和实际条件,合理地选用传感器是测试过程中经常会遇到的问题。本节在前述测量与传感器知识的基础上,对合理选用传感器需考虑的因素进行概略性介绍。

1. 灵敏度

一般来说,传感器灵敏度越高越好,因为灵敏度越高,就意味着传感器所能感知的变化量越小,因此当被测量产生微小变化时,传感器就有较大的输出。但是应考虑到,灵敏度越高,与测量信号无关的外界干扰也越容易混入,并被放大装置所放大。因此既要检测微小量值,又要防止干扰。这就要求系统具有高的信噪比,即传感器本身噪声小,且不易从外界引入干扰。

此外,与灵敏度紧密相关的是测量范围。除了有专门的非线性校正措施,最大输入量不应使传感器进入非线性区域,更不能进入饱和区域。

2. 响应特性

在所测频率范围内,传感器的响应特性必须满足不失真测量条件。此外,实际传感器的响应总有一定延迟,为了保证测量不失真,总希望延迟时间越短越好。

通常,利用光电效应、压电效应等的物性型传感器响应较快,工作频率范围宽,而结构型传感器,如电感、电容、磁电式传感器等,往往由于结构中的机械系统惯性的限制,固有频率低,工作频率较低。在动态测试中,传感器的响应特性对测试结果有直接影响,在选用传感器时,应充分考虑被测物理量的变化特点(如稳态、瞬态、随机等)。

3. 线性范围

任何传感器都有一定的线性范围,在线性范围内输出与输入呈比例关系。线性范围越宽,表明传感器的工作量程越大。使传感器工作在线性区域内,是保证测试精确度的基本条件。例如,测力弹性元件,其材料的弹性极限是决定测力量程的基本因素,当超过弹性极限时,将产生线性误差。同时应该看到,任何传感器都不可能保证是绝对线性的,通常在许可限度内,可以在其近似线性区域内使用。因此,选用传感器时,必须考虑被测物理量的变化范围,令其线性误差处在允许范围以内。

4. 可靠性

可靠性是指仪器、装置等产品在规定的条件下、规定的时间内可完成规定功能的能力。只有产品的性能参数(特别是主要性能参数)均处于规定的误差范围内,方能视为可完成规定的功能。

　　为了保证传感器在应用中具有高的可靠性,事前必须选用设计与制造良好、使用条件适宜的传感器。使用过程中应严格保持规定的使用条件,尽量减小使用条件的不良影响。例如,对于电阻应变式传感器,湿度会影响其绝缘性,温度会影响其零漂,长期使用时会产生蠕变现象。又如,对于变间隙型的电容传感器,环境湿度或浸入间隙的油剂,会改变介质的介电常数;光电传感器的感光表面有尘埃或水汽时,其光通量、偏振性或光谱成分会改变。对于磁电式传感器或霍尔效应元件等,当其在电场、磁场中工作时,也会产生测试误差。在机械工程中,有些机械系统或自动化加工过程,往往要求传感器能长期使用而不需要经常更换或校准,其工作环境往往又比较恶劣,存在尘埃、油剂、温度、振动等严重干扰。例如,热轧机系统中控制钢板厚度的 γ 射线检测装置,用于自适应磨削过程的测力系统或零件尺寸的自动检测装置等。这些情况都对传感器的可靠性提出了更加严格的要求。

5. 精确度

　　传感器的精确度表示传感器的输出与被测真值一致的程度。传感器处于测试系统的输入端,因此,传感器能否真实地反映被测值,对整个测试系统具有直接影响。然而,传感器的精确度也并非越高越好,还应考虑经济性。传感器精确度越高,价格就越高。因此应从实际出发,尤其应从测试目的出发来选择传感器。首先应了解测试目的,判定是定性分析还是定量分析。如果是属于进行相对比较的定性试验研究,只需获得相对比较值即可,无须要求绝对量值。如果是定量分析,则必须获得精确值,因此要求传感器有足够高的精确度。例如,为了研究超精密切削机床运动部件的定位精确度、主轴回转运动误差、振动及热变形等,往往要求测量精确度在 $0.1 \sim 0.01 \ \mu m$ 范围内,必须采用高精确度的传感器。

6. 测试方式

　　传感器在实际条件下的工作方式,如接触式与非接触式测试、在线与非在线测试等,也是选用传感器时应考虑的重要因素。工作方式不同,对传感器的要求也不同。在机械系统运动部件的测试中(如回转轴的回转误差、振动、扭力矩等),往往需要进行非接触测试。因为对部件的接触式测试不仅会造成对被测系统的影响,而且还存在诸如测量头磨损、接触状态变动等问题。而采用电容式、涡电流式等非接触式传感器,将会更加方便。若选用电阻应变片,则需要配以遥测应变仪或其他装置。

　　在线测试是与实际情况更接近的测试方式。特别是自动化过程的控制与检测系统,必须在现场实时条件下进行检测。实现在线检测是比较困难的,对传感器及测试系统都有一定的特殊要求。例如,在加工过程中,若要实现表面粗糙度的在线检测,光切法、干涉法、触针式轮廓检测法等都不能运用,取而代之的是激光检测法。研制新型的在线检测传感器,也是当前测试技术发展的一个重要方面。

习　　题

　　7-1　电阻丝应变片与半导体应变片在工作原理上有何区别?各有何优缺点?应如何针对具体情况来选用?

　　7-2　把一个变阻器式传感器按题图 7-1 接线,它的输入量是什么?输出量是什么?在什么条件下它的输出量与输入量之间有较好的线性关系?

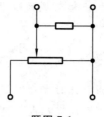

题图 7-1

7-3 有一电阻应变片(见题图 7-2),其灵敏度 $S=2$,$R=120\ \Omega$,设工作时其应变为 1000 $\cdot\ \mu\varepsilon$,问 $\Delta R=?$ 设将此应变片接成如图所示的电路,试求:

(1) 无应变时电流表示值。

(2) 有应变时电流表示值。

(3) 电流表指示值相对变化量,并试分析这个变动量能否从表中读出。

(注:$\mu\varepsilon$ 为微应变。)

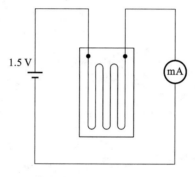

题图 7-2

7-4 电感传感器(自感型)的灵敏度与哪些因素有关? 要提高灵敏度可采取哪些措施? 采取这些措施会带来什么后果?

7-5 一电容测微仪,其传感器的圆形极板半径 $r=4\ \text{mm}$,工作初始间隙 $\delta_0=0.3\ \text{mm}$,问:

(1) 工作时,如果传感器与工件的间隙变化量 $\Delta\delta=\pm1\ \mu\text{m}$,那么电容变化量是多少?

(2) 如果测量电路的灵敏度 $S_1=100\ \text{mV/pF}$,读数仪表的灵敏度 $S_2=5\ \text{格/mV}$,在 $\Delta\delta=\pm1\ \mu\text{m}$ 时,读数仪表的指示值变化多少格?

7-6 电容式、电感式、电阻式应变传感器的测量电路有何异同? 试举例说明。

7-7 欲测量液体压力,拟采用电容式、电感式、电阻应变式和压电式传感器。试绘出可行方案的原理图,并作比较。

7-8 光电传感器包含哪几种类型? 各有何特点? 用光电传感器可以测量哪些物理量?

7-9 何谓霍尔效应? 其物理本质是什么? 用霍尔元件可测哪些物理量? 请举出三个例子来说明。

7-10 一压电式压力传感器的灵敏度 $S=9\times10^5\ \text{pC/Pa}$(皮库仑/帕),把它和一台灵敏度调到 $0.005\ \text{V/pC}$ 的电荷放大器连接,放大器的输出又接到一灵敏度已调到 $20\ \text{mm/V}$ 的光线示波器上记录,试绘出这个测试系统的框图,并计算其总的灵敏度。

7-11 说明用光纤传感器测量压力和位移的工作原理,指出其中的不同点。

7-12 热敏传感器主要分哪几种基本类型? 试简述它们的工作原理。

7-13　热电偶的测温原理是什么？在热电偶回路中接入测量仪表测取热电势时，会不会影响原热电偶回路的热电势数值，为什么？

7-14　热电阻测温原理是什么？就你所知，利用热电阻可以测量哪些参数？试述其测量原理。

7-15　半导体气敏传感器主要分为哪几种类型？试述它们的工作原理。

7-16　超声波具备有哪些物理特性？简述压电式超声波传感器的结构及工作原理。试举例说明超声波无损探伤的工作原理。

7-17　有一批涡轮机叶片，需要检测其是否有裂纹，请列举出两种以上检测方法，并阐明所用传感器的工作原理。

7-18　电荷耦合器件(CCD)主要由哪两个基本部分组成？试举例说明 CCD 传感器的测量原理。

7-19　何谓生物传感器？试简述一般生物传感器的基本结构及其工作原理。

7-20　选用传感器的基本原则是什么？在实际中如何运用这些原则？试举一例说明。

第8章

信号调理技术

8.1 信号调理技术概述

信号调理是对模拟信号进行处理,为下一阶段的处理做准备。信号调理包括放大、滤波、电流电压转换、电压电流转换、隔离、调制解调等。

在数字测量系统中,传感器的模拟信号需要通过模数转换器(ADC)转换成数字信号,以便在计算机或其他数字设备上显示测量结果。如图 8-1 所示,在 A/D 转换之前实施信号调理,为 ADC 准备模拟信号,其主要目的是放大信号而不失真,提高信噪比(SNR)。信号调理技术在很大程度上决定了测量系统的整体特性。

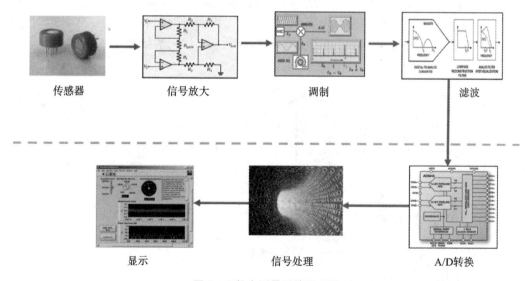

图 8-1 数字测量系统原理图

基于以下原因,在 A/D 转换之前需要进行信号调理。

(1)传感器输出信号弱。

有些传感器的输出信号很弱,ADC 无法分辨。例如,在结构健康监测中,压电传感器通常输出几百微伏或几毫伏的电压。对于满标度输入范围为 5 V 的 10 位 ADC,电压分辨率为 4.88 mV。ADC 无法识别传感器输出信号中百微伏的微小波动。因此,在 A/D 转换之前需要放大传感器的输出信号。

(2)噪声干扰。

如今,我们生活在一个充满电子设备和各种电磁波的空间里。传感器周围的电磁场会将噪声叠加到原始传感器输出上。此外,温度和电源电压的波动也会给传感器信号引入噪声。噪声会阻碍我们对有用信号的识别,尤其是当传感器信号很弱时。因此,需要滤波来提高信噪比(SNR)。

(3) 远程传输。

有时,传感器信号在被分析和显示之前需要进行远距离传输。例如,在工厂里,传感器被用来监控生产车间中的生产过程,但技术人员在远离生产车间的一个单独的房间里分析传感器信号。如果在野外使用传感器进行监测,信号需要传输数百千米到城市进行分析。在长距离传输过程中,信号更容易被噪声污染而导致失真。因此,需要使用调制和解调技术来改善信号远程传输的质量。

8.2　模拟信号的放大

8.2.1　运算放大器

运算放大器有时简称为运放,是一种重要的电子元件,用于信号调理。它是一种增益非常大的电压放大装置,其名字来源于以前在模拟计算机中为实现数学运算的用法。

运算放大器的等效电路如图 8-2 所示。它有两个输入端子,一个用减号标记的反相输入端子和一个用加号标记的同相输入端子。"反相"和"同相"的名称来自输出和输入信号之间的相移。当反相输入端由正弦信号供电,而同相输入端接地时,输出信号被反转,即其相移为 $180°$。如果我们将相同的信号输入到同相输入端,并将反相输入端接地,则输出信号将与输入信号具有相同的相位。

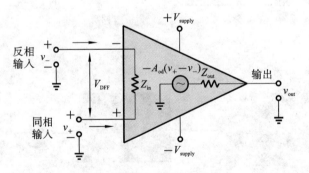

图 8-2　运算放大器的等效电路

输出端的输出电压是两个输入端之间电压差的放大:

$$v_{\text{out}} = A_{\text{od}} \cdot (v_+ - v_-) \tag{8-1}$$

式中:v_{out} 是输出电压;v_- 和 v_+ 分别是反相和同相输入端的电压;A_{od} 是开环增益。

虚拟短路和虚拟开路是分析运算放大器电路的重要概念。这些概念源于运算放大器的特性。理想的运算放大器具有无限的开环增益(实际运算放大器的典型值范围为 $65 \sim 100$ dB)和无限的输入阻抗(实际运算放大器的典型值范围为 $0.5 \sim 2$ MΩ)。从式(8-1)可以看出,如果输出电压是一个有限值,而开环增益是无限的,则 $v_+ - v_-$ 项必须为零。这相当于短接两个输入端子,因此这种现象被称为虚拟短路。由于输入阻抗巨大,不会有电流流入运算放大器(实际运算放大器的泄漏电流很小,只有几微安到几毫安)。这相当于运算放大器和之前的电路是断开的,这种现象被称为虚拟开路。

8.2.2 典型放大和操作电路

1. 电压跟随器

电压跟随器又称隔离电路或单位增益缓冲器,是一种输出电压等于输入电压的电路。最基本的电压跟随器中只有一个运算放大器,如图 8-3 所示,输出端直接连接到反相输入端,形成负反馈。如果没有负反馈,输入端的一个小电压将导致一个巨大的输出电压。而对于负反馈,通过将增加的输出电压作为负值返回到差分输入电压来进行补偿。最后,当输出电压等于输入电压时达到平衡。这种电路也可以用虚拟短路的概念来分析。由于输出端直接连接到反相输入端,因此输出电压等于反相输入端的电压($v_{out} = v_-$)。由于虚拟短路,反相输入端的电压等于同相输入端的输入电压($v_{in} = v_-$)。结果,输出电压等于输入电压。

电压跟随器既不增加电压幅值,也不降低信号中的噪声,但起着特殊的作用。从传感器或前一子电路传输到后一子电路的电压取决于传感器或前一子电路的输出阻抗($Z_{out\text{-}1}$)和后一子电路的输入阻抗($Z_{in\text{-}2}$)。$Z_{in\text{-}2} / Z_{out\text{-}1}$ 的比值越大,传输的电压就越大。电压跟随器具有很大的输入阻抗,适用于传感器输出信号的提取。大的输入阻抗也使它成为一个良好的隔离器,以减少传感器和测量仪器之间的干扰。此外,电压跟随器相对较小的输出阻抗增强了驱动器的驱动能力。

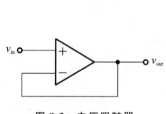

图 8-3 电压跟随器

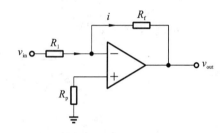

图 8-4 反相放大器

2. 反相放大器

反相放大器是最常用的信号放大电路之一。如图 8-4 所示,反相输入端连接输入信号,同相输入端接地,因此 $v_+ = 0$。由于虚拟短路,反相输入端的电压也为零,即 $v_- = 0$;由于虚拟开路,没有电流流入反相输入端;因此,流过输入电阻 R_1 的电流等于流过反馈电阻 R_f 的电流。根据欧姆定律可以得到

$$v_{in} = i \cdot R_1 + v_- = i \cdot R_1 \tag{8-2}$$

$$v_{out} = v_- - i \cdot R_f = -i \cdot R_f \tag{8-3}$$

结合式(8-2)和式(8-3),可以发现输入和输出电压之间的关系:

$$v_{out} = -\frac{R_f}{R_1} \cdot v_{in} \tag{8-4}$$

电路的电压增益为

$$A_v = -\frac{R_f}{R_1} \tag{8-5}$$

如果反馈电阻 R_f 大于输入电阻 R_1,则输出信号的幅度将大于输入信号的幅度。我们可以通过更换反馈电阻来控制增益。

从式(8-4)可以看出,除了将振幅放大外,电路还会反转信号,并对正弦信号引入 $180°$ 的相移。这就是这个电路被称为反相放大器的原因。

3. 同相放大器

放大器引起的相移有时是不可取的。它可以通过将输入信号馈送到运算放大器的同相输入端来避免。同相放大器如图 8-5 所示。流经 R_1 和 R_f 的电流分别为

$$i_1 = -\frac{v_-}{R_1} \tag{8-6}$$

$$i_f = \frac{v_- - v_{out}}{R_f} \tag{8-7}$$

由于虚拟并路,没有电流流入同相输入端,因此,式(8-6)等于式(8-7),可以得到如下关系:

$$v_{out} = \left(1 + \frac{R_f}{R_1}\right)v_- \tag{8-8}$$

然后,由于虚拟短路,我们得到

$$v_- = v_+ = v_{in} \tag{8-9}$$

最后,输入和输出电压之间的关系如下所示:

$$v_{out} = \left(1 + \frac{R_f}{R_1}\right)v_{in} \tag{8-10}$$

可以看出,输出电压与输入电压同相。然而,同相放大器存在一个缺点,即输出信号与反馈电阻不成正比。

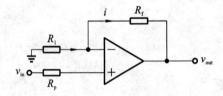

图 8-5 同相放大器

4. 加法器/减法器

加法器和减法器是对多通道输入信号进行加法和减法运算的模拟电路。基本加法器电路如图 8-6 所示。由于虚拟开路,通过射频的电流为

$$i_f = \sum_{k=1}^{N} i_k$$

根据欧姆定律,我们得到

$$\frac{v_1}{R_1} + \frac{v_2}{R_2} + \cdots + \frac{v_N}{R_N} = -\frac{v_{out}}{R_f}$$

因此,输出电压可以表示为

$$v_{out} = -R_f\left(\frac{v_1}{R_1} + \frac{v_2}{R_2} + \cdots + \frac{v_N}{R_N}\right) \tag{8-11}$$

输出电压是加权输入电压之和。

通过将部分输入信号送入同相输入端,另一些输入信号送入反相输入端,可以设计一种加法和减法混合的运算电路,如图 8-7 所示。输出电压和输入电压之间的关系可通过使用虚拟短路和虚拟开路原理获得:

$$v_{out} = R_f\left(\frac{v_3}{R_3} + \frac{v_4}{R_4} - \frac{v_1}{R_1} - \frac{v_2}{R_2}\right) \tag{8-12}$$

5. 积分器

积分器(也称为积分放大器)是对输入信号进行积分的电路,也可以作为一个波形转换器。

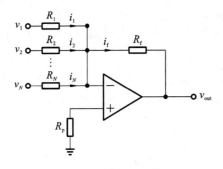

图 8-6　基本加法器

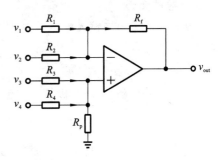

图 8-7　加法和减法混合运算电路

例如,输入一个方波到积分器将得到一个三角波。它也可用作移相器,将正弦信号积分成余弦信号,以改变其相位。基本积分器如图 8-8 所示。

由于虚拟开路,通过电容器的电流等于通过电阻器的电流:

$$i_C = i_R = \frac{v_{in}}{R} \tag{8-13}$$

输出电压是通过电容器的电流积分:

$$v_{out} = -\frac{1}{C}\int i_C \mathrm{d}t \tag{8-14}$$

将式(8-13)代入式(8-14),得到

$$v_{out} = -\frac{1}{RC}\int v_{in} \mathrm{d}t \tag{8-15}$$

在 $t_0 \sim t_1$ 内,输出电压为

$$v_{out}(t_1) = -\frac{1}{RC}\int_{t_0}^{t_1} v_{in}(t)\mathrm{d}t + v_{out}(t_0) \tag{8-16}$$

式中: $v_{out}(t_1)$ 是时间 t_1 的输出电压; $v_{in}(t)$ 是时变输入电压,是时间 t_0 的输出电压。从式(8-16)可以看出,输出电压不仅取决于当时的输入,还取决于历史输入。

6. 微分器

微分器具有与积分器相反的功能。在图 8-9 中,对比图 8-8,通过切换电阻器和电容器获得基本的微分运算电路。由于虚拟开路,通过电容器的电流等于通过电阻器的电流:

$$i_R = i_C = C\frac{\mathrm{d}v_{in}}{\mathrm{d}t}$$

因此,输出电压为

$$v_{out} = -i_R R = -RC\frac{\mathrm{d}v_{in}}{\mathrm{d}t} \tag{8-17}$$

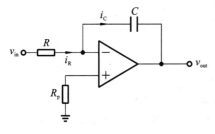

图 8-8　基本积分器

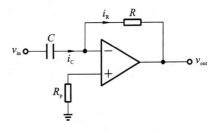

图 8-9　微分运算电路

7. 对数放大器

对数放大器输出与输入电压的对数成比例的电压。基于二极管正向偏压下的电压-电流曲线的指数特性,可进行如下设计:

$$i = I_S(e^{\frac{u}{u_T}} - 1) \tag{8-18}$$

式中:i 是二极管电流;u 是二极管上的电压;I_S 是饱和电流;e 是欧拉数,约等于 2.7128;u_T 为

$$u_T = \frac{q}{k'T}$$

其中,q 是基本电荷;k 是玻尔兹曼常数;T 是温度,单位为 K。在室温下,当二极管两端的电压远大于 u_T 时,式(8-18)可近似表示为

$$i = I_S e^{\frac{u}{u_T}} \tag{8-19}$$

基于二极管的对数放大器如图 8-10 所示。根据式(8-19),二极管两端的电压为

$$u_D = u_T \ln \frac{i_D}{I_S} \tag{8-20}$$

由于虚拟短路,$v_- = v_+ = 0$。然后,由于虚拟开路,

$$i_D = i_R = \frac{v_{in}}{R} \tag{8-21}$$

将式(8-20)和式(8-21)进行组合,则可得输出电压为

$$v_{out} = -u_D = -u_T \ln \frac{v_{in}}{I_S R} \tag{8-22}$$

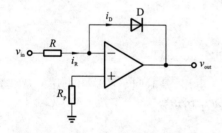

图 8-10　基于二极管的对数放大器

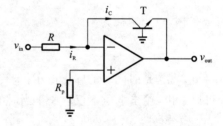

图 8-11　基于晶体管的对数放大器

晶体管也可以用来构建一个对数放大器,如图 8-11 所示。当基极-发射极结电压 v_{BE} 远大于 u_T,且增益 $\alpha \approx 1$ 时,集电极电流和发射极电流满足

$$i_C = \alpha i_E \approx I_S e^{\frac{v_{BE}}{u_T}}$$

因此,

$$v_{BE} \approx u_T \ln \frac{i_C}{I_S}$$

图 8-11 中电路的输出电压为

$$v_{out} = -v_{BE} = -u_T \ln \frac{v_{in}}{I_S R} \tag{8-23}$$

由式(8-22)和式(8-23)可知,图 8-10 和图 8-11 中电路的输出电压相同。

8. 指数放大器

指数放大器具有与对数放大器相反的功能,可以通过交换图 8-11 中的晶体管和电阻器的位置来获得,如图 8-12 所示。由于虚拟短路,因此基极-发射极结上的电压为

$$v_{BE} = v_{in}$$

由于虚拟开路，

$$i_R = i_E \approx I_S e^{\frac{v_{in}}{u_T}}$$

因此，输出电压为

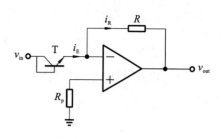

图 8-12　指数放大器

$$v_{out} = -i_R R = -I_S R e^{\frac{v_{in}}{u_T}} \qquad (8\text{-}24)$$

9. 乘法器

乘法器输出两个输入信号相乘的结果。乘法运算转换为对数、指数和加法运算，即

$$v_1 v_2 = e^{(\ln v_1 + \ln v_2)} \qquad (8\text{-}25)$$

乘法器模拟电路按式(8-25)设计，如图 8-13 所示。

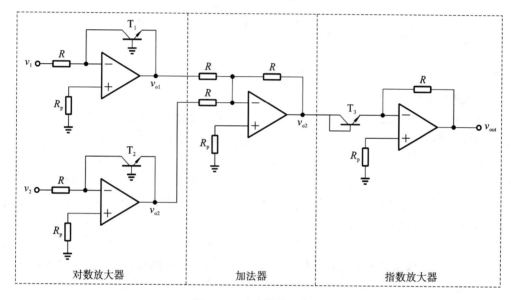

图 8-13　乘法器模拟电路

根据式(8-23)，对数放大器的输出电压为

$$v_{o1} = -u_T \ln \frac{v_1}{I_S R}$$

$$v_{o2} = -u_T \ln \frac{v_2}{I_S R}$$

根据式(8-11)，加法器的输出电压为

$$v_{o3} = u_T \ln \frac{v_1 v_2}{(I_S R)^2}$$

再根据式(8-24)，乘法器的最终输出电压为

$$v_{out} = -\frac{v_1 v_2}{I_S R} \qquad (8\text{-}26)$$

如果用减法器代替图 8-13 中的加法器，那么电路就变成了一个除法器，可用来计算两个输入电压的比值。

10. 电流电压转换器和电压电流转换器

基本电流电压转换器如图 8-14 所示。根据欧姆定律，输出电压为

$$v_{out} = i_R R + v_-$$

由于虚拟短路,我们得到 $v_- = 0$;由于虚拟开路,我们得到 $i_R = i_{in}$。最后,可得输出电压与输入电流的关系如下:

$$v_{out} = i_{in}R \tag{8-27}$$

一个基本的电压电流转换器如图 8-15 所示。输出电流是通过负载电阻的电流。由于虚拟开路,有

$$i_{out} = i_R = \frac{v_{in}}{R} \tag{8-28}$$

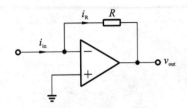

图 8-14　电流电压转换器

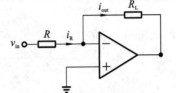

图 8-15　电压电流转换器

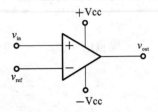

图 8-16　基本电压比较器

11. 电压比较器

电压比较器用于对输入电压 v_{in} 与参考电压 v_{ref} 进行比较,并输出数字化(二值化)信号。基本电压比较器如图 8-16 所示。如果没有负反馈,运算放大器的输出电压为

$$v_{out} = G_{inf}(v_{in} - v_{ref})$$

式中:G_{inf} 是运算放大器的无限增益。当输入电压大于参考电压时,运算放大器输出电压为正无穷大;当输入电压小于参考电压时,运算放大器输出电压为负无穷大。然而,由于电源电压有限,实际运算放大器的输出电压为

$$v_{out} = Vcc \cdot sign(v_{in} - v_{ref}) \tag{8-29}$$

电压比较器的输入和输出电压示例如图 8-17 所示。在本例中,通过将反相输入端接地的方式,将基准设置为零。

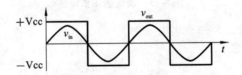

图 8-17　电压比较器的输入和输出电压示例

12. 电荷放大器

电荷放大器是一种输出电压与输入电荷或电流积分成比例的电路。电荷放大器在反馈回路中有一个电容来实现积分,类似积分器。但是,电荷放大器的输入信号是电荷或电流。它主要用在工程测量中的压电传感器中。压电传感器的基本电荷放大器如图 8-18 所示。传感器相当于一个与电容并联的电荷源,C_c 是电缆引入的电容。

由于电容的存在,该电路只适用于图 8-19 所示带宽内的信号。截止频率分别为

$$f_L = \frac{1}{2\pi R_f C_f}$$

$$f_H = \frac{1}{2\pi R(C_s + C_c)}$$

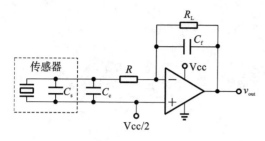

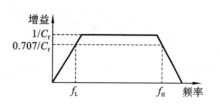

图 8-18　压电传感器的基本电荷放大器　　　　　　图 8-19　基本电荷放大器的频率响应

8.3　桥式电路

电桥是将电阻、电感、电容等参量的变化转换为电压或电流输出的一种测量电路。

按照敏感元件的个数及其所处桥臂的位置,电桥可以分为单臂电桥、半桥电桥和全桥电桥,如图 8-20 所示。

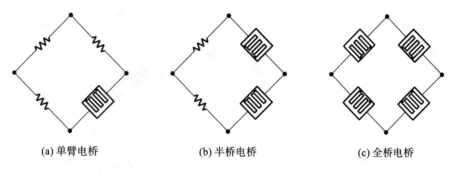

(a) 单臂电桥　　　　　　　　(b) 半桥电桥　　　　　　　　(c) 全桥电桥

图 8-20　按照敏感元件个数与位置对电桥的分类

按照激励电压性质,电桥可分为直流电桥和交流电桥。以直流电源供电的电桥称为直流电桥,以交流电源供电的电桥称为交流电桥。

按照输出方式,电桥可分为平衡电桥和非平衡电桥,满足惠斯通电桥条件的就是平衡电桥,反之就是非平衡电桥。

8.3.1　直流电桥

图 8-21 所示的是直流电桥的基本形式。图中,R_1、R_2、R_3、R_4 称为桥臂电阻,e_0 为供桥直流电压源。

当电桥输出端 b、d 接入输入阻抗比较大的仪表或放大器时,可视为开路,输出电流为零,输出电压为 e_y,此时桥路电流为

$$I_1 = \frac{e_0}{R_1 + R_2} \tag{8-30}$$

$$I_2 = \frac{e_0}{R_3 + R_4} \tag{8-31}$$

则 a、b 之间与 a、d 之间的电位差分别为

$$U_{ab} = I_1 R_1 = \frac{R_1}{R_1 + R_2} e_0 \tag{8-32}$$

$$U_{ad} = I_2 R_4 = \frac{R_4}{R_3 + R_4} e_0 \tag{8-33}$$

故输出电压为

$$e_y = U_{ab} - U_{ad} = \left(\frac{R_1}{R_1 + R_2} - \frac{R_4}{R_3 + R_4} \right) e_0 = \frac{R_1 R_3 - R_2 R_4}{(R_1 + R_2)(R_3 + R_4)} e_0 \tag{8-34}$$

欲使输出电压为零，即电桥平衡，则应满足

$$R_1 R_3 = R_2 R_4 \tag{8-35}$$

式(8-35)为直流电桥的平衡条件。适当选择各桥臂的电阻值，可使电桥在测量前满足平衡条件，即输出电压 $e_y = 0$。如图 8-22 所示，当电桥处于平衡状态时，指示仪表 G 及可调电位器 H 指零。当某一桥臂被测量变化时，电桥失去平衡。调节电位器 H，改变电阻 R_5 触点的位置，可使电桥重新平衡，电表 G 指针回零。电位器 H 上的标度与桥臂电阻值的变化成比例，故 H 的指示值可以直接表示被测量的数值。这种测量法的特点是在读数时电表 G 中指针指零，因此称其为零位测量法。

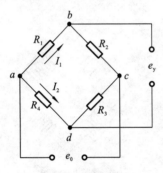

图 8-21　直流电桥

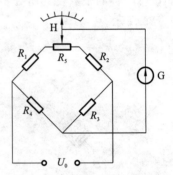

图 8-22　电桥的零位测量法

若桥臂电阻 R_1（如电阻应变片）产生 ΔR 变化，则输出电压为

$$e_y = \left(\frac{R_1 + \Delta R}{R_1 + \Delta R + R_2} - \frac{R_4}{R_3 + R_4} \right) e_0 \tag{8-36}$$

实际中的测量电桥往往使四个桥臂的初始电阻相等，即

$$R_1 = R_2 = R_3 = R_4 = R \tag{8-37}$$

这种测量电桥称为全等臂电桥。此时，输出电压为

$$e_y = \frac{\Delta R}{4R + 2\Delta R} e_0 \tag{8-38}$$

一般情况下，$\Delta R \ll R$，故忽略分母中的 $2\Delta R$ 项，则有

$$e_y = \frac{\Delta R}{4R} e_0 \tag{8-39}$$

可见，全等臂电桥输出电压与电桥电源电压成正比。在 $\Delta R \ll R$ 的条件下，电桥输出电压也与桥臂电阻的变化率 $\Delta R/R$ 成正比，由此可以求得上述图 8-20 所示的三种电桥的灵敏度 S 分别为

$$S_1 = \frac{e_y}{\Delta R/R} = \frac{1}{4} e_0 \tag{8-40}$$

$$S_2 = \frac{e_y}{\Delta R/R} = \frac{1}{2} e_0 \tag{8-41}$$

$$S_3 = \frac{e_y}{\Delta R/R} = e_0 \tag{8-42}$$

其中，S_1 是单臂电桥灵敏度；S_2 是半桥电桥灵敏度；S_3 是全桥电桥灵敏度。

直流电桥具有和差特性，即相邻的两个桥臂电阻变化所产生的输出电压为这两个桥臂各阻值变化所产生的输出电压值之差，相对的两个桥臂电阻变化所产生的输出电压为这两个桥臂各阻值变化所产生的输出电压值之和。

例 8-1　直流电桥 Multisim 仿真。如图 8-23 所示，在 Multisim 软件中建立如图(a)所示的直流电桥，当 4 个桥臂的阻值都为 1 kΩ 时电桥处于平衡状态，电压表读数如图(b)所示，可见电桥平衡时输出电压约等于 0。当其中一个桥臂电阻 R_2 的阻值变为 2 kΩ(见图(c))时，电压表读数为 2 V(见图(d))，与理论计算结果一致。

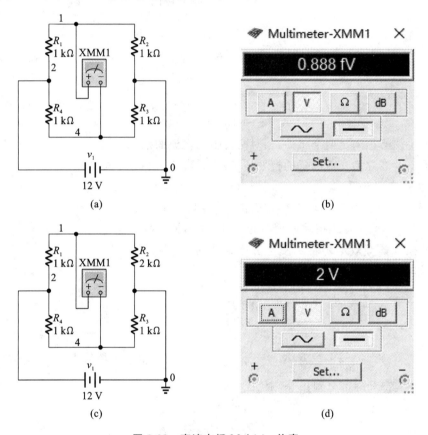

图 8-23　直流电桥 Multisim 仿真

8.3.2　交流电桥

交流电桥电路如图 8-24 所示，其激励电压 e_0 采用交流方式，四个桥臂可以是电感 L、电容 C 或者电阻 R，均用阻抗符号 Z 表示，$Z = |Z| e^{j\varphi}$。若阻抗、电流和电压都用复数表示，则直流电桥的平衡关系式在交流电桥中也适用，即交流电桥平衡时必须满足

$$Z_1 Z_3 = Z_2 Z_4 \tag{8-43}$$

复阻抗中包含幅值和相位信息，可以把各阻抗用指数形式表示为

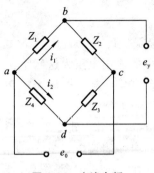

图 8-24 交流电桥

$$Z_1 = Z_{01} e^{j\varphi_1}, \quad Z_2 = Z_{02} e^{j\varphi_2},$$
$$Z_3 = Z_{03} e^{j\varphi_3}, \quad Z_4 = Z_{04} e^{j\varphi_4},$$
$$\tag{8-44}$$

则交流电桥平衡条件变为

$$Z_{01} Z_{03} e^{j(\varphi_1 + \varphi_3)} = Z_{02} Z_{04} e^{j(\varphi_2 + \varphi_4)} \tag{8-45}$$

式中：Z_{01}、Z_{02}、Z_{03}、Z_{04} 为各阻抗的模；φ_1、φ_2、φ_3、φ_4 为各阻抗的相位角，等于各桥臂电压与电流之间的相位差。当采用纯电阻时，电流与电压相位相同，$\varphi=0$；当采用电感性阻抗时，电压超前于电流，$\varphi>0$（纯电感时 $\varphi=90°$）；当采用电容性阻抗时，电压滞后于电流，$\varphi<0$（纯电容时 $\varphi=-90°$）。

根据对直流电桥的讨论结果，可以得出：

$$e_y = \frac{Z_1 Z_3 - Z_2 Z_4}{(Z_1 + Z_2)(Z_3 + Z_4)} e_0 \tag{8-46}$$

当 $Z_1 Z_3 - Z_2 Z_4 = 0$ 时，电桥输出为零，达到平衡，这时有 $Z_1 Z_3 = Z_2 Z_4$。该平衡条件要成立，必须同时满足

$$\begin{cases} Z_{01} Z_{03} = Z_{02} Z_{04} \\ \varphi_1 + \varphi_3 = \varphi_2 + \varphi_4 \end{cases} \tag{8-47}$$

即交流电桥平衡必须满足两个条件：相对两臂阻抗之模的乘积应相等，并且它们的阻抗角之和也必须相等。前者称为交流电桥的模平衡条件，后者称为相位平衡条件。

1. 电容式交流电桥

图 8-25 所示的是一种常用电容式交流电桥，其中相邻两臂为纯电阻 R_2、R_3，另外相邻两臂为电容 C_1、C_4，R_1、R_4 为电容介质损耗的等效电阻。要使电桥达到平衡，则需要满足以下条件：

$$\left(R_1 + \frac{1}{j\omega C_1}\right) R_3 = \left(R_4 + \frac{1}{j\omega C_4}\right) R_2$$

即

$$R_1 R_3 + \frac{R_3}{j\omega C_1} = R_2 R_4 + \frac{R_2}{j\omega C_4} \tag{8-48}$$

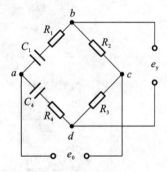

图 8-25 电容式交流电桥

令式（8-48）的实部和虚部分别相等，则

$$R_1 R_3 = R_2 R_4$$
$$\frac{R_3}{C_1} = \frac{R_2}{C_4} \tag{8-49}$$

例 8-2 电容式交流电桥 Multisim 仿真。电容式交流电桥 Multisim 仿真电路如图 8-26 所示，激励为一个幅值为 10 V、频率为 100 Hz 的正弦信号。通过示波器观察交流电桥输出，当电桥处于非平衡状态时，可以看到一个正弦输出信号。

2. 电感式交流电桥

一种常用的电感式交流电桥如图 8-27 所示，其中相邻两臂为纯电阻 R_2、R_3，另外相邻两臂为电感 L_1、L_4，R_1、R_4 为电感线圈的等效电阻。要使电桥达到平衡，则需要满足以下条件：

$$\begin{cases} R_1 R_3 = R_2 R_4 \\ L_1 R_3 = L_4 R_2 \end{cases} \tag{8-50}$$

对交流电桥的推论如下：

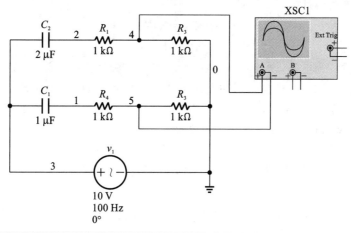

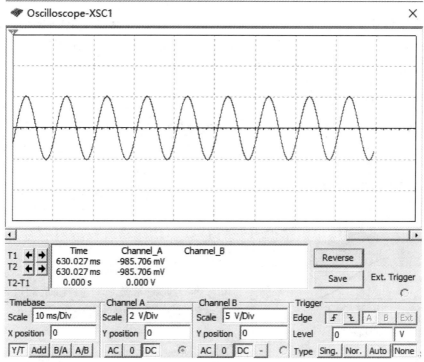

图 8-26　电容式交流电桥 Multisim 仿真

（1）若电桥中有一对相邻桥臂为电阻，根据平衡条件，则其余两个桥臂一定为同类的阻抗，同是容抗或者同是感抗。

（2）若电桥中有两对边桥臂为电阻，根据平衡条件，则其余两个桥臂一定具有异类的阻抗，如果这边是容抗，那么其对边应为感抗。

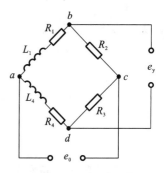

电容电桥的平衡条件为

实部相等：$\qquad R_1 R_3 = R_2 R_4$

虚部相等：$\qquad \dfrac{R_3}{C_1} = \dfrac{R_2}{C_4}$

图 8-27　电感式交流电桥

电感电桥的平衡条件为

实部相等：$\qquad\qquad\qquad\qquad R_1R_3 = R_2R_4$

虚部相等：$\qquad\qquad\qquad\qquad L_1R_3 = L_4R_2$

如果四个桥臂均为电阻，则 $\varphi_1 = \varphi_2 = \varphi_3 = \varphi_4 = 0$；如果忽略其他因素影响，则交流电桥的平衡条件与直流电桥是完全一样的。但在交流电桥的实际使用过程中，影响交流电桥测量精度及误差的因素比直流电桥要多得多。由于交流电桥的平衡必须同时满足幅值与阻抗两个条件，因此它的平衡调节比直流电桥的要复杂得多。

8.4　模拟信号的滤波

噪声总是与传感器信号叠加，造成干扰。滤波器用于去除噪声或降低其强度，通常可分为模拟滤波器和数字滤波器。数字滤波器经过模数转换后由 CPU、DSP（digital signal processor，数字信号处理器）、MCU（microcontroller unit，微控制器单元）等实现，第 6 章介绍了它们。本节介绍模拟滤波器。它们在模数转换之前由运放、电阻和电容实现。根据衰减后的频率分量，模拟滤波器可进一步分为低通滤波器、高通滤波器、带通滤波器和带阻滤波器。

8.4.1　低通滤波器

低通滤波器是一种允许低频信号通过并衰减频率高于截止频率信号的电子电路。一个简单的低通滤波器可以只用一个电阻和一个电容器构成，其典型电路及其幅频、相频特性如图 8-28 所示。这种电路不需要电源，因此被称为无源滤波器。

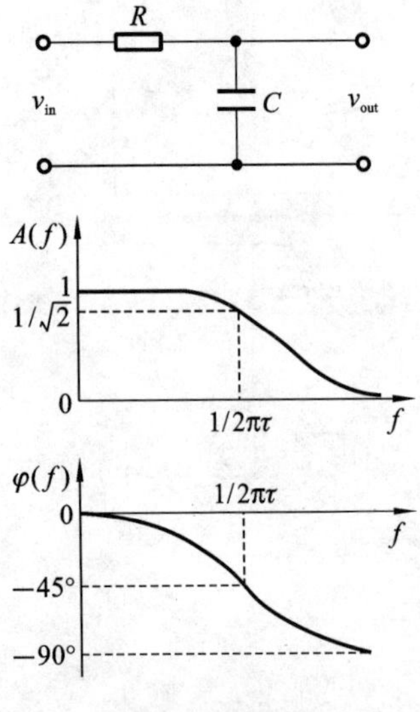

设滤波器的输入电压信号为 v_{in}，输出为 v_{out}，电路的微分方程为

$$RC\,\frac{\mathrm{d}v_{out}}{\mathrm{d}t} + v_{out} = v_{in} \qquad (8\text{-}51)$$

令 $\tau = RC$，τ 称为时间常数（即前述阶跃响应的上升时间 τ_d）。在正弦输入下，电路中的电流为

$$i = \frac{v_{in}}{Z_R + Z_C} = \frac{v_{in}}{R - \mathrm{j}\,\dfrac{1}{\omega C}}$$

电容器上的电压，即输出电压，为

$$v_{out} = i \cdot Z_C = \frac{-\mathrm{j}\,\dfrac{1}{\omega C}}{R - \mathrm{j}\,\dfrac{1}{\omega C}}v_{in}$$

图 8-28　无源低通滤波器典型电路
　　　　及其幅频、相频特性

则传递函数为

$$H(\mathrm{j}\omega) = \frac{v_{out}}{v_{in}} = \frac{-\mathrm{j}\,\dfrac{1}{\omega C}}{R - \mathrm{j}\,\dfrac{1}{\omega C}} = \frac{1}{1 + \mathrm{j}\omega RC} \qquad (8\text{-}52)$$

然后，传递函数的幅值和相位可由式（8-52）得出：

$$A(\mathrm{j}\omega) = |H(\mathrm{j}\omega)| = \frac{1}{\sqrt{1+(\omega RC)^2}} \tag{8-53}$$

$$\varphi(\mathrm{j}\omega) = \arctan\frac{\mathrm{Im}(H(\mathrm{j}\omega))}{\mathrm{Re}(H(\mathrm{j}\omega))} = -\arctan(\omega RC) \tag{8-54}$$

或

$$A(f) = |H(f)| = \frac{1}{\sqrt{1+(2\pi f\tau)^2}} \tag{8-55}$$

$$\varphi(f) = -\arctan(2\pi f\tau) \tag{8-56}$$

相应的幅值-相位谱可使用式(8-53)和式(8-54)绘制。如图 8-29 所示,$R=10\ \Omega$,$C=1\ \mu\mathrm{F}$。注意,图中的横轴是频率,$f=\omega/2\pi$,并以对数标度绘制。

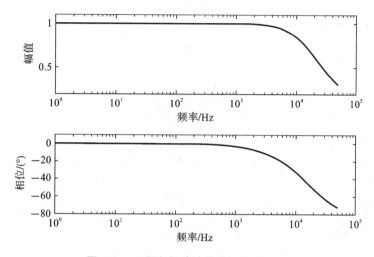

图 8-29　无源低通滤波器的幅值-相位谱

低通滤波器的截止角频率定义为

$$\omega_{\mathrm{L}} = \frac{1}{\tau} = \frac{1}{RC}$$

相应的截止频率为

$$f_{\mathrm{L}} = \frac{\omega_{\mathrm{L}}}{2\pi} = \frac{1}{2\pi RC} \tag{8-57}$$

在截止频率处,振幅为 $A(\mathrm{j}\omega_{\mathrm{L}}) = 1/\sqrt{2} = 0.707$,这相当于振幅减小了 3 dB。对于图 8-29 中给出的电阻和电容值,截止频率为 $f_{\mathrm{L}}=15.9\ \mathrm{kHz}$。

分析可知:

当 $f\ll 1/(2\pi\tau)$ 时,$A(f)=1$,此时信号几乎不受衰减地通过,并且 $\varphi(f)$-f 也近似呈线性关系。因此,可认为在此情况下,RC 低通滤波器近似为一个不失真传输系统。

当 $f=1/(2\pi\tau)$ 时,$A(f) = 1/\sqrt{2}$,此即滤波器的 -3 dB 点,此时对应的频率即上截止频率。可知,RC 值决定着上截止频率。因此,适当改变 R、C 参数,就可以改变滤波器截止频率。

当 $f\gg 1/(2\pi\tau)$ 时,输出 v_{out} 与输入 v_{in} 的积分成正比,即

$$v_{\mathrm{out}} = \frac{1}{RC}\int v_{\mathrm{in}}\,\mathrm{d}x$$

此时,RC 滤波器起着积分器的作用,对高频成分的衰减为 -20 dB/(10 oct)(或 -6 dB/oct)。如果要加大衰减率,则应提高低通滤波器的阶数,可以将几个一阶低通滤波器串联使用。通

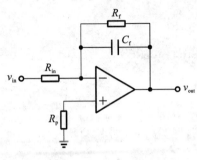

图 8-30　有源低通滤波器

常，我们认为频率低于截止频率的信号可以通过低通滤波器，而其他信号则衰减严重。

无源滤波器结构简单，但它有几个缺点。首先，无源滤波器对输入信号不提供增益。此外，负载电阻对输出电压也有影响。为解决这个问题，有源滤波器可以用运放构成，如图 8-30 所示。

由于虚拟短路，$v_- = v_+ = 0$，通过输入电阻的电流为

$$i = \frac{v_{in}}{R_{in}}$$

考虑虚拟开路和欧姆定律，可以得到输出电压：

$$v_{out} = v_- - i\frac{R_f \cdot Z_C}{R_f + Z_C} = -v_{in}\frac{R_f}{R_{in}} \cdot \frac{1}{1 + j\omega R_f C_f}$$

那么，传递函数为

$$H(j\omega) = \frac{v_{out}}{v_{in}} = -\frac{R_f}{R_{in}} \cdot \frac{1}{1 + j\omega R_f C_f} \tag{8-58}$$

振幅响应可由式(8-58)得出：

$$A(j\omega) = |H(j\omega)| = \frac{R_f}{R_{in}} \cdot \frac{1}{\sqrt{1 + (\omega R_f C_f)^2}} \tag{8-59}$$

可以看出，有源低通滤波器的增益可以通过比例 $\dfrac{R_f}{R_{in}}$ 进行调整。有源低通滤波器的截止频率也是对应幅值减小 3 dB 时的频率。因此，截止频率为

$$f_L = \frac{1}{2\pi R_f C_f} \tag{8-60}$$

8.4.2　高通滤波器

高通滤波器的作用与低通滤波器相反。它允许高频信号通过并衰减低频信号。无源高通滤波器典型电路及其幅频、相频特性如图 8-31 所示。它是通过切换低通滤波器的电容和电阻的位置来实现的。

设滤波器的输入电压信号为 v_{in}，输出为 v_{out}，电路的微分方程为

$$v_{out} + \frac{1}{RC}\int v_{in}\,dt = v_{in} \tag{8-61}$$

无源高通滤波器的传递函数可通过类似于 8.4.1 节所示的过程获得：

$$H(j\omega) = \frac{j\omega RC}{1 + j\omega RC} \tag{8-62}$$

可进一步获得振幅和相位响应：

$$A(j\omega) = |H(j\omega)| = \frac{1}{\sqrt{1 + \dfrac{1}{(\omega RC)^2}}} \tag{8-63}$$

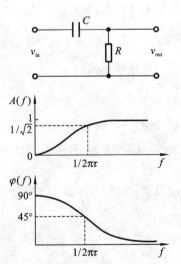

图 8-31　无源高通滤波器典型电路及其幅频、相频特性

$$\varphi(j\omega) = \arctan\frac{\mathrm{Im}(H(j\omega))}{\mathrm{Re}(H(j\omega))} = -\arctan\left(\frac{1}{\omega RC}\right) \tag{8-64}$$

同理,令 $\tau = RC$,则

$$A(f) = |H(f)| = \frac{2\pi f\tau}{\sqrt{1 + (2\pi f\tau)^2}} \tag{8-65}$$

$$\varphi(f) = -\arctan\left(\frac{1}{2\pi f\tau}\right) \tag{8-66}$$

例如,$R = 100\ \Omega$,$C = 10\ \mu F$ 时,无源高通滤波器的幅值-相位谱如图 8-32 所示。类似地,截止频率为

$$f_H = \frac{1}{2\pi RC} \tag{8-67}$$

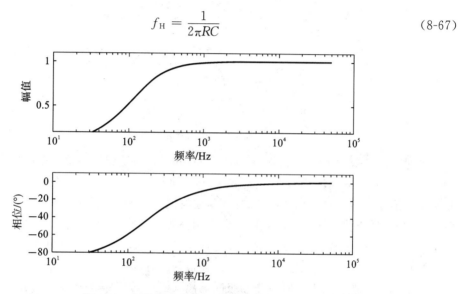

图 8-32　无源高通滤波器的幅值-相位谱

当 $f = 1/(2\pi\tau)$ 时,$A(f) = 1/\sqrt{2}$,此即滤波器的 -3 dB 点,对应的频率即下截止频率;当 $f \gg 1/(2\pi\tau)$ 时,$A(f) \approx 1$,$\varphi(f) \approx 0$,即当 f 相当大时,幅频特性接近于 1,相移趋于零,此时 RC 高通滤波器可视为不失真传输系统;当 $f \ll 1/(2\pi\tau)$ 时,RC 高通滤波器的输出与输入的微分成正比,起着微分器的作用。

有源高通滤波器可以用运放构成,如图 8-33 所示。由于虚拟短路和虚拟开路,反馈回路中的电流为

$$i = \frac{v_{\mathrm{in}}}{R_{\mathrm{in}} - j\dfrac{1}{\omega C}}$$

输出电压为

$$v_{\mathrm{out}} = -iR_{\mathrm{f}} = -\frac{v_{\mathrm{in}}R_{\mathrm{f}}}{R_{\mathrm{in}} - j\dfrac{1}{\omega C}}$$

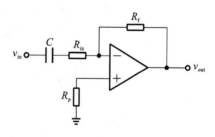

图 8-33　有源高通滤波器

那么,传递函数为

$$H(j\omega) = -\frac{j\omega CR_{\mathrm{f}}}{1 + j\omega CR_{\mathrm{in}}} \tag{8-68}$$

8.4.3　带通滤波器

带通滤波器是允许一定范围内的频率通过的装置。带通滤波器由低通滤波器和高通滤波器级联而成,如图 8-34 所示。带通滤波器的较低截止频率(f_L)对应高通滤波器的截止频率,而带通滤波器的较高截止频率(f_H)对应低通滤波器的截止频率。因此,要形成一个通带,f_H 必须高于 f_L,带宽由 $f_H - f_L$ 给出。

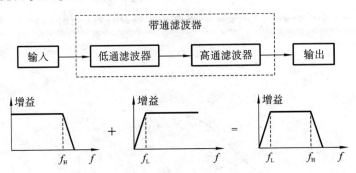

图 8-34　带通滤波器原理图

通过将图 8-28 中的低通滤波器和图 8-31 中的高通滤波器级联,基本无源带通滤波器如图 8-35(a)所示。分别调节高、低通滤波器的时间常数 τ_1、τ_2,就可以得到不同的截止频率和带宽的带通滤波器。这种滤波器的缺点:高通滤波器的输入阻抗作为影响低通滤波器特性的负载。同时,低通滤波器的输出阻抗也会影响高通滤波器的特性。为了避免这种影响,可以插入电压跟随器作为分隔。更实际地,如图 8-35(b)所示,可以插入有源同相放大器来放大信号,同时进行滤波。所以,实际的带通滤波器常常是有源的。有源滤波器由 RC 调谐网络和运算放大器组成。运算放大器既可作为级间隔离,又可起放大信号幅值的作用。

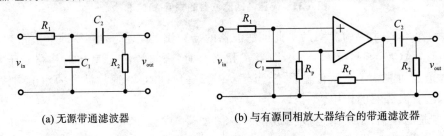

(a) 无源带通滤波器　　　　　　　(b) 与有源同相放大器结合的带通滤波器

图 8-35　带通滤波器

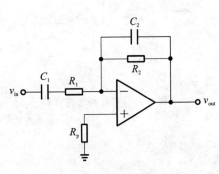

图 8-36　有源带通滤波器

有源带通滤波器可以通过级联图 8-30 中的低通滤波器和图 8-33 中的高通滤波器来构造。更常见的是,如图 8-36 所示,使用一个运算放大器简化电路。由于虚拟短路,$v_- = v_+ = 0$。通过 C_1 和 R_1 的电流为

$$i = \frac{v_{in} - v_-}{R_1 - j\dfrac{1}{\omega C_1}} = v_{in}\frac{j\omega C_1}{j\omega C_1 R_1 + 1}$$

输出电压为

$$v_{out} = v_- - i \cdot (R_2 \mathbin{/\!/} Z_{C2}) = -v_{in} \frac{j\omega C_1 R_2}{(1+j\omega C_1 R_1)(1+j\omega C_2 R_2)} \tag{8-69}$$

传递函数可从式(8-69)中获得：

$$H(j\omega) = \frac{v_{out}}{v_{in}} = -\frac{j\omega C_1 R_2}{(1+j\omega C_1 R_1)(1+j\omega C_2 R_2)} \tag{8-70}$$

较低和较高的截止频率可从式(8-70)中获得：

$$f_L = \frac{1}{2\pi R_1 C_1} \tag{8-71}$$

$$f_H = \frac{1}{2\pi R_2 C_2} \tag{8-72}$$

带通滤波器的增益是频率的函数,而中心频率处的最大增益为

$$A_v = \frac{R_2}{R_1} \tag{8-73}$$

带通滤波器的增益和相移可使用公式(8-70)绘制其与频率的关系图。示例如图 8-37 所示, $R_1 = 1\ k\Omega$, $C_1 = 500\ nF$, $R_2 = 10\ k\Omega$, $C_2 = 1\ nF$。

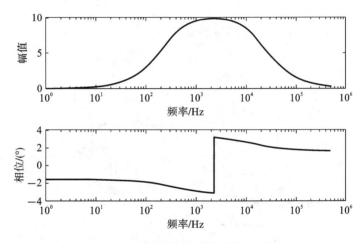

图 8-37　有源带通滤波器的幅值-相位谱

8.4.4　带阻滤波器

带阻滤波器,又称陷波滤波器,是一种在允许其他频率信号通过的同时,使一个频率范围信号停止的装置。它通常用于去除信号中的特殊频率成分,例如 50 Hz(或 60 Hz,取决于不同国家的标准)的工频噪声。它也包括一个低通滤波器和一个高通滤波器,如图 8-38 所示。对于带阻滤波器,低通滤波器的截止频率(f_L)应低于高通滤波器的截止频率(f_H)。典型带阻滤波器如图 8-39 所示。

8.4.5　数字滤波器与模拟滤波器比较

数字滤波器与模拟滤波器相比,它们的作用相同,而分析方法不同。数字滤波器的数学模型为差分方程,运算内容为延时、乘法、加法运算。构成数字滤波器的元器件为加法器、乘法器、延时器等。而模拟滤波器的数学模型为微分方程,运算内容为微(积)分、乘法、加法。构成模拟滤波器的元器件为电阻、电容、运算放大器等。两者的对比可归纳为表 8-1。

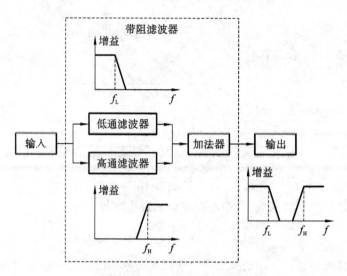

图 8-38　带阻滤波器原理图

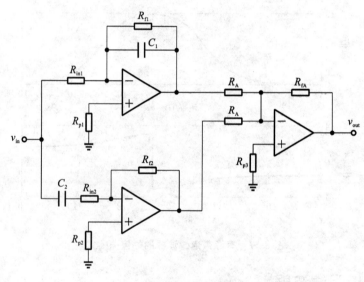

图 8-39　典型带阻滤波器

表 8-1　数字滤波器与模拟滤波器对比

比 较 项 目	模拟滤波器	数字滤波器
输入、输出	模拟信号	数字信号
系统	连续时间	离散时间
系统特性	时不变、叠加、齐次	非移变、叠加、齐次
数学模型	微分方程	差分方程
运算内容	微(积)分、乘、加	延时、乘、加
系统构成	分立元件(电容、电阻、运算放大器等)	软件:程序 硬件:乘、加、延时运算块

续表

比 较 项 目	模拟滤波器	数字滤波器
系统函数	$H(s) = \dfrac{Y(s)}{X(s)} (s \text{ 域})$ $H(\omega) = \dfrac{Y(\omega)}{X(\omega)}$	$H(z) = \dfrac{Y(z)}{X(z)} (z \text{ 域})$ $H(e^{j\omega}) = \dfrac{Y(e^{j\omega})}{X(e^{j\omega})}$

　　数字滤波可用软件或硬件实现。软件实现方法是按照差分方程或框图所表示的输出与输入序列的关系,编制计算机程序,在通用计算机上实现;硬件实现方法是把数字电路制成的加法器、乘法器、延时器等按框图加以连接,构成运算器,即数字滤波器来实现。数字滤波器的应用与模拟滤波器类同,除用来对信息处理加工外,还可用于信号抗干扰、信号限带处理,以及各种信号校正等。

8.5　模拟信号的调制与解调

　　信号调制是利用测量信号对载波信号的幅度、频率或相位等参数进行修正,使载波信号携带测量信号信息的一种技术。信号解调是调制的逆过程,即从载波信号中提取信息,得到原始测量信号。信号调制与解调的过程如图 8-40 所示。

图 8-40　信号调制与解调过程

8.5.1　调幅

1. 同步调制解调的数学分析

　　在幅值调制中,载波信号的幅值随测量信号的变化而变化。同步幅值调制和解调的过程如图 8-41 所示。幅值调制器为乘法器,解调器由乘法器和滤波器组成。

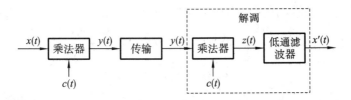

图 8-41　同步幅值调制与解调过程

　　数学上讲,调幅(AM)相当于将测量信号与时域中的载波信号相乘:

$$y(t) = x(t) \cdot c(t) \tag{8-74}$$

式中:$x(t)$是来自传感器的测量信号,也称为调制信号;$c(t)$是载波信号;$y(t)$是已调信号。通常,载波信号是正弦的,其频率高于测量信号的频率。用余弦信号代替等式(8-74)中的载波信号,得到以下表达式:

$$y(t) = x(t) \cdot A \cdot \cos(2\pi f t + \varphi) \tag{8-75}$$

重新排列等式(8-75)中的量,我们得到:

$$y(t) = [A \cdot x(t)] \cdot \cos(2\pi f t + \varphi) \tag{8-76}$$

从式(8-76)中,我们可以看到余弦信号的振幅随着测量信号 $x(t)$ 的变化而变化。信号波形的示例如图 8-42 所示,其中,假设测量信号为正弦信号:

$$x(t) = \sin(2\pi \cdot 10t) \tag{8-77}$$

假设载波信号为

$$c(t) = \cos(2\pi \cdot 200t) \tag{8-78}$$

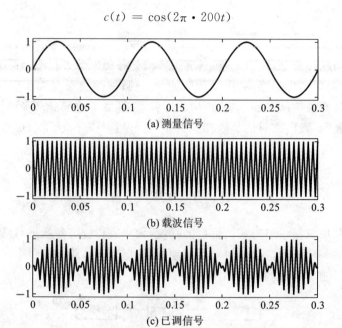

(a) 测量信号

(b) 载波信号

(c) 已调信号

图 8-42   调制过程中的信号波形

解调过程分为两步。首先,将等式(8-75)中的已调信号与相同的载波信号相乘,得到:

$$
\begin{aligned}
z(t) &= y(t) \cdot c(t) \\
&= x(t) \cdot A^2 \cdot \cos^2(2\pi ft + \varphi) \\
&= x(t) \cdot A^2 \cdot \frac{1 + \cos(4\pi ft + 2\varphi)}{2} \\
&= \frac{1}{2}x(t)A^2 + \frac{1}{2}x(t)A^2\cos(4\pi ft + 2\varphi)
\end{aligned}
\tag{8-79}
$$

然后,使用低通滤波器,去除等式(8-79)中的第二项,则输出为

$$x'(t) = \frac{1}{2}A^2 x(t) \tag{8-80}$$

式(8-80)中的输出信号具有与测量信号 $x(t)$ 相同的波形,但其振幅有变化。可以再加一个增益为 $2/A^2$ 的放大器,得到原始信号。这种解调方法称为同步解调,因为用于解调的载波信号应与用于调制的载波信号同步。

为了解调图 8-42(c)中的信号,需将其再次与载波信号相乘,结果如图 8-43(a)所示,并设计了截止频率为 100 Hz 的三阶巴特沃斯低通滤波器对图 8-43(a)中的信号进行滤波,滤波后的结果如图 8-43(b)所示。恢复的测量信号与图 8-42(a)所示的原始信号波形相同,但其幅度仅为原始信号的一半。

2. 同步调制解调的频域分析

两个信号在时域的相乘相当于它们在频域的傅里叶变换的卷积:

$$y(t) = x(t) \cdot c(t) \xleftrightarrow{F} Y(f) = X(f) * C(f) \tag{8-81}$$

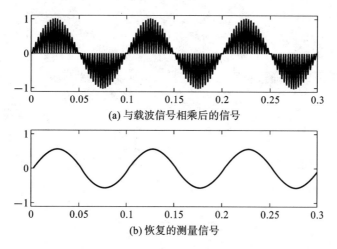

(a) 与载波信号相乘后的信号

(b) 恢复的测量信号

图 8-43　解调过程中的信号波形

式中：$Y(f)$、$X(f)$ 和 $C(f)$ 分别是 $y(t)$、$x(t)$ 和 $c(t)$ 的傅里叶变换。

　　测量信号的傅里叶变换是图 8-44(a) 所示的任意可能的变换，正弦载波信号的傅里叶变换是图 8-44(b) 所示的单位脉冲函数。函数与单位脉冲函数的卷积结果是通过将函数移到单位脉冲的位置得到的。因此，通过移位可以获得已调信号的频谱，如图 8-44(c) 所示。在解调过程中，已调信号应再次与载波信号相乘。相应地，在频域中，图 8-44(c) 中的频谱应该从原点移到单位脉冲的位置，并加在一起，结果如图 8-44(d) 所示。最后，用低通滤波器去除高频分量，得到的频谱如图 8-44(e) 所示。该频谱的幅值有变化，但其频谱形状与图 8-44(a) 中的原始频谱相同。

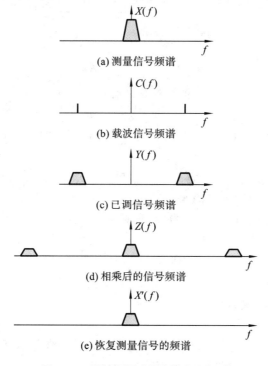

(a) 测量信号频谱

(b) 载波信号频谱

(c) 已调信号频谱

(d) 相乘后的信号频谱

(e) 恢复测量信号的频谱

图 8-44　调制解调过程中的信号频谱

3. 同步调制解调模拟电路

从数学上讲,调制就是将测量信号与载波信号相乘。因此,图 8-13 中的乘法器电路可用作模拟调制器,通常由图 8-45(a)所示的符号简化。解调器由乘法器和低通滤波器组成。因此,如图 8-45(b)所示,可以通过将乘法器和图 8-30 所示的电路级联来实现同步调制解调。

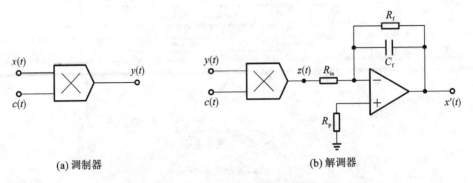

(a) 调制器　　　　　　　　　(b) 解调器

图 8-45　同步调制解调模拟电路

4. 异步调幅解调

在同步解调中,需要使用与调制中所使用载波信号相同相位的载波信号。然而,调制信号通常被传输到很远的地方进行解调。因此,很难获得与调制中使用的载波信号严格同相的载波信号,这使得同步解调方法不实用。该问题可以通过引入异步调幅解调来解决,其过程如图 8-46 所示。

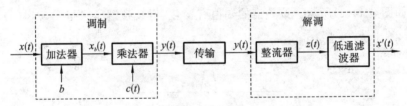

图 8-46　异步调幅解调过程

在异步幅度调制中,直流(DC)值被加到测量信号中:

$$x_b(t) = x(t) + b$$

直流值应足够大,使偏置信号的所有值都大于零。通过将偏置信号与载波信号相乘获得已调信号:

$$y(t) = [x(t) + b] \cdot A \cdot \cos(2\pi ft + \varphi)$$

示例如图 8-47 所示。测量信号(见图 8-47(a))与式(8-77)中的信号相同。将 1.5 的 DC 值加到测量信号上,使得图 8-47(b)中的偏置信号具有大于零的值。载波信号与等式(8-78)中所示的载波信号相同,并且已调信号如图 8-47(c)所示。解调器实际上是一个包络检测器,它由一个整流器和一个低通滤波器组成。整流器的作用是将调制信号的负值部分翻转为正值,整流后的结果如图 8-47(d)所示。最后利用低通滤波器对测量信号进行恢复,如图 8-47(e)所示。

5. 幅值调制解调中的失真

1) 过调制失真

在异步调制中,测量信号中加入直流偏移量。如果 DC 值太小以至于偏置信号仍然具有负值,则会发生过调制失真,如图 8-48 所示。在该示例中,测量信号与图 8-47(a)中的信号相同。使用 0.5 的偏置,使图 8-48(a)所示的偏置信号中存在负值。在这种情况下,检索到的

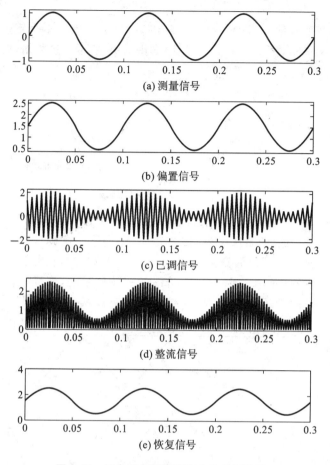

图 8-47　异步调幅解调过程中的信号波形

恢复信号与原始测量信号不同。

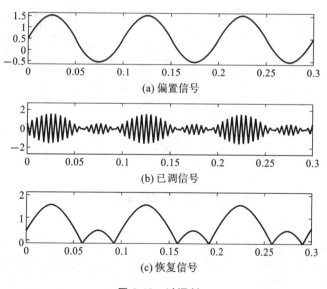

图 8-48　过调制

2）重叠失真

在同步调制解调的频域分析中，我们发现已调信号的频谱有一个下边带和一个上边带。如果载波信号的频率很小，两个边带就会重叠，如图 8-49 所示。这将对恢复的测量信号造成重叠失真。

（a）正常频谱　　　　　　　　　（b）重叠失真的频谱

图 8-49　已调信号的频谱

例如，使用等式（8-77）中所示的相同测量信号，其频率为 10 Hz，如图 8-50（a）所示。载波信号被选择为频率为 20 Hz 的余弦信号，如图 8-50（b）所示。已调信号和恢复信号分别如图 8-50（c）和图 8-50（d）所示。可以注意到，恢复的信号与原始测量信号具有不同的波形。而在图 8-42 和图 8-43 所示的示例中，当使用 200 Hz 的载波信号时，恢复的信号具有与原始信号相同的波形。因此，在同步调制和解调中，载波信号应该具有比已调信号的频率大得多的频率。

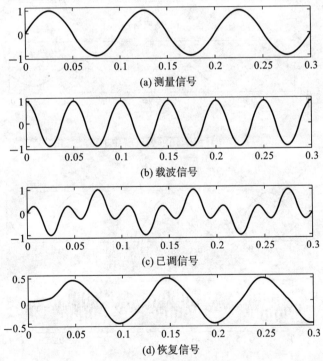

（a）测量信号

（b）载波信号

（c）已调信号

（d）恢复信号

图 8-50　重叠失真

3）系统特性引起的失真

系统特性也会影响信号的传输，引起失真。在调制信号的传输期间，如果信号通过如图 8-51 所示的全带宽系统，则不会发生失真。然而，如果传递函数对不同的频率具有不同的幅值，则信号的波形会发生变化。

例 8-3　调幅广播。调幅是广播无线电信号的常用方式。无线电台中记录的声波与射频载波信号相乘，调制后的信号由无线电台的发射塔发射。收音机可以用来接收广播信号并将

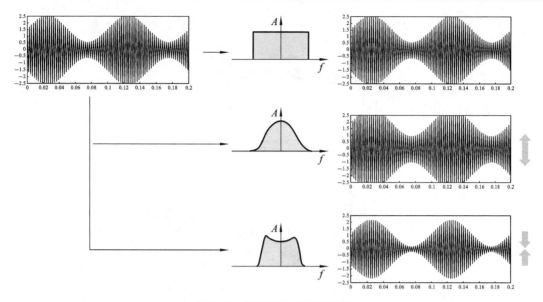

图 8-51　系统特性引发的失真

其解调成原始声波,这样家里人就可以听到电台录制的声音。整个过程如图 8-52 所示。

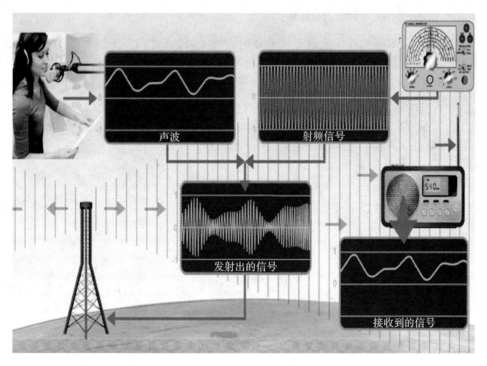

图 8-52　调幅广播

　　例 8-4　红外遥控。红外遥控器在家用电器和工业中得到了广泛的应用,例如电视机遥控器。遥控器的每个功能(如电源打开/关闭、音量增大/减小)都由一个数字信号表示,该数字信号由 0 和 1 组成。与莫尔斯码原理相似,遥控器中用短脉冲和长脉冲来表示 0 和 1。图 8-53 示出了序列 1001 的信号,其中逻辑 1 由 1.2 ms 的脉冲表示,逻辑 0 由 0.6 ms 的脉冲表示,并且有 0.6 ms 的间隔来分离脉冲。该信号与 35 kHz 的正弦载波信号相乘,得到已调信号。调制后的信号通过遥控面板前面的红外 LED 传输到电视机。电视机中有一个接收红外信号的红外接收器和一个恢复数字信号的解调器。

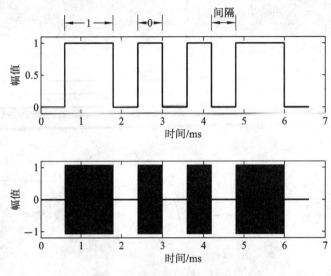

图 8-53　红外遥控中的调制

8.5.2　频率调制和相位调制

信号传输期间,调制信号在通过各种介质时会被衰减。例如,当无线电广播信号通过云层时,其振幅会因衰减而改变。调幅中,信号的幅值包含有用信息需要解调恢复,传输过程中的衰减会引起误差。因此,幅值调制具有很差的抗干扰性。为了避免干扰,可以采用角度调制,包括频率调制和相位调制。频率调制是使载波频率对应调制信号 $x(t)$ 的幅值变化。由于信号 $x(t)$ 的幅值是一个随时间变化而变化的函数,因此,调频波的频率也是一个随时间变化而变化的频率,而相位调制中频率保持恒定,相位随信号变化而变化。

载波信号可以采用下列形式:

$$c(t) = \cos(2\pi f_c t + \varphi_c)$$

在频率调制中,载波信号频率的导数与测量信号成比例:

$$\frac{\mathrm{d}f}{\mathrm{d}t} = k \cdot x(t)$$

因此,调频信号表示为

$$y(t) = \cos\Big(2\pi \int \mathrm{d}f \cdot t + \varphi_c\Big) = \cos\Big\{2\pi\Big[f_0 + k \cdot \int_{-\infty}^{t} x(t)\mathrm{d}t\Big] \cdot t + \varphi_c\Big\} \tag{8-82}$$

在相位调制中,频率保持恒定,相位根据测量信号变化:

$$\varphi_c = \varphi_0 + k \cdot x(t)$$

因此,相位已调信号为

$$y(t) = \cos[2\pi f_c t + \varphi_0 + k \cdot x(t)] \tag{8-83}$$

频率和相位调制的示例如图 8-54 所示。从图中可以看出,调频信号的频率随测量信号的变化而变化。利用过零检测器检测周期的变化,实现对调频信号的解调,进一步推导出频率的变化,恢复出测量信号。另一方面,相位检测器可用于检测相位调制信号中的相位变化。然而,相位调制信号中的相位变化却很难观测(除测量信号突变点外)。因此,相位调制常用于只由 0 和 1 组成的数字信号的调制。

由于频率和相位不易受传输介质的影响,频率和相位调制具有抗干扰能力强的优点。此

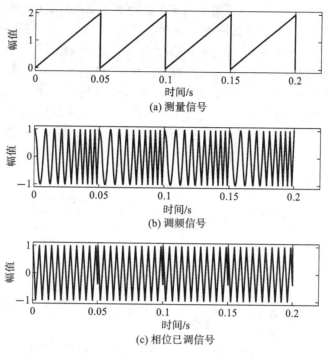

(a) 测量信号

(b) 调频信号

(c) 相位已调信号

图 8-54　频率和相位调制

外，调频和调相信号的幅值都是均匀的，因此调制系统可以始终在峰值功率下工作。然而，频率调制具有带宽较宽的缺点。幅值调制和频率调制信号及其相应频谱之间的比较如图 8-55 所示，调频信号显然具有更宽的带宽。

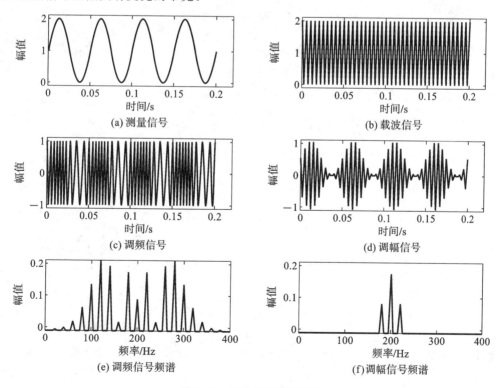

(a) 测量信号

(b) 载波信号

(c) 调频信号

(d) 调幅信号

(e) 调频信号频谱

(f) 调幅信号频谱

图 8-55　调幅与调频的比较

例 8-5　列车自动调度。调频可用于列车自动调度。当红灯亮时,电台发送一个用 29.0 Hz 正弦信号调制的信号,当绿灯亮时,电台发送一个用 10.3 Hz 正弦信号调制的信号。列车中的解调器可以检测信号频率,然后发送信号,允许列车通过或停车。

例 8-6　旋转探头的无线信号传输。在许多应用中,传感器信号可以通过导线直接传输。然而,在其他一些测量应用中,例如钢管轴向缺陷的漏磁检测,探头(包含传感器)必须围绕管道旋转。如果电线与传感器相连,它们就会相互缠绕。因此,需要无线传输。信号传输过程如图 8-56 所示。传感器输出的测量信号经放大滤波后,由 AD654 芯片转换为频率变化。经过功率放大后的已调信号用于驱动 LED 光源。在接收端,用光敏元件获取光信号。放大后的信号由 AD650 芯片解调。

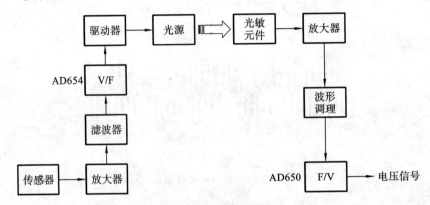

图 8-56　旋转探头的无线信号传输

习　　题

8-1　模拟放大器的类型有哪些? 其功能是什么?

8-2　如何利用运算放大器组成有源低通滤波器?

8-3　如题图 8-1 所示,余弦函数被矩形脉冲调幅,其数学表达式为

$$x(t) = \begin{cases} \cos\omega_0 t, & |t| < T \\ 0, & |t| \geqslant T \end{cases}$$

试求其频谱。

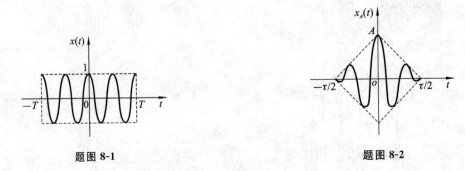

题图 8-1　　　　　　　　　　　　　题图 8-2

8-4　已知余弦信号 $x_2(t) = \cos\omega_0 t$ 被三角脉冲 $x_1(t)$ 做幅度调制(见题图 8-2),设三角脉冲的 Fourier 变换为

$$X_1(\omega) = \frac{A\tau}{2}\text{Sinc}^2(\omega\tau/4)$$

试求调幅信号之频谱。

8-5 试述调制式直流放大器的工作原理。

8-6 分析调幅波的频谱特征,说明为什么动态电阻应变仪的电桥激励电压频率远高于应变仪的工作频率。

8-7 对有极性变化的调制信号,其对应的调幅波应如何解调才能反映原信号的极性变化?

第 9 章

测试系统的特性

9.1 测试系统概述

测试系统是完成测量任务的单元,通常包括传感器、信号调理模块及信号分析与显示模块,如图 9-1 所示。在测试系统中,传感器用于将物理量转换为电量;信号调理模块用于对电信号进行放大和滤波,便于后续的信号传输和处理;分析显示模块用于从信号中提取信息并进行显示。

图 9-1 测试系统示意图

测试系统的特性可分为两类:静态特性和动态特性。静态特性是描述被测物理量保持不变或变化非常缓慢时系统的性能,而动态特性用来描述被测物理量急剧变化时系统的输入和输出之间的关系。

9.2 测试系统的静态响应特性

静态特性用来描述输入为静态或准静态时测试系统的性能。特征通过校准获得,校准中使用标准值作为输入,并提取相应的输出。静态特性主要包括以下参数。

1. 灵敏度

测试系统的输出 Δy 随输入 Δx 的变化而变化。它们的比值定义为灵敏度:

$$S = \frac{\Delta y}{\Delta x} \tag{9-1}$$

例如,如果数字温度计的输出电压在 10 ℃时为 1 V,在 11 ℃时为 1.2 V,则温度计的灵敏度为 0.2 V/℃。灵敏度是测试系统中一个非常重要的参数,它决定测试系统是否可以测量输入的微小变化。通常,灵敏度越大越好。然而,具有高灵敏度的测量系统更容易拾取环境噪声。因此,还应考虑信噪比。

2. 精度

精度用于测量测试系统输出值与真实值匹配的能力。输出值与真实值之间的差异称为系统误差。例如,如果使用两个电子秤来测量 2 kg 的标准质量。一个输出值为 2.01 kg,另一个输出值为 2.02 kg,则第一个电子秤具有更好的精度。如果系统误差是一个常数,则可以被补偿。

3. 分辨率

测试系统的分辨率是指可以检测到的最小变化量。例如,如果测距系统的分辨率为 1 mm,则 0.5 mm 的变化不会导致输出发生任何变化。

4. 重复性

重复性是指测试系统在相同输入和相同测量条件重复测试时提供相同读数的能力。重复性也称为精密度。为了解精度和精密度之间的差异,表 9-1 中给出了一个示例,其中两个电子秤称量的标准质量为 2 kg。我们可以看到,秤 1 的测量结果比秤 2 的波动更大。波动可以用标准差 σ 来进行数学描述。由于秤 2 的标准差较小,因此它具有更好的精密度。虽然秤 1 的精密度较差,但其测量结果的平均值更接近真实值,因此,秤 1 具有更好的精度。

表 9-1　两个电子秤的测量结果　　　　　　　　　　单位:kg

电子秤	1 次	2 次	3 次	4 次	5 次	6 次	7 次	μ	σ
1	2.06	2.08	1.93	1.93	2.05	1.97	1.98	2.00	0.06
2	2.09	2.08	2.09	2.08	2.07	2.07	2.08	2.08	0.01

5. 非线性

如果测试系统的灵敏度在测量范围内不是一个常数,那么输入和输出之间的关系就不再是线性的。如图 9-2 所示,实线表示测试系统的输入-输出关系,虚线表示线性拟合的结果。非线性定义为

$$e_{NL} = \frac{\Delta y_L}{y_R} \tag{9-2}$$

式中:Δy_L 是从输入-输出曲线到拟合线的最大偏差;y_R 是输出范围。例如,具有可变距离电容传感器的测试系统是非线性的。为了减小非线性,可以缩小测量范围,采用差动传感器。

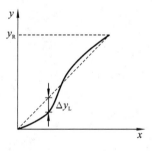

图 9-2　非线性

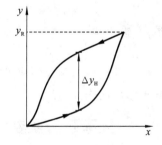

图 9-3　迟滞误差

6. 迟滞误差

对于某些测试系统,输出和输入不是一一对应的,即输出值不仅取决于输入,而且取决于输入变化的历史,如图 9-3 所示。迟滞误差定义为

$$e_H = \frac{\Delta y_H}{y_R} \tag{9-3}$$

式中:Δy_H 是同一输入的两个输出值在输入增减过程中的最大差值;y_R 是输出范围。

7. 阈值

阈值是指当输入从零开始递增或递减时,输出保持不变的输入范围,即接近零输入值的分辨率。

8. 输入/输出范围

输入范围是最小和最大可测量输入值之间的范围。相应输出之间的范围称为输出范围。

9. 单调性

如果一个测试系统是单调的,那么它的输出总是随着输入的增加而增加,如图 9-4(a)所示,或者总是随着输入的增加而减少,如图 9-4(b)所示。如果输入和输出之间的关系如图 9-4(c)所示,则测试系统是非单调的。

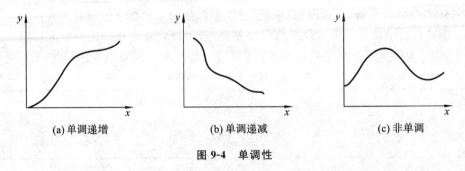

(a) 单调递增　　　　　　　　(b) 单调递减　　　　　　　　(c) 非单调

图 9-4　单调性

9.3　测试系统的动态响应特性

当被测物理量快速变化时,输出也将是一个快速变化的量。将该类测试系统称为动态系统,其输出通过系统动态特性(传递函数和频率响应函数)与输入相关联。

9.3.1　传递函数

时域中,输出是输入和系统传递函数的卷积:

$$y(t) = h(t) * x(t) \tag{9-4}$$

频域中,输出频谱为

$$Y(f) = H(f) \cdot X(f) \tag{9-5}$$

式中:$H(f)$ 是系统传递函数的傅里叶变换;$X(f)$ 是输入频谱。系统的传递函数可以通过计算输入和输出频谱的比值得到。

9.3.2　频率响应函数

频率响应函数就是在传递函数 $H(f)$ 中将 f 换为 $j\omega$ 而得,通常是一个复数:

$$H(j\omega) = H_R(\omega) + jH_I(\omega) \tag{9-6}$$

振幅谱和相位谱可进一步导出:

$$A(\omega) = \sqrt{H_R^2(\omega) + H_I^2(\omega)} \tag{9-7}$$

$$\varphi(\omega) = \arctan\left(\frac{H_I(\omega)}{H_R(\omega)}\right) \tag{9-8}$$

式(9-7)中的振幅谱描述了输出振幅和输入振幅之比,而式(9-8)中的相位谱描述了输入和输出信号之间的相移。图 9-5 给出了一个示例。

系统分析中存在三类问题。第一种是系统辨识,输入 $x(t)$ 和输出 $y(t)$ 已知(可测量),需要确定系统特性 $h(t)$ 或 $H(f)$。第二种是逆解,已知系统特性 $h(t)$ 或 $H(f)$,给定测量的输出 $y(t)$,需要确定输入 $x(t)$。第三种是预测,输入 $x(t)$ 和系统特性 $h(t)$ 或 $H(f)$ 已知,需要估计

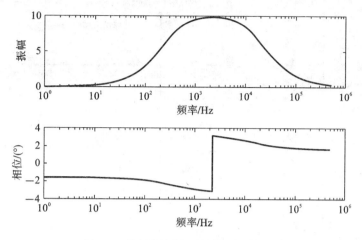

图 9-5　带通滤波器系统的振幅-相位谱

输出 $y(t)$。

9.3.3　线性测试系统

理想的测试系统应该具有单值的、确定的输入-输出关系。其中以输出和输入呈线性关系为最佳。在静态测量中,测试系统的这种线性关系总是所希望的,但并不是必需的,因为在静态测量中可用曲线校正或输出补偿技术做非线性校正。在动态测量中,测量工作本身应该力求是线性系统,不仅因为目前只有对线性系统才能做比较完善的数学处理和分析,而且因为在动态测试中做非线性校正目前还相当困难。一些实际测试系统不可能在较大的工作范围内完全保持线性,因此,只能在一定的工作范围内和一定的误差允许范围内做线性处理。严格地说,实际测试系统总是存在非线性因素,如许多电子器件都是非线性的,但工程中常把测试系统作为线性系统来处理,这样,既能使问题得到简化,又能在足够精度的条件下获得实用的结果。

1. 线性系统的定义

如果系统输入、输出之间的关系可以用常系数线性微分方程来描述:

$$a_n y^n(t) + a_{n-1} y^{n-1}(t) + \cdots + a_1 y(t) + a_0 = b_m x^m(t) + b_{m-1} x^{m-1}(t) + \cdots + b_1 x(t) + b_0$$

$$(9-9)$$

那么该系统就是线性系统。在频域中,传递函数满足:

$$H(f) = \frac{Y(f)}{X(f)} = \frac{b_m f^m + b_{m-1} f^{m-1} + \cdots + b_1 f + b_0}{a_n f^n + a_{n-1} f^{n-1} + \cdots + a_1 f + a_0}$$

通常,工程中使用的测量仪器在测量范围内可以近似为一个线性系统。

2. 线性系统的性质

1) 比例性

如图 9-6 所示,如果输入 $x(t)$ 的输出是 $y(t)$,那么输入 $kx(t)$ 的输出应为 $ky(t)$。

2) 叠加性

如果输入 $x_1(t)$ 和 $x_2(t)$ 的输出分别为 $y_1(t)$ 和 $y_2(t)$,则输入 $x_1(t) + x_2(t)$ 的输出为 $y_1(t) + y_2(t)$,如图 9-7 所示。

3) 微分性

如果输入 $x(t)$ 的输出是 $y(t)$,那么输入 $x'(t)$ 的输出应为 $y'(t)$。

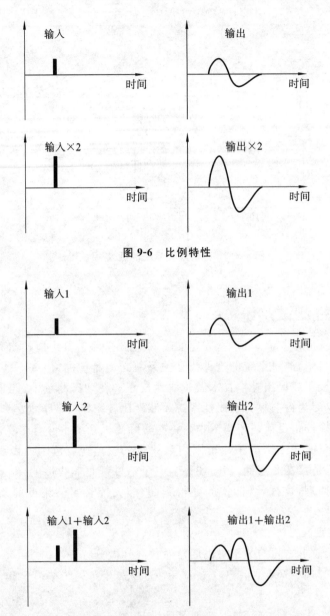

图 9-6　比例特性

图 9-7　叠加特性

4）积分性

如果输入 $x(t)$ 的输出为 $y(t)$，且初始条件为零，则输入 $\int x(t)$ 的输出应为 $\int y(t)$。

5）频率保持性

频率保持性表明，线性测试系统的输出频率总是与输入频率相同。

3. 动态特性测量方法

测试系统的动态特性可以通过输入标准信号并测量相应的输出来确定。常用的输入信号有脉冲函数、阶跃函数、斜坡函数、正弦函数和白噪声。

1）单位脉冲函数

确定动态特性最直观的方法是向测试系统输入单位脉冲函数。在时域中，如果使用单位脉冲函数作为输入，则输出直接是我们要确定的频率响应函数：

$$y(t) = h(t) * \delta(t) = h(t)$$

通过对脉冲响应进行傅里叶变换，可以得到传递函数。采用脉冲函数确定动态特性的例子如图 9-8 所示。采用脉冲函数作为输入的优点是测试简单直观，缺点是脉冲的输入能量较低，有时无法得到可测量的输出信号。

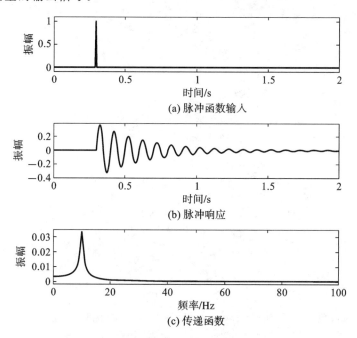

图 9-8　用脉冲函数确定动态特性

2）扫频正弦波

如果输入是单频（f_0）正弦波，则输出也将是具有相同频率 f_0 的正弦波，同时具有振幅和相位的变化。通过测量振幅和相位变化，可根据式（9-6）至式（9-8）获得该特定频率下的传递函数值 $H(f_0)$。通过输入扫频正弦波，可以得到完整的传递函数和相应的频谱。采用扫频正弦波的优点是输入信号具有较高的能量。但由于测试需要在不同频率下重复多次，因此测试效率较低。

3）白噪声

为了避免重复不同频率的测试，我们可以使用包含所有期望频率的信号作为输入信号。白噪声是在时域上具有随机值，在频域上具有平坦谱密度的信号。

9.4　典型测试系统的动态响应

线性系统的输入和输出之间的关系可用式（9-9）所示的一般方程表示。在线性系统中，最常见的是零阶系统：

$$a_1 y(t) + a_0 = x(t) \tag{9-10}$$

一阶系统：

$$a_2 \frac{\mathrm{d}y(t)}{\mathrm{d}t} + a_1 y(t) + a_0 = x(t) \tag{9-11}$$

二阶系统：

$$a_3 \frac{\mathrm{d}^2 y(t)}{\mathrm{d}t^2} + a_2 \frac{\mathrm{d}y(t)}{\mathrm{d}t} + a_1 y(t) + a_0 = x(t) \tag{9-12}$$

不同的系统会对信号造成不同的失真。对于测量任务，要求系统无失真，即输出波形与输入波形相同。如图 9-9 所示，从数学上讲，输出和输入应满足：

$$y(t) = A \cdot x(t - t_0) \tag{9-13}$$

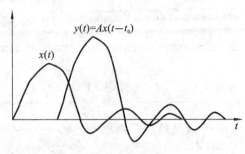

图 9-9　无失真测量

通过对等式(9-13)应用傅里叶变换，可以在频域中检查无失真条件：

$$Y(f) = A \cdot \mathrm{e}^{-\mathrm{j}2\pi f t_0} \cdot X(f)$$

系统的振幅谱和相位谱可以进一步推导：

$$A(f) = A = 常数$$

$$\varphi(f) = 2\pi t_0 f$$

如果一个测试系统满足上述的时域或频域特性，即它的幅频特性为一个常数，相频特性与频率呈线性关系，那么就称该系统是一个精确的或不失真的测试系统，用该系统实现的测试将是精确和无失真的。

9.4.1　零阶系统

对于零阶系统，输入、输出之间的关系满足零阶微分方程。用以下方程表示零阶系统：

$$y(t) = k \cdot x(t) \tag{9-14}$$

将傅里叶变换应用于式(9-14)，可确定传递函数：

$$H(f) = \frac{Y(f)}{X(f)} = k \tag{9-15}$$

从式(9-14)可以看出，输出随输入瞬时变化，因此零阶系统没有延迟。此外，式(9-14)明显满足式(9-13)所示的条件，因此零阶系统是一个无失真的测试系统。由于等式(9-15)中所示的恒定传递函数，零阶系统也具有无限频率带宽。例如，带有电位计的位移测量系统(例 7-3)是零阶系统。

9.4.2　一阶系统

对于一阶系统，输入和输出之间的关系可用一阶微分方程表示，如式(9-11)所示。将拉普拉斯变换应用于式(9-11)，可得到传递函数：

$$H(s) = \frac{Y(s)}{X(s)} = \frac{k}{\tau s + 1}$$

例 9-1　带 RC 电路的测量系统。图 9-10 显示了 RC 低通滤波器与传感器连接的系统。

根据欧姆定律,可得到以下方程:

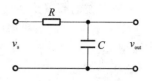

$$iR + v_{\text{out}} = v_{\text{s}}$$

其中,i 是电流;v_{s} 是传感器电压;v_{out} 是测量电压。电流与电容上的电荷和电压有关,如下所示:

$$i = \frac{\mathrm{d}q}{\mathrm{d}t}$$

图 9-10　具有 RC 电路的测试系统

$$q = Cv_{\text{out}}$$

因此,测试系统的时域方程为

$$RC\frac{\mathrm{d}v_{\text{out}}}{\mathrm{d}t} + v_{\text{out}} = v_{\text{s}} \tag{9-16}$$

满足式(9-11)中一阶系统的方程,传递函数如下所示:

$$H(\mathrm{j}\omega) = \frac{1}{\mathrm{j}\omega RC + 1}$$

例 9-2　水银温度计测温。当水银温度计插入温度为 T_{L} 的液体中时,测量的温度 T_{M} 会随着时间的变化而变化,即水银从液体中吸收热量或向液体释放热量。水银中储存的热量为

$$Q = mCT_{\text{M}}$$

其中,m 是水银的质量;C 是热容。因此

$$kS(T_{\text{L}} - T_{\text{M}}) = \frac{\mathrm{d}Q}{\mathrm{d}t} = mC\frac{\mathrm{d}T_{\text{M}}}{\mathrm{d}t}$$

其中,k 是等效传导系数;S 是水银温度计的表面积。重新组织方程,我们得到:

$$\frac{mC}{kS} \cdot \frac{\mathrm{d}T_{\text{M}}}{\mathrm{d}t} + T_{\text{M}} = T_{\text{L}}$$

因此,水银温度计也是一阶测试系统。

1. 一阶系统的时域特性

一阶系统的输出与输入相比总是有一个延迟。对于式(9-16)所描述的 RC 电路系统,假设传感器输入电压是一个阶跃函数,在 $t=0$ 时从 0 增加到 E_{s},则可通过求解式(9-16)得到输出电压,其表达式如下:

$$v_{\text{out}} = E_{\text{s}}(1 - \mathrm{e}^{-\frac{t}{RC}})$$

输入和输出的变化如图 9-11 所示。输出电压逐渐升高,最终达到 E_{s} 平衡值。延迟通过时间常数 τ 来测量,τ 是输出达到 $(1 - 1/\mathrm{e})E_{\text{s}}$ 的时间。对于 RC 电路系统,时间常数与电阻和电容有关:$\tau = RC$。

斜坡函数也可用作一阶系统时间常数的输入。在斜坡输入下,输出最终将变成一条与斜坡输入平行的线,如图 9-12 所示。将平行线延伸到水平轴,则交点为时间常数。

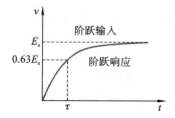

图 9-11　RC 电路的阶跃响应

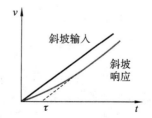

图 9-12　RC 电路的斜坡响应

2. 一阶系统的频域特性

一阶系统输出的振幅和相位取决于输入频率。以图 9-10 中的 RC 电路为例,它作为一个低通滤波器来截止高频信号。在频域中,最重要的参数是截止频率 $f_c = 1/2\pi\tau$,即增益为 -3 dB 时的频率。

9.4.3 二阶系统

对于二阶系统,输入和输出之间的关系是一个二阶微分方程,如式(9-12)所示。将拉普拉斯变换应用于式(9-12),可得到二阶系统的传递函数:

$$H(s) = \frac{Y(s)}{X(s)} = \frac{1}{a_2 s^2 + a_1 s + a_0} \tag{9-17}$$

定义以下参数:

$$k = \frac{1}{a_0}$$

$$\xi = \frac{1}{2}\sqrt{\frac{a_1}{a_0}}$$

$$\omega_n = \sqrt{\frac{a_0}{a_2}}$$

式中:k 为静刚度;ξ 为阻尼系数;ω_n 为固有频率。则式(9-17)可改写为

$$H(s) = \frac{k\omega_n^2}{s^2 + 2\xi\omega_n s + \omega_n^2} \tag{9-18}$$

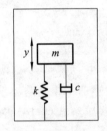

图 9-13 具有阻尼的弹簧-质量系统

例 9-3 具有阻尼的弹簧-质量系统。具有阻尼的弹簧-质量系统如图 9-13 所示。质量在外力作用下运动。根据牛顿第二定律:

$$ma = F - c\frac{\mathrm{d}y}{\mathrm{d}t} - ky$$

代入加速度和位移之间的关系,我们得到:

$$m\frac{\mathrm{d}^2 y}{\mathrm{d}t^2} + c\frac{\mathrm{d}y}{\mathrm{d}t} + ky = F$$

因此,具有阻尼的弹簧-质量系统是一个二阶系统。

1. 二阶系统的时域特性

测量二阶系统特性的最简单方法是输入单位脉冲函数并测量相应输出。单位脉冲响应如图 9-14 所示。固有频率可计算如下:

$$\omega_n = \frac{2\pi}{t_b}$$

其中,t_b 是两个相邻峰值之间的时间差。阻尼系数确定如下:

$$\xi = \frac{\omega_n}{2\pi}\ln\left(\frac{M_1}{M_2}\right)$$

其中,M_1 和 M_2 分别是两个相邻峰值的振幅。

2. 二阶系统的频域特性

将 $j\omega$ 代入式(9-18)可得到频域内输出与输入之间的关系:

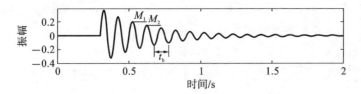

图 9-14　单位脉冲响应

$$H(\mathrm{j}\omega) = \frac{k\omega_{\mathrm{n}}^2}{-\omega^2 + 2\mathrm{j}\xi\omega_{\mathrm{n}}\omega + \omega_{\mathrm{n}}^2} = \frac{k}{1 - \left(\dfrac{\omega}{\omega_{\mathrm{n}}}\right)^2 + 2\mathrm{j}\xi\left(\dfrac{\omega}{\omega_{\mathrm{n}}}\right)} \tag{9-19}$$

频域特性可根据式(9-19)绘制。图 9-15 所示为不同阻尼系数的示例。当阻尼系数小于 0.7 时,频谱中的峰值表明共振发生。也可通过实验过程中测量的频谱来确定系统特性。固有频率可由频谱中峰值对应的频率求出,阻尼系数确定如下:

$$\xi = \frac{\omega_2 - \omega_1}{\omega_{\mathrm{n}}}$$

其中,ω_1 和 ω_2 是对应于最大增益(G_{m})0.707 倍的频率。

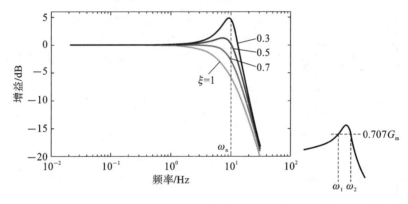

图 9-15　二阶系统的频域特性

习　　题

9-1　何为测试系统静态特性? 静态特性主要技术指标有哪些?

9-2　何为测试系统动态特性? 动态特性主要技术指标有哪些?

9-3　测试系统实现不失真测量的条件是什么?

9-4　何为动态误差? 为了减少动态误差,在一、二阶测试系统中可采取哪些相应的措施?

9-5　频率响应的物理意义是什么? 它是如何获得的? 为什么说它反映了系统测试任意信号的能力?

9-6　试说明二阶测试系统的阻尼比力求在 0.6~0.7 内的原因。

9-7　已知某二阶系统传感器的自振频率 $f_0 = 20\ \mathrm{kHz}$,阻尼比 $\xi = 0.1$,若要求该系统的输出幅值误差小于 3%,试确定该传感器的工作频率范围。

9-8　某测量系统的频率响应曲线 $H(\mathrm{j}\omega) = \dfrac{1}{1 + 0.05\mathrm{j}\omega}$,若输入周期信号 $x(t) = 2\cos 10t + 0.8\cos(100t - 30)$,试求其响应 $y(t)$。

9-9　有一个传感器,其微分方程为 $30\mathrm{d}y/\mathrm{d}t + 3y = 0.15x$,其中 y 为输出电压(mV), x 为输入温度(℃),试求传感器的时间常数和静态灵敏度 S 。

9-10　某力传感器为一典型的二阶系统,已知该传感器的自振频率 $f_0 = 1000\ \mathrm{Hz}$,阻尼比 $\xi = 0.7$ 。试问:用它测量频率为 $600\ \mathrm{Hz}$ 的正弦交变力时,其输出与输入幅值比 $A(\omega)$ 和相位差 $\varphi(\omega)$ 各为多少?

9-11　某二阶测试系统的频响函数为

$$H(\omega) = \cfrac{1}{1 - \left(\cfrac{\omega}{\omega_{\mathrm{n}}}\right)^2 + 0.5\mathrm{j}\left(\cfrac{\omega}{\omega_{\mathrm{n}}}\right)}$$

将 $x(t) = \cos\left(\omega_0 t + \dfrac{\pi}{2}\right) + 0.5\cos(2\omega_0 t + \pi) + 0.2\cos\left(4\omega_0 t + \dfrac{\pi}{6}\right)$ 输入此系统,假定 $\omega_0 = 0.5\omega_{\mathrm{n}}$,试求信号 $x(t)$ 输入系统后的稳态响应 $y(t)$ 。

9-12　某压力传感器的标定数据如题表 9-1 所列。分别求以端点连线、端点平移线、最小二乘直线作为参考工作线的线性度、迟滞误差及重复性。

题表 9-1

压力/MPa	系统输出/mV					
	第一轮		第二轮		第三轮	
	正行程	反行程	正行程	反行程	正行程	反行程
0.00	-2.74	-2.72	-2.71	-2.68	-2.68	-2.67
0.02	0.56	0.66	0.61	0.68	0.64	0.69
0.04	3.95	4.05	3.99	4.09	4.02	4.11
0.06	7.39	7.49	7.42	7.52	7.45	7.52
0.08	10.88	10.94	10.92	10.88	10.94	10.99
0.10	14.42	14.42	14.47	14.47	14.46	14.46

9-14　一测量装置的幅频特性如题图 9-1 所示,相频特性: $\omega = 125.5\ \mathrm{rad/s}$ 时相移 $75°$; $\omega = 150.6\ \mathrm{rad/s}$ 时相移 $180°$ 。若用该装置测量下面两复杂周期信号:

$$x_1(t) = A_1\sin 125.5t + A_2\sin 150.6t$$
$$x_2(t) = A_3\sin 626t + A_4\sin 700t$$

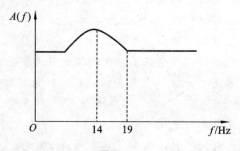

题图 9-1

试问,该装置对 $x_1(t)$ 和 $x_2(t)$ 能否实现不失真测量?为什么?

第 10 章

计算机化测试系统

10.1 概　　述

自 20 世纪 70 年代以来,由于大规模、超大规模集成电路技术的发展,计算机的发展进入了微型计算机时代。微型计算机具有功能强大、体积小、功耗低、性价比高等特点,这些特点使其与测试技术愈来愈紧密地结合在一起。同时,通信、网络、微/纳技术、微机电技术及新型传感器技术的发展,不断赋予计算机化测试技术新的内容,促进着测试技术不断发展。在计算机化测试系统中,计算机是仪器的主要组成部分,对测量信号进行处理和显示。计算机化测试系统示意图如图 10-1 所示。传感器用于将被测物理量转换成电信号。信号调理模块用于对采集到的模拟信号进行放大和滤波。在信号采集中,采用 A/D 转换器将模拟信号转换成数字信号。最后用计算机对数字信号进行分析和显示。"计算机"一词是用来描述台式机、笔记本电脑、平板电脑或移动电话等电子设备的总称。

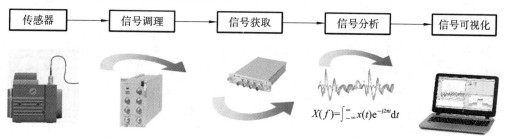

$$X(f) = \int_{-\infty}^{\infty} x(t) e^{-j2\pi t} dt$$

图 10-1　计算机化测试系统

与传统的模拟或数字仪器相比,计算机化测试系统最主要的优点有:

（1）能够对信号进行复杂的分析处理。如基于 FFT 的时域和频域分析、振动模态分析等。

（2）能够进行高精度、高分辨率和高速实时分析处理。用软件对传感器和测量环境引起的非线性误差进行修正,高位数 A/D 转换、高精度时钟控制和足够位数的数值运算,可使分析结果达到高精度和高分辨率。

（3）性能可靠、稳定,维修方便。计算机化测试仪器由硬件和软件组成,大规模生产的硬件保证了高可靠性和稳定性,维修方便,而软件运行的重现性好。

（4）能够以多种形式输出信息。各类图形、图表能直观地显示分析结果。信息的存储便于建立档案、调用分析结果对测试对象进行计算机辅助设计或仿真等,数字通信可实现远程监控和远程测试。

（5）多功能。使用者可扩充处理功能,以满足各种要求。

（6）能够自动测试和故障监控。自动测试程序可对仪器自检并修复一些故障,使仪器或系统在局部故障情况下仍能工作。

目前在测试分析的各个领域,计算机化测试分析仪器占主导地位。计算机化测试分析仪器亦称智能仪器,但目前一般只能算是初级智能仪器。计算机化测试分析仪器由微机加插卡式硬件和采集分析软件组成。在微机扩展槽中插入 ADC 卡,或用集成有 ADC 的通用单片机自编程或调用采集、分析处理软件,就可进行测试分析。通常称这种测试方式为计算机辅助测试(CAT),它产生于 20 世纪 60 年代。随着一些高性能 ADC、DAC(digital-to-analog converter,数模转换器)插卡专用预处理模块和专用测试分析软件的相继出现,产生了以个人计算机为主的各种数据采集仪和分析仪。20 世纪 80 年代后期,微机性能的极大提高,面向测试分析的通用软件开发平台的成功应用,使得虚拟仪器应运而生并得到了迅速发展。

例 10-1 铣削主轴振动微机监测系统。该系统采用加速度计、麦克风和摄像头作为传感器,采集铣削主轴的振动信息,对铣削主轴进行振动监测。采集到的模拟信号经 A/D 转换后传送给计算机。在计算机中对数字信号进行分析,最后将结果显示在监视器上,如图 10-2 所示。

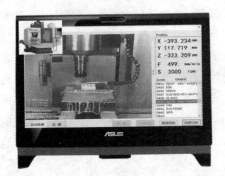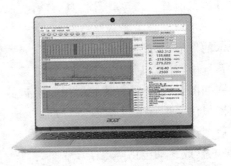

图 10-2 铣削主轴振动监测

例 10-2 手机虚拟仪器应用。对于普通人来说,体验计算机化测试系统最简单的方法就是在手机上下载一些特定的应用程序。手机中集成了很多传感器,如磁场传感器、亮度传感器、麦克风等。这些传感器是为一些目的而设计的,例如,磁场传感器用于导航,亮度传感器用于测量环境亮度并自动控制屏幕亮度,麦克风用于捕捉通话中的声音,如图 10-3 所示。通常,

10-phone
instrument

(a) 噪声测量   (b) 电磁辐射测量   (c) 光强测量

图 10-3 手机虚拟仪器应用

被测数据直接用于后续的控制或信号传输,我们看不到被测数据。然而,如果我们去应用商店下载一些特定的应用程序,就可以看到传感器测量的数据,比如 x、y 和 z 轴上测量的磁场。我们也可以用手机作为虚拟仪器来测量一些物理量。

10.2　测试仪器的发展历程

通常,测试仪器可分为四代。第一代基于真空管技术,第二代基于晶体管(集成电路)技术,第三代基于数字技术,第四代基于虚拟仪器技术。第一代和第二代基于模拟电路,仪器只处理模拟信号。在第三代和第四代中,数字信号处理技术得到了广泛应用。

1. 真空管仪器

真空管仪器是由真空管制成的。真空管有三个基本极。其中一个极称为阴极,是电子发射的地方,另一个极称为屏幕,是真空管最外层的金属板。屏幕连接正电压,吸引从阴极发射的电子。还有一极是栅极,固定在阴极和屏幕之间,控制电子的流动。真空管非常大,因此用真空管制成的仪器尺寸通常都非常大。

2. 晶体管仪器

晶体管是指由半导体材料制成的电子元器件,包括二极管、晶体管、场效应晶体管、晶闸管等。利用集成电路技术,可以将许多晶体管和导线集成到一个芯片中,从而减小了仪器的体积。在晶体管仪器中,模拟电路广泛应用于被测信号的放大和滤波。

3. 数字仪器

数字仪器和前两代仪器的主要区别在于数字仪器有 A/D 转换器,经过 A/D 转换后,可以用专用计算机对数字信号进行处理。由于使用了专门的计算机,因此数字仪器可以将更复杂的信号处理算法合并到测试系统中。另外,有了计算机,信号可以直接显示在监视器上。

4. 虚拟仪器

虚拟仪器和数字仪器都使用计算机来处理数字信号。不同的是,数字仪器中使用的计算机是专用计算机,其唯一功能是对测量数据进行处理。而在虚拟仪器中,使用的是通用计算机,即我们的个人计算机(PC)或笔记本计算机。虚拟仪器的价格通常较低,这是因为通用计算机的销售量要大得多,价格较低。然而,通用计算机不包括 A/D 转换器,因此,要进行 A/D 转换则需要安装外部 A/D 转换器。

10.3　计算机化测量仪器

10.3.1　虚拟仪器

虚拟仪器的概念是 1986 年由美国国家仪器(NI)公司提出的。虚拟仪器主要包括计算机、虚拟仪器软件、外部测量硬件(传感器、信号调理模块、数据采集卡)和数据总线,如图 10-4 所示。在虚拟仪器中,软件是整个系统处理信号的关键,而硬件仅用于信号的采集和传输。

传统仪器和虚拟仪器的组成比较如图 10-5 所示。对于传统仪器,我们可以看到一个独立的特性。然而,虚拟仪器是由多个部分组成的,没有独立的仪器。虚拟仪器中的"虚拟"是指仪器没有独立的身份。

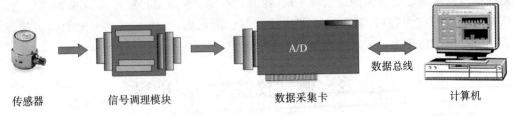

传感器　　　　信号调理模块　　　　　数据采集卡　　　　　计算机

数据总线

图 10-4　虚拟仪器原理图

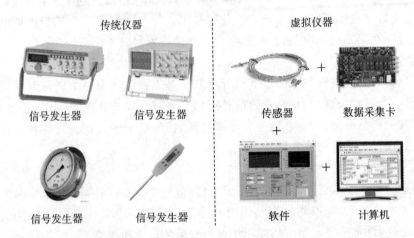

传统仪器　　　　　　　　　　　虚拟仪器

信号发生器　　　信号发生器　　　　传感器　　　数据采集卡

信号发生器　　　信号发生器　　　　软件　　　　　计算机

图 10-5　传统仪器与虚拟仪器的组成比较

1. 虚拟仪器的特点

　　虚拟仪器是由计算机硬件资源模块化的仪器硬件和用于数据分析、过程通信及图形用户界面显示的软件组成的测控系统,是一种由计算机操纵的模块化仪器系统。与传统仪器相比,虚拟仪器具有如下特点:

　　(1) 虚拟仪器用户可以根据自己的需要灵活地定义仪器的功能,通过不同功能模块的组合可构成多种仪器,而不必受限于仪器厂商提供的特定功能。

　　(2) 虚拟仪器将所有的仪器控制信息均集中在软件模块中,可以采用多种方式显示采集的数据、分析的结果和控制过程。这种对关键部分的转移进一步增加了虚拟仪器的灵活性。

　　(3) 虚拟仪器的关键在于软件,硬件的局限性较小,因此与其他仪器设备的连接比较容易实现。而且,虚拟仪器可以方便地与网络、外设及其他应用连接,还可以利用网络进行多用户数据共享。

　　(4) 虚拟仪器可实时直接地对数据进行编辑,也可通过计算机总线将数据传送到存储器或打印机。这样一方面解决了数据的传输问题,另一方面充分利用了计算机的存储能力,从而使虚拟仪器具有几乎无限的数据容量。

　　(5) 虚拟仪器利用了计算机强大的图形用户界面(GUI)。用户可以通过软件编程或采用现有分析软件,实时直接地对测试数据进行各种分析处理。

　　(6) 虚拟仪器价格低,其基于软件的体系结构大大节省了开发和维护费用。

　　虚拟仪器与传统仪器的特点对比如表 10-1 所示。

表 10-1　虚拟仪器与传统仪器比较

虚 拟 仪 器	传 统 仪 器
功能由用户自己定义	功能由仪器厂商定义
面向应用的系统结构,可方便地与网络、外设及其他应用连接	与其他仪器设备的连接十分有限
可展开全汉化图形界面,可进行计算机读数及分析处理	图形界面小,人工读数,信息量小
数据可编辑、存储、打印	数据无法编辑
软件是关键部分	硬件是关键部分
价格低廉(是传统仪器的 $\frac{1}{10}\sim\frac{1}{5}$)	价格高昂
基于计算机技术开放的功能块可构成多种仪器	系统封闭,功能固定,扩展性差
技术更新快(周期为 $1\sim2$ 年)	技术更新慢(周期为 $5\sim10$ 年)
基于软件体系的结构,大大节省了开发维护费用	开发和维护费用高

虚拟仪器在性能方面的优点如下:

(1)测量精度高、重复性好。嵌入式数据处理器的出现允许建立一些具有某种功能的数学模型,如 FFT 和数字滤波器,因此不再需要可能随时间漂移而要定期校准的分立式模拟硬件。

(2)测量速度高。只需一个量化的数据块,要测量的信号特性(如电平、频率和上升时间)就能被数据处理器计算出来,这种将多种测试结合在一起的办法缩短了测量时间,而在传统仪器系统中,必须把信号连接到某一台仪器上去才能测量该参数,且受电缆长度阻抗、仪器校准和修正因子的差异影响大。

(3)开关、电缆减少。由于所有信号具有一个公用的量化通道,因此允许各种测量使用同一校准和修正因子。这样,复杂的开关矩阵和信号电缆就能减少,信号不必切换到多个仪器上。

(4)系统组建时间短。所有通用模块支持相同的公用硬件平台,当测试系统要增加一个新的功能时,只需增加软件来执行新的功能或增加一个通用模块来扩展系统的测量范围。

(5)测量功能易扩展。由于仪器功能可由用户产生,不再是深藏于硬件中而不可改变,因此为提高测试系统的性能可方便地加入一个通用模块或更换一个模块,而不用购买一个完全新的系统。

2. 虚拟仪器的硬件系统

虚拟仪器的系统组成包括计算机、虚拟仪器软件、硬件接口或测试仪器。硬件接口包括数据采集卡、IEEE488/GPIB(general-purpose interface bus,通用接口总线)接口卡、串/并口、插卡仪器、VXI 控制器,以及其他接口卡。数据采集卡是虚拟仪器最常用的形式,具有灵活、成本低的特点,用于 A/D 转换和信号传输。常用的数据采集卡是 PCI 数据采集卡,它插入计算机的 PCI 插槽中。其优点是数据传输速率高,缺点是需要打开机箱安装。PXI(PCI 仪器扩展)数据采集卡是专门为仪器设计和优化的。其他数据采集卡包括 USB(universal serial bus,通用串行总线)数据采集卡、RJ45 数据采集卡和 WiFi 数据采集卡。这些数据采集卡具有方便的优点,但传输速率相对较低。

3. 虚拟仪器的软件系统

一套完整的虚拟仪器系统的软件结构一般来说分为 4 层。

1）测试管理层

用户使用虚拟仪器生产厂商开发的程序，组成自己的一套测试仪器，这是虚拟仪器的优点之一，用户可以根据自己需要，方便地建立自己的测试仪器。

2）应用程序开发层

用户可以用生产商提供的软件开发工具（如 NI 公司的 LabVIEW 软件、LabWindows/CVI 软件等）进行深层开发，以扩展仪器原有的功能。

3）仪器驱动层

仪器驱动程序是完成对某一特定仪器的控制与通信的软件程序集合，负责处理与某一专门仪器通信和控制的具体过程，将底层复杂的硬件操作隐蔽起来，封装了复杂的仪器编程细节，为用户使用仪器提供了简单的函数调用接口，这是应用程序实现仪器控制的桥梁。用户在应用程序中调用仪器驱动程序，进行仪器系统的操作与设计，简化了用户的开发工作。

仪器驱动程序由生产商开发，针对不同类型的仪器有不同的驱动程序接口。为给用户提供方便、易用的仪器驱动程序，泰克、惠普等知名仪器公司成立了 VXI 即插即用（plug&play）系统联盟，并推出 VISA（Virtual Instrument Software Architecture）标准。

4）I/O 总线驱动层

I/O 接口软件位于仪器设备（即 I/O 接口设备）与仪器驱动程序之间，是一个完成对仪器寄存器进行直接存取数据操作，并为仪器设备与仪器驱动程序提供信息传递的底层软件，是实现虚拟仪器系统的基础。

最常用的应用程序开发软件是 LabVIEW，它是由 NI 公司开发的图形编程平台。如图 10-6 所示，软件采用流程图编程方法代替编码，极大地方便和简化了编程。在前面板中，可以显示采集到的信号，并且可以插入许多图形控件来控制显示。

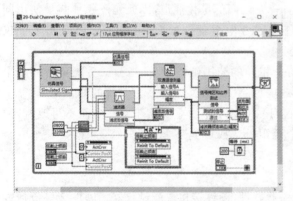
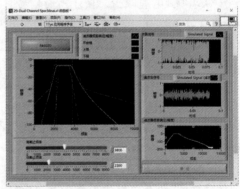

(a) 流程图编程（后面板）　　　　　　　(b) 图形界面（前面板）

图 10-6　LabVIEW 图形编程平台

DRVI 动态可重组虚拟仪器平台是另一个主要用于教学和实验的虚拟仪器平台。该平台由编者所在团队自主研发，如图 10-7 所示。它采用软件试验板的思想，在试验板中插入各种组件，可实现快速编程。

10.3.2　网络化仪器

在当今的信息化社会中，以 Internet 为代表的网络作为信息交换的工具渗透到工业、科研及日常生活的各个领域。网络技术的发展为网络化仪器的诞生提供了契机。网络化仪器是任

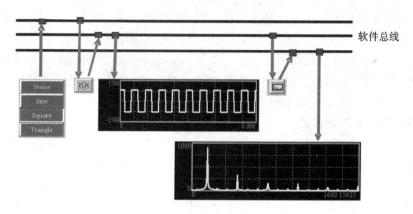

图 10-7　DRVI 平台

意时间、任意地点都能进行远程操作、获取测试信息的所有硬软件元素的任意集合。它由基本网络系统硬件、应用软件和多种通信协议组成。网络化仪器通过网络连接在一起,彼此之间可以进行数据交换,实现数据共享。测量数据可以通过网络传输到异地或云端,利用异地的设备或仪器进行分析处理。网络化仪器可用于生产企业的集散控制系统,它分布在系统的不同位置,进行分布式测量,然后通过网络将数据传到控制中心,控制中心可以在异地对测量过程进行操控,从而大大提高了生产效率。如今,网络化仪器发展很快,美国安捷伦科技公司已经成功推出了网络化示波器和网络化逻辑分析仪。此外,网络化流量计、网络化传感器也已经问世。在电能计量领域,远程集中抄表系统的应用也日趋广泛,电力部门可以通过电话线或电力线完成对远程电能表读数的获取和监控,应用在该系统中的具有远程通信功能的电能表就是一种网络化仪器。

网络化仪器已超出了传统的单个式独立仪器的范畴,不再是传统的单个式独立仪器的简单组合,且不能缺少电子信息传输媒介的介入。它以 PC 和工作站为基础,通过组建网络来形成实用的测控系统,提高生产效率和共享信息资源,从某种意义上说,计算机和现代仪器仪表已相互包容,计算机网络也就是通用的仪器网络。"网络就是仪器"的概念,确切地概括了仪器的网络化发展趋势。

目前,以 Internet 为代表的计算机网络得到了迅猛发展,随着网络信道容量的扩大,网络速度不再成为网络应用的障碍。利用现有的 Internet 网络设施,网络化传感器已应用到分布式测控系统中,简化了系统建设和设备维护,降低了费用并提高了系统的功能。随着测控网络的发展,测控网络与信息网络的互联技术将日臻完善,两者将在范围和广度上最终实现大规模对等,并以更快的速度扩大和发展。

1. 网络化仪器的特点

(1) 仪器和信息共享。在网络化仪器环境条件下,被测对象可通过测试现场的普通仪器设备,将测得数据(信息)通过网络传输给异地的精密测量设备或高档次的微机化仪器去分析、处理,可实现测量信息的共享,掌握网络节点处信息的实时变化的趋势。此外,也可通过具有网络传输功能的仪器将数据传至原端,即现场。

(2) 成本低、效率高。利用无处不在的 Internet 和网络化仪器构建的测控系统,能够更好地整合资源,降低组建系统的成本。另外,使用网络化仪器,无疑能显著提高各种复杂设备的利用率,有效降低监测、测控工作的人力和财力投入,缩短计量测试工作的周期,并将增加测量需求客户的满意程度。

　　传统测试仪器或系统一旦与网络结合在一起，便组成了网络化仪器，正像电信服务运营商今天进行的远程测试一样，可以做到从地球上的任意地点在任意时间获取到任何地方所需要的测量信息。仪器仪表及现代化测量技术的发展及其相应传统概念的突破和延拓，是网络化仪器概念产生的必然和前提。网络化仪器概念的确立，更有助于人们尽早明确今后仪器仪表的研发战略，促进并加速现代测量技术手段的更快、更广泛的普及和发展。

2. 网络化仪器的工作模式

　　根据测控数据流量状况及不同的测试需求，实际应用中较为常见的网络化仪器的模式主要有三种：基于 Client/Server 模式的网络化仪器、基于 Browser/Server 模式的网络化仪器、基于 Client/Server 和 Browser/Server 混合模式的网络化仪器。

　　Client/Server（简写为 C/S）模式也称为客户机/服务器模式，它是 20 世纪 80 年代以美国 Sybase 公司为首的几家计算机公司提出并实现的，后来得到了迅猛发展，并逐步渗透到计算机应用的各个领域。这种体系结构及网络模式在设备远程状态监测与故障诊断仪器的设计方面一度被认为是较为理想的模式，如图 10-8 所示。

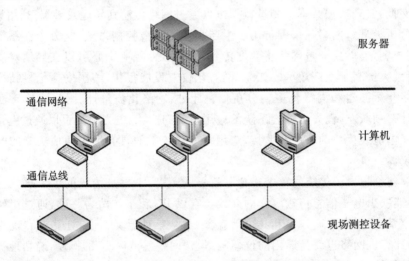

图 10-8　基于 C/S 模式的典型网络化仪器结构示意图

　　Browser/Server（简写为 B/S）结构是一种多层 C/S 结构，图 10-9 所示，这种模式不需要安装客户端软件，在客户端只需要有标准的浏览器，如 Internet Explorer、Firefox 等即可。采用 Web 技术只需开发和维护服务端应用程序，大大减少了系统的管理和维护工作。服务器上所有的应用程序都可以通过 Web 浏览器在客户机上执行，统一了用户界面。

　　C/S 模式和 B/S 模式各有优缺点，实际开发中常采用 B/S 与 C/S 共存、相互协作的体系结构，即 C/S 和 B/S 混合模式。把仪器的子功能分类，分别采用 C/S 和 B/S 模式实现子功能。

3. 网络化仪器的典型应用

1）网络化流量监测系统

　　石油、天然气和水都是关乎国家命脉的重要资源，我国通过大量埋地管道实现了南水北调和西气东输等工程。网络化流量监测系统是在管道中每隔几十或几百千米设置一个监测点，通过超声传感器测得管道中每个监测点的流量，并将监测数据发送给监测站点进行综合分析，根据各监测点的流量判断是否发生管道泄漏。

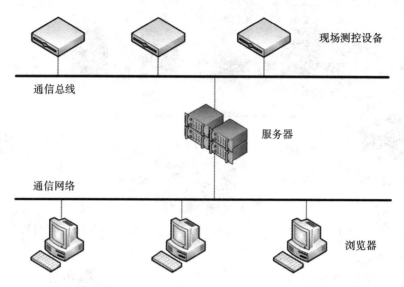

图 10-9　基于 B/S 模式的典型网络化仪器结构示意图

2）网络化电能表

电能表是监测每户用电量必不可少的仪器，传统电能表安装在居民楼中，并由电网工作人员挨家挨户抄表，得到用户每月的用电量。网络化电能表则可通过电缆或无线电将电能表数据上传至供电管理部门。电网工作人员可以对区域内的用电情况进行实时监测，也可将数据反馈给发电部门，及时调整发电量。

3）网络化环境监测仪器

气候环境的变化和人们的日常生活息息相关，怎样对其进行有效监测是环境监测工作者的工作重心。网络化环境监测设备的出现弥补了以往环境监测效率低、耗费人力和物力多等缺点。网络化环境监测仪器可以动态监测环境变化，为大气监测、天气预报、自然灾害预防、航空航天活动等提供可靠信息和数据。另外，对小空间的环境监测也一直是人们关注的焦点，如对候车室、影院、会议室、办公室、病房等环境的实时监测，无论是对于了解环境状况和参数，还是对于环境控制都有着十分重要的意义。

例如：地表水作为我国重要的水资源，对民生的影响极大，有效地检测地表水环境对于水资源的保护工作意义重大。图 10-10 展示了一种网络化水质自动监测系统，主要包括采水单元、配水及预处理单元、控制单元、分析单元、留样单元、辅助单元等，具备智能化、标准化、流程化、可溯源的质量控制体系，以及采水、预处理、分析、质控、清洗、数据采集、传输等自动化环节，改善了过去手工取样、人工分析模式导致的监测效率低下、无法持续性检测的缺点，可实现水质监测全过程的日志、测量数据、电力环境状态、系统运行状态等数据的自动上传，并可接受远程命令进行调试分析、测量分析等。

4）网络化医疗仪器

在医生和患者处均安装网络化医疗仪器，便可以通过 Internet 传输信号，实现医患双方的"互听""互视"，这样一个基本远程会诊系统便组成了。一般远程医疗通过网络化医疗仪器在相隔较远的医生和患者之间进行信息交互以收集患者相关信息，在完成对患者信息收集的基础上，做出相应的诊断并提出医疗方案，甚至直接进行远程手术等。

5）网络测控技术在工业领域的应用

现代测控技术是现代工业的核心技术之一，测控系统和关键测试仪器是生产加工设备的

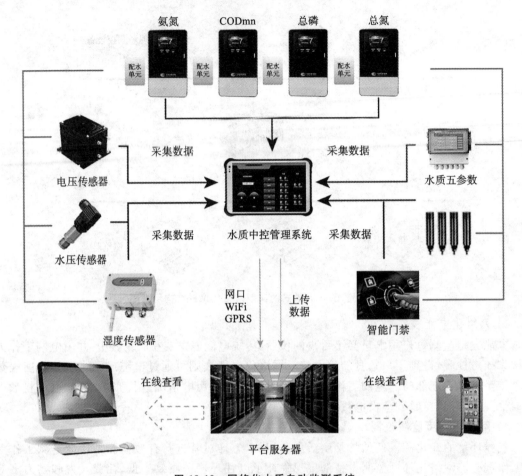

图 10-10　网络化水质自动监测系统
（图片来源于长沙华时捷环保科技发展股份有限公司）

重要组成部分。在生产过程中，自动化控制系统及测试设备监测和控制整个工艺流程及产品质量，保证了重大装备的安全可靠和高效优化运行，是整个生产系统的神经中枢，起着不可替代的重要保障作用。

6）网络测控技术在农业生产领域中的应用

在农业生产中，为了提高农作物产量及质量，需要对农业生产过程进行监控和调整。例如，需要对土壤的湿度、酸碱度、种子的健康状况进行分析。通过网络测控技术，可以用传感器对这些参数进行实时监测，并通过网络将数据传输给农场管理人员，从而及时了解农作物生长情况，并分析农作物是否会受到干旱、高温等恶劣环境的影响。

7）网络测控技术在交通领域的应用

网络测控技术可以广泛用于交通领域重要设施（如管道、桥梁、隧道、铁道、机场、高速公路等）的监控和交通工具（如飞机、火车、汽车、船等）的监控。可以利用网络测控技术有效提升路口通行效率，通过图像传感器（摄像机）记录各个方向的车流量信息，并将此信息通过网络传输给交管部门的相关人员，以分析不同方向车流量情况，从而及时调整红、绿灯持续时间，以提高拥堵路段的通行效率。

10.3.3　物联网

互联网技术早已让全球的计算机实现了互联,但互联网的终端仅限于计算机、平板电脑和手机等设备。物联网的概念是在互联网概念上提出的,其终端为包含传感器的嵌入式系统,如可穿戴设备、虚拟现实系统、智能监控系统和远程操控系统等,它对互联网的概念进行了延伸,实现了物与物、人与物之间的信息互联,如图 10-11 所示。

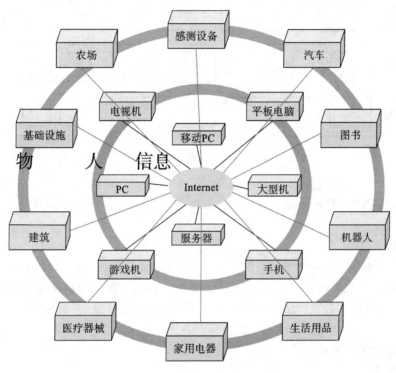

图 10-11　物联网概念图

1. 物联网的体系框架

物联网是一种综合集成创新的技术系统。按照信息生成、传输、处理和应用的原则,物联网可划分为感知层、网络层和应用层。图 10-12 展示了物联网的三层结构。

1) 感知层

感知层是物联网的最底层,是实现物理世界到数字世界转变的桥梁,负责信息的生成。感知层通过各类传感器获取物理世界中的温度、湿度和光照强度等环境信息,并将其存储为数字信号,为网络信息的传播与分享提供支持。

2) 网络层

网络层的作用是传输、交换和整合感知层获取的信息,其核心是通过互联网实现感知层不同装置之间信息的互联。感知层信息的互联主要通过两个步骤实现:①由网关实现局域网和广域网之间的连接;②由 TCP/IP(transmission control protocol/internet protocol,传输控制协议/互联网协议)或 UDP/IP(user datagram protocol/IP,用户数据报协议/互联网协议)实现信息在广域网的传播。采用的网络技术主要包括 WiFi、以太网、蓝牙、NFC(近场通信)、ZigBee 和移动网络通信。WiFi 是最通用的无线传输技术,适用于智能家居、智能办公室等场合;以太网适用于摄像头、报警器等不需经常移动的固定设备;蓝牙是一种短距离无线传输方

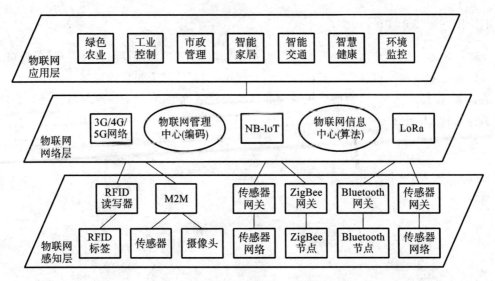

图 10-12　物联网的三层结构

式,适用于耳机等低功率设备;ZigBee 具有低功耗和多节点处理能力,一般用于个人电子产品互联、工业设备控制等领域;移动通信网络具有覆盖面广的优势,但功耗较高,适用于方便设备充电的场合。

3）应用层

应用层的目的是完成用户指定的服务,是物联网的最终目的。应用层通过分析和处理感知层的信息数据,实现智能化感知、识别、定位、追溯监控和管理。例如,在智能家居系统中,用户可在回家途中通过手机查看房间中温度传感器获取的温度信息,并根据需求控制开关,提前打开空调。

2. 物联网的关键技术

1）传感技术

传感器一般由对某个参数敏感的元件和转换部件组成,在物联网中的作用类似于人类的感觉器官,用于感知和采集环境中的信息,如温度、湿度、压力、尺寸、成分等。

2）网络通信技术

物联网的实现需要大量传感器数据之间的传递和融合,因此网络通信技术起着至关重要的作用。网络通信技术包括各种有线和无线传输技术、交换技术、网关技术等,常见无线通信技术有 WiFi、蓝牙、NFC、ZigBee 和移动网络通信(2G/3G/4G/5G)。随着 5G 技术的发展,信息传输速率大幅提高,传感器的大数据传递变得更加容易,物联网技术有望取得更广泛的应用。

3）数据分析处理技术

物联网技术以传感器为基础,需要对传感器采集到的海量信息进行数据分析与处理,从中挖掘出有价值的规律、结论,把结论通过图表等形式提供给决策层用户来使用。近年来,人工智能(artificial intelligence,简称 AI)技术和深度学习领域的高速发展为大数据处理提供了良好的支持,有望在未来代替人工进行自动化决策和控制。

3. 物联网的应用

物联网用途广泛,涉及生活中的方方面面,如智能交通、环境保护、公共安全、智能家居、工业监测、农业生产、食品追溯等众多领域。5G 时代的开启为万物互联提供了优质的条件,凭借着高带宽、低延迟、海量物联的优势，5G 为物联网的新业务和新应用提供支撑。曾受限于传统移动通信而无法施展拳脚的服务应用，都可以在 5G 下得以实现。在 5G 助力下，物联网在智慧城市、交通、物流、环保、医疗、安防、电力等领域逐渐得到规模化验证。

习　　题

10-1　计算机化测试系统的组成部分有哪些？

10-2　什么是虚拟仪器？虚拟仪器与传统仪器相比有什么特点？

10-3　虚拟仪器有哪几种硬件构造形式？其核心技术是什么？

10-4　试用 LabVIEW 或 DRVI 软件开发平台设计一个频谱分析仪。

10-5　试列举虚拟仪器在工程上的应用实例。

10-6　简述网络化仪器的定义、特点与工作模式。

10-7　物联网的关键技术有哪些？

参 考 文 献

[1] 卢文祥,杜润生.机械工程测试·信息·信号分析[M].2 版.武汉:华中科技大学出版社,1999.

[2] 卢文祥,杜润生.工程测试与信息处理[M].2 版.武汉:华中科技大学出版社,2002.

[3] 曾光奇,胡均安.工程测试技术基础[M].武汉:华中科技大学出版社,2002.

[4] 康宜华.工程测试技术[M].北京:机械工业出版社,2010.

[5] 郑建明,班华,赵庆海,等.工程测试技术及应用[M].北京:电子工业出版社,2011.

[6] 李郝林.机械工程测试技术基础[M].上海:上海科学技术出版社,2017.

[7] 孔德仁,王芳.工程测试技术[M].3 版.北京:北京航空航天大学出版社,2015.

[8] 弗朗索瓦·肖莱.Python 深度学习[M].张亮,译.北京:人民邮电出版社,2018.

[9] 严雨,夏宁.LabVIEW 入门与实战开发 100 例[M].3 版.北京:电子工业出版社,2017.

[10] 余成波,谢东坡.网络化测控技术与实现[M].北京:高等教育出版社,2009.

[11] 陈栋,崔秀华.虚拟仪器与 LabVIEW 程序设计[M].西安:西安电子科技大学出版社,2017.

[12] 杨育霞,许珉,廖晓辉,等.信号分析与处理[M].2 版.北京:中国电力出版社,2011.

[13] 高泽华,孙文生.物联网体系结构、协议标准与无线通信[M].北京:清华大学出版社,2020.